国家社会科学基金项目（12BJL073）
江西理工大学优秀学术著作出版基金资助

# 中国经济结构演进与环境污染变动趋势研究

吴一丁　毛克贞 ◎ 著

中国财经出版传媒集团
经济科学出版社
Economic Science Press

图书在版编目（CIP）数据

中国经济结构演进与环境污染变动趋势研究/吴一丁，
毛克贞著. —北京：经济科学出版社，2017.11
ISBN 978 - 7 - 5141 - 8665 - 9

Ⅰ.①中…　Ⅱ.①吴…②毛…　Ⅲ.①中国经济 - 经
济结构 - 影响 - 环境污染 - 研究　Ⅳ.①X508.2

中国版本图书馆 CIP 数据核字（2017）第 280275 号

责任编辑：侯晓霞　程辛宁
责任校对：王肖楠
责任印制：李　鹏

中国经济结构演进与环境污染变动趋势研究

吴一丁　毛克贞　著

经济科学出版社出版、发行　新华书店经销
社址：北京市海淀区阜成路甲 28 号　邮编：100142
教材分社电话：010 - 88191345　发行部电话：010 - 88191522
网址：www. esp. com. cn
电子邮件：houxiaoxia@ esp. com. cn
天猫网店：经济科学出版社旗舰店
网址：http：//jjkxcbs. tmall. com
北京密兴印刷有限公司印装
710×1000　16 开　20 印张　300000 字
2017 年 12 月第 1 版　2017 年 12 月第 1 次印刷
ISBN 978 - 7 - 5141 - 8665 - 9　定价：58.00 元
（图书出现印装问题，本社负责调换。电话：010 - 88191510）
（版权所有　侵权必究　举报电话：010 - 88191586
电子邮箱：dbts@ esp. com. cn）

# 序

　　系统科学的基本原理认为：系统的内在结构与外部环境决定着系统的功能。经济系统是一个国家或区域发展的命脉，其产业、行业和产品结构，以及与之相依的人口龄级、劳动力素质结构和技术、资源配置、能源利用、土地利用结构，生产力要素的空间格局和境内外消费需求结构乃至经营、社会收益分配等制度结构，既决定着经济发展的规模和质量水平亦深刻影响着外部自然生态环境的状态和演化，进而彰显着这个国家或区域可持续发展的状态及潜势。就经济发展与环境污染而言，一个国家或区域不同时空间因人类经济活动能力、资源保障与境内外消费需求等所形成的产业、行业和产品结构决定了相应的资源、能源利用和技术支持的总量与结构，进而也决定着污染物排放的总量与构成。

　　鉴于以上所述，本书立足于从经济结构入手较系统地探讨了经济发展与环境污染间的相依关系和协同演化规律，则有助于政府决策者和/或经济组织主动、适时、合理地调整经济结构，在有序促进经济健康发展和有效减少环境污染压力的基础上，以保障国家或区域的可持续发展。长期以来，国内外关于经济发展与环境污染的理论和实证研究主要集中在经济增长速度、经济总量和万元 GDP 能耗等对环境污染的定量影响和作用机制方面，故绝大部分项目研究均是围绕着环境库茨涅茨曲线展开的，而有关经济结构变动对环境污染影响的研究目前依然关注的较少。尽管本序作者曾提出了从产业结构、能源利用结构、土地利用结构、人口和生产力要素的空间格局乃至经营等制度结构诸方面制定区域可持续发展及环境规划或开展经济与环境协同发展的分析框架，然未做更细致的结构分类和其间相依关系的系统性研究。因此，本书的上述认知视觉和立论研究无疑是英明和超前的，应予以充分肯定和赞赏，亦期待学界能够汲取和发扬光大。

自改革开放近40年来，我国的经济发展已取得举世瞩目的卓越成就，人民的物质生活发生了翻天覆地的变化，然而现时全国范围内的生态破坏、环境污染态势较为严峻，难以满足人们对生态美好、环境优良的追求和国家的可持续发展。与此同时，我国正处于全球化、工业化、城市化和现代化、信息化快速转换的进程之中，为实现全国和地区、城市的健康发展与生态环境的可持续支撑，迫切需要有序调整经济结构和探索与生态环境协同的实践路径及方略。因此，本书的出版对于其相关理论、方法的研究和实践路径或方略的制定无疑具有重要的参考价值。

本书作者吴一丁、毛克贞两位学者长期从事经济结构与环境相依关系的理论和应用研究，其专著《中国经济结构演进与环境污染变动趋势研究》以我国社会经济发展与环境变迁为背景，通过剖析我国主要环境污染物的排放特征、变动趋势及其与经济增长之间的相依关系，较系统地测算了不同类型经济结构总体形态变动对环境污染的影响路径、影响强度和影响轨迹，定量揭示了我国主要经济结构形态演变对环境污染的影响态势。进而，作者将我国的主要经济结构依次划分为三次产业结构、工业37个基本行业结构、工业企业规模结构、工业行业收益结构、技术结构、就业结构、利税贡献结构、出口能力结构、竞争力结构、生产效率结构以及能源消费种类结构、能源消费部门结构、居民消费结构、城乡结构、经济空间结构等，比较全面系统地探讨了不同主要经济结构形态的关联演变对各类环境污染物排放总量和综合污染的影响程度及演化态势，从而为我国不同类型经济结构的有序调整、减轻环境污染压力和保障经济健康有效增长的角度提出了相应的政策、方略及其选择依据。

由于不同类型或区域经济结构差异较大，数据资料的完整性和质量保障皆难满足系统性、科学化的定量分析要求，故本书在研究中注重了多种模型方法的组合运用；且通过转换而统一指标口径，以便定性定量分析和比较不同类型经济结构与环境污染间的相依关系，以及提出科学可行的调整方略，故在研究方法上亦具有一定的新颖性。

本序作者除讲授《系统科学与模型仿真》和《经济控制论》等课程外，长期主要从事区域可持续发展和环境与发展协同的理论、方法及应用研究，深知从经济社会与生态环境内在结构角度研究区域可持续发展、研究人类经济活动对环境污染的影响机制和作用的至关重要性及其复杂和高难度。尽管书中仍存在一些研究缺陷和不足，然欣赏作者已取得的较为杰出成就，故愿作序和推荐给从事同类研究的学者及政府决策、管理者参考借鉴，以促进我国经济社会与生态环境的协同演化和区域的可持续发展。

毛志锋

2017 年 12 月于燕园

# 前　　言

　　人类经济活动对环境造成的破坏，不但在当前，而且未来相当长时期，都是人类社会发展过程中需要解决的最突出问题之一。人类经济活动受制于环境并影响着环境，环境问题是由人类经济活动引起的，研究经济活动如何影响环境是人类可持续发展问题的核心内容。国内外学术界关于经济发展与环境关系的研究主要集中在经济增长、经济总量和经济发展水平与环境之间作用机制的研究上，而经济结构与环境之间的作用机制较少被关注，仅有的研究也大多停留在定性描述上，并且一般将经济结构狭义的确定为产业结构。事实上，人类经济活动可以从不同角度加以研究，而经济结构（不仅仅只包括产业结构）是研究人类经济活动的一个极好视角，一部人类社会经济发展史，其实质就是一部经济结构变动史。经济规模更多地表现了人类经济活动"量"的方面，而经济结构变化则反映了人类经济活动"质"的变化，因此透过经济结构演进对人类经济活动进行研究可以更深入、更本质，对人类经济活动的把握更准确。在对人类社会发展进程的研究中，通常按照经济结构的演进特征可以粗略的将人类社会划分为前工业化社会、工业化社会和后工业化社会三个依次递进的阶段，在不同的社会发展阶段形成了不同的经济结构，而不同的经济结构对环境所产生的影响不同。从全球特定区域经济发展的历史阶段来看，在工业化之前，经济结构的形成和演变主要表现为对环境的服从，没有对环境产生明显的负面影响；在工业化过程中，经济结构的演变对环境的负面影响越来越大；而进入到后工业化社会以后，随着经济结构调整得越来越合理、技术水平的不断提高，经济结构的演变对环境的破坏逐渐下降，有些国家和地区的环境质量处于不断改善之中。基于经济结构演进与环境破坏之间存在高度相关性这一事实，我们在认识环境问题时，经济结构变动对环境产生的影响应该更多地进入到研究视野之中。

环境破坏的内容极其广泛,既包括水土流失、土壤荒漠化和盐碱化、资源枯竭、气候变异、生态平衡失调等资源环境破坏,又包括人类活动产生的大量废气、废水、固体废物等排放所造成的环境污染。目前全球在环境保护中最为关注的是包括二氧化碳排放在内的环境污染问题,这不仅仅是因为环境污染直接导致了环境质量下降、威胁人类生存,还因为环境污染往往最终导致生态的破坏。同时,全球在通过减少排放保护人类共同家园的认识上形成了高度一致,为此各国都承担起了减排的义务。

对于人类经济活动与环境污染的关系研究,国内外学者更多的是围绕着环境库兹涅茨曲线(EKC)展开的。20 世纪 90 年代初 Grossman - Krueger、Shafik 和 Panayotou 通过对经济增长(收入)与环境质量的长期影响关系,提出了著名的环境库兹涅茨曲线,揭示出环境质量开始随着收入增加而退化,收入水平上升到一定程度后随收入增加而改善,即环境质量与收入呈倒 U 形变动关系,EKC 理论的政策含义被普遍解读为:"先污染,后治理"的经济增长路径。EKC 提出后,国内外关于 EKC 的研究主要集中在两方面:一是对EKC 倒 U 形关系是否存在的理论验证,如 Shafik(1992)、Panayoutou(1993)、彭水军(2006)、He and Richard(2009)、韩玉军(2009)、曾五一(2010)、宋德勇(2011)等众多学者的研究。在相关研究中,由于不同的研究所选取的表征经济增长与环境污染的指标类型与数据不同、采用的计量经济模型以及研究区域不同,致使各种研究所得到的 EKC 曲线呈现出了诸如倒U 形、U 形、N 形、同步型、无关型等七种表现形式。普遍的研究结论认为,不存在适合所有地区、所有种类污染物的单一模式。二是对有关 EKC 形成机理的研究,如 Lopez(1994)、Panayotou(1997)、Hannes(2001)、林伯强(2009)、朱述斌(2009)、窦学诚(2011)等从经济规模、经济结构、技术水平、市场机制、国际贸易和政府政策、收入需求弹性等视角对 EKC 形成的动因进行相应研究。而 Stern(2002)、Dinda(2004)、李玉文(2005)、佘群芝(2008)、钟茂初和张学刚(2010)等则对 EKC 的研究进行了高质量总结,使人类经济活动与环境污染关系研究有了比较清晰的分析脉络。另外,部分学者从存量污染、影响长期性、污染结构、环境规制、触底竞争、发达国家与发展中国家之间的差异、指标局限性、国家局限性等角度对 EKC 进行了批评研究。

在经济结构对于环境污染影响的研究方面，Grossman、Krueger、Lopez等在探讨EKC形成原因时提出经济增长通过规模效应、技术效应与结构效应三种途径影响环境质量，研究认为规模效应恶化环境，而技术效应和结构效应改善环境。其中结构效应是指随着收入水平提高，产出结构和投入结构发生变化。在早期阶段，经济结构从农业向能源密集型重工业转变，增加了污染排放，随后经济转向低污染的服务业和知识密集型产业，投入结构变化，单位产出的排放水平下降，环境质量改善。在实证研究上采用的是分解分析方法，即产业结构变动对环境污染的贡献份额，此后的研究基本就停留在这一层面。学术界有关经济结构对于环境污染的影响研究相对较弱，仅仅是作为EKC形成机理研究的一个考虑因素，并未进行深入的单独研究；研究的经济结构类型基本就是三次产业结构，其他重要的经济结构并未涉及；以定性研究为主，定量研究的方法过于单一；国内仅有个别学者利用Grossman分解模型在EKC形成动因研究中对经济结构有所涉及，目前还处于对国外相关理论的介绍阶段。

从经济活动实践看，由于提高生活水平必然要求经济规模不断扩大，单纯的经济规模扩张必将对环境产生越来越大的污染压力。因此减轻由经济活动扩张引起的环境污染加剧，除了通过技术不断进步外，在经济手段方面人们越来越多的将目光投向了通过经济结构调整来达到减轻环境污染的目标。事实上，环保技术的发展最终也会在经济层上体现为经济结构的变动，因而经济结构变动对环境的影响涵盖了技术进步因素。从全球视角看，以往人类经济结构的演进加重了环境污染，未来的发展需要寻找到一条新的经济结构演进路径，使经济活动与环境相协调。

目前世界各主要经济体出于环境保护和提升产业竞争力的考虑，相继提出了经济结构调整策略，比如美国提出了发展绿色能源产业以减少对石化能源依赖性的产业政策；欧盟委员会公布了"清洁与节能车发展欧洲战略（欧洲战略）"以实现交通领域低碳化；日本决定在七个领域通过21个项目推动经济成长，并把环保节能、医疗保健和观光产业作为重点投资领域；中国政府也提出了重点发展包括节能环保、新能源、新材料、新能源汽车产业在内的战略性新兴产业，通过产业结构转型升级实现经济的可持续发展。总体来看，在环境保护背景下的全球经济结构调整显得格外引人注目。

但是，以经济结构调整来减轻环境污染，往往被简单化的理解为发展环保产业或低污染产业、降低高污染产业比重就可实现环境质量的改善。事实上，经济结构调整对环境的影响路径和影响结果远比我们想象的复杂。比如太阳能发电被公认为无污染产业，但太阳能发电的关键材料多晶硅生产却是重污染产业，大力发展太阳能发电产业到底会减轻还是加重环境污染本身就引起了激烈的争论。发展环保和低污染产业需要有相关传统产业的支撑，而各产业发展对环境不仅有直接影响，还有间接影响，既有消极影响，也有积极影响，有可能为了发展环保产业致使相关支撑产业对环境的污染加重；另外，处于不同发展阶段，各产业对经济和环境的影响不同，如果不顾经济发展阶段，以牺牲经济发展而盲目追求环保和低污染产业的发展，有可能使经济在低水平上扩张，反而不利于环境质量的改善。再者，广义的经济结构包含了各种结构类型，不仅仅只是产业结构会对环境污染产生影响，消费结构、外贸结构、就业结构、能源结构、经济空间结构等的变动也都会对环境产生深刻的影响，通过调整经济结构来减轻环境污染，绝不应该只是调整产业结构。

经济结构的不同演进路径有可能减轻环境污染，也有可能加重环境污染。任何想当然的经济结构调整可能既会伤害经济发展，又无助于环境污染的减轻。只有科学的认识清楚经济结构演进对环境污染的作用方式和长期影响趋势，才能主动的、分阶段的和合理的调整经济结构，使经济结构的演进路径有利于环境质量的改善，达到经济发展和环境相协调。

毋庸讳言，我国的环境污染问题极其严峻，这不仅对我国经济发展直接造成了损失，而且也对我国国际形象造成了负面影响。同时，我国的经济结构正处于工业化、城市化和现代化过程之中，各类经济结构都在剧烈变化。因此，寻找符合环保要求的经济结构调整之路显得格外迫切。探讨哪些重要经济结构变化会对环境污染产生影响，定量化研究不同类型经济结构的演进路径，以及结构演进对环境污染的影响程度、影响轨迹和影响趋势，找出环境污染变动趋势的结构影响规律等，这些都是从经济结构角度研究人类经济活动对环境污染的作用，这本身就是可持续发展理论在经济结构领域的延伸和发展，因此在理论上具有较大的研究价值和研究空间。将经济结构变动对环境产生影响的一些基本问题给予较明确和定量化的揭示,更可以为环境保护政策的制定从经济结构角度提供决策依据。

本书以我国社会经济发展为背景,主要以定量方法揭示我国主要经济结构演变对环境污染的影响趋势。首先确定我国主要环境污染物的排放特征、变动趋势,以及与经济增长之间的关系,并用我国环境污染和经济变化的实际数据验证和反思环境经济理论。在此基础上分别对我国三次产业结构、各类工业结构、能源消费结构、居民消费结构、城乡结构、经济空间结构等主要经济结构的演变特征、演变趋势及对经济发展的影响进行刻画和分析,研究并测算各类经济结构变动对环境污染的影响路径、影响强度和影响轨迹,进而从减轻环境污染压力、保证经济快速增长的角度提出各类经济结构的调整策略。

# 目　录

# 第一章

# 中国环境污染变动趋势及相关理论解释

## 第一节　中国环境污染变动趋势

人为因素造成的环境污染主要是指由人类活动向自然环境中添加了某种物质而超过环境的自净能力，使自然环境的构成或状态发生变化，环境质量下降，从而扰乱、破坏了生态系统和人类的正常生产、生活条件的现象。环境污染的种类繁多，按环境要素划分，有大气污染、土壤污染、水体污染等；按环境污染的性质划分，有化学污染、生物污染、物理污染（噪声污染、放射性污染、电磁波污染等）、固体废物污染、液体废物污染、能源污染等。准确地说，环境污染程度应以某种有害物质在环境中的含量、浓度、强度等进行测量，但实际工作中要做到这一点很难。因此对环境污染程度的衡量，基本上是以人类活动所排放或产生的有害物质数量来表示。目前，人类最为关注并且能够较大范围、较长时间系统记录的环境污染主要是废气、废水、固体废物（又称为"三废"）的排放和产生量。

### 一、废气

废气是人类在生产和生活过程中排出的有毒或有害气体，其中各类生产企业排放的工业废气是大气污染物的主要来源。废气中既包含各种烃类、醇类、醛类、酸类、酮类和胺类等有机物，也包含硫氧化物、氮氧化物、碳氧化物、卤素及其化合物等无机物，甚至还包含有重金属、盐类、放射性物质等有害成分，废气中的污染物目前已知的有100多种，各类污染物的物理和化学性质非常复杂，有害性也不尽相同。

废气排放造成的危害主要表现为：被污染了的空气通过人类呼吸导致疾病的产生，过高浓度的有害气体甚至直接导致人类死亡；废气中的二氧化硫、氟化物等会使植物叶片表面产生伤斑、叶片褪绿，或者直接使叶片枯萎脱落，影响植物生理机能，造成植物产量下降，品质变坏；废气中的大量烟尘微粒，使空气变得非常浑浊，遮挡了阳光，使得到达地面的太阳辐射量减少，导致人和动植物因缺乏阳光而生长发育不好；废气中的二氧化硫经过氧化随自然界降水下落形成硫酸雨，不但使大片森林和农作物毁坏，还能造成纸品、纺织品、皮革制品等腐蚀破碎、金属的防锈涂料变质而降低保护作用，还会腐蚀、污染建筑物；废气中的二氧化碳、一氧化二氮、氯氟碳化合物、甲烷等是地球大气中主要的温室气体，大量排放的温室气体会产生温室效应，引起严重的生态灾难，直接威胁到人类的生存。

废气排放会随着大气流动将污染物扩散，具有显著地跨区域特征。与其他环境污染类型相比，废气排放造成的损害涉及面更广、外部性更强、治理难度更高。也正因为此，废气排放对大气环境的污染被认为是全球最普遍、最严重的环境问题，需要全人类一致行动、共同应对。目前我国废气中的二氧化碳、二氧化硫、烟（粉）尘，氮氧化物等排放量有相对较完整的数据资料，我们也主要对这些废气排放进行分析。

## （一）二氧化碳排放

在自然界中二氧化碳含量丰富，为大气组成的一部分。二氧化碳也包含在某些天然气或油田伴生气中以及碳酸盐形成的矿石中。大气中含二氧化碳为0.03%~0.04%（体积比），主要由含碳物质燃烧和动物的新陈代谢产生。工业革命后，由于能源消费的大量增加，二氧化碳的排放量剧增。从毒性角度看，二氧化碳本身对人体和环境基本无害，相反二氧化碳是植物光合作用合成碳水化合物的原料，它的增加可以增加光合产物。但是大气中二氧化碳浓度增加会导致温室效应加强，引发自然生态系统的改变。美国环境保护署认定二氧化碳等温室气体是空气污染物，危害公众健康与人类福祉，人类大规模排放温室气体足以引发全球变暖等气候变化。在《京都议定书》中规定控制的 6 种温室气体为：二氧化碳、甲烷、氢氟碳化合物、氧化亚氮、全氟碳化合物、六氟化硫。对全球升温的贡献百分比来说，二氧化碳由于含量较多，所占的比例也最大，约为 55%。因此，在人类应对全球气候变暖的挑战中，控制二氧化碳排放量成为重中之重。

世界银行在《世界发展指标（2015）》（*World Development Indicators* 2015）中提供了 214 个国家和地区的二氧化碳排放量指标，时间跨度从 1960～2011 年，通过数据对比我们可以较为全面的了解中国的二氧化碳排放特征。图 1–1 反映了我国分年度二氧化碳排放情况。

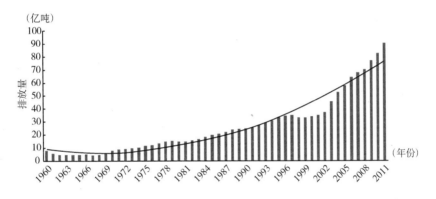

图 1–1　中国二氧化碳排放状况（1960～2011 年）

从单个年份二氧化碳排放总量来看，我国在 2011 年排放二氧化碳 90.2 亿吨，占当年全球二氧化碳排放总量的 26.03%；2011 年我国二氧化碳排放量比 1960 年增长了 10.55 倍，51 年间的平均增长速度为 4.91%。其中，有 8 个年份二氧化碳的排放出现下降，其余年份均呈上升趋势。值得注意的是，进入 21 世纪后，我国的二氧化碳排放量呈加速增长趋势，1960～2000 年的平均增速为 3.75%，而 2000～2011 年的平均增速则高达 9.26%。

用趋势线拟合二氧化碳排放量可以更显著地反映其变动趋势，我们用二次曲线拟合。以 y 代表二氧化碳排放量，x 代表时间（x 取值从 1～52），拟合度 $R^2 = 0.9509$，拟合的二次曲线方程为：$y = 9.8007 + 0.0389x^2 - 0.7357x$。显然趋势线拟合程度较高，我国单个年份二氧化碳排放量呈 U 形曲线变化，并且目前正处于 U 形曲线的右侧。我国在快速工业化和城市化过程中，承受着巨大的二氧化碳排放压力，二氧化碳排放的变动趋势极不乐观。

我国的二氧化碳排放趋势是否与全球趋势一致，是否有自己的变动特征。我们通过绘制全球、美国、欧盟、日本、印度的二氧化碳分年度排放状况图并配合趋势线进行对比。

图1-2、图1-3、图1-4、图1-5、图1-6分别为美国、欧盟、日本、印度及全球的二氧化碳分年度排放状况图。为便于对比，所有图中趋势线均用二次方程拟合，方程中的变量含义均与以上我国二氧化碳排放二次曲线方程中的设定相同。

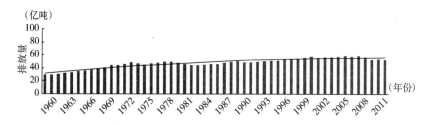

图1-2　美国二氧化碳排放状况（1960～2011年）

注：二次曲线方程（美国）：$y = 29.905 - 0.0088x^2 + 0.9543x$；趋势线拟合度：$R^2 = 0.8867$。

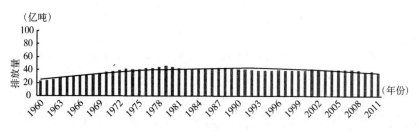

图1-3　欧盟二氧化碳排放状况（1960～2011年）

注：二次曲线方程（欧盟）：$y = 24.756 - 0.0194x^2 + 1.1963x$；趋势线拟合度：$R^2 = 0.7973$。

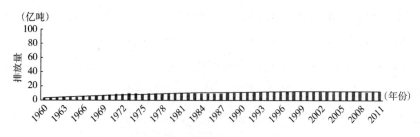

图1-4　日本二氧化碳排放状况（1960～2011年）

注：二次曲线方程（日本）：$y = 2.2229 - 0.0049x^2 + 0.4363x$；趋势线拟合度：$R^2 = 0.9393$。

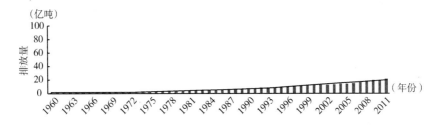

**图 1 - 5　印度二氧化碳排放状况（1960～2011 年）**

注：二次曲线方程（印度）：$y = 1.9263 + 0.0086x^2 - 0.1087x$；趋势线拟合度：$R^2 = 0.9928$。

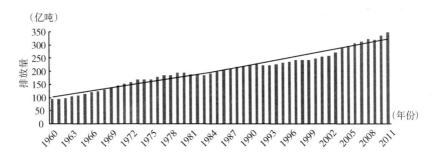

**图 1 - 6　全球二氧化碳排放状况（1960～2011 年）**

注：二次曲线方程（全球）：$y = 100.43 + 0.0017x^2 + 3.3666x$；趋势线拟合度：$R^2 = 0.9674$。

　　美国、中国和日本是全球经济总量最大的前三位国家；欧盟是世界上经济总量最大的经济体；印度是世界上人口规模仅次于中国的第二大国家，并且与中国一样都属于发展中的大国。2011 年欧盟、美国、中国、日本和印度的经济总量（按 2011 年美元不变价格计算的 GDP）之和占到了全球经济总量的 72%，同时排放的二氧化碳之和也占到了全球二氧化碳排放总量 61%。对这些国家和地区进行对比具有很强的意义。

　　从趋势线的拟合程度看，各国、地区及全球的拟合度都比较高，除欧盟和美国外，其他国家和全球的趋势线与实际发生数高度吻合，趋势线的代表性很高。由于趋势线均采用二次方程拟合，因此二氧化碳排放量的变动趋势只有两种类型：U 形和倒 U 形，$x^2$ 的系数是正数表现为 U 形，$x^2$ 的系数是负数则表现为倒 U 形；系数越大，U 形或倒 U 形的特征越明显（二氧化碳排放每年递增或递减的幅度越大），系数越小，则反之。对比趋势线和二次方程可以发现，欧盟、美国和日本的二氧化碳排放均呈现出倒 U 形变动趋势，其中欧盟的倒 U 形特征最为明显，并且在 20 世纪 90 年代以后进入倒 U 形曲线的右侧，二氧化碳排放进入到下降阶段；日本的情况与欧盟类似，只不过倒 U 形特征明显弱于欧盟，进入倒 U 形曲线右侧的时间晚于欧盟，二氧化碳排放量下降的幅度更为平缓；美国二氧化碳排放的倒 U 形特征也基本上能够确立，但是美国目前仍没有明显的进入到倒 U 形曲线右侧，基本上处于倒 U 形曲线的顶端，这预示着美国二氧化碳排放的峰值已经出现。

我国和印度同属于发展中国家，两国所处的社会发展阶段有很多相同之处，经济总量都处于高增长之中。两国用二次方程拟合的二氧化碳排放趋势线拟合度都在 0.95 以上，实际排放量与趋势排放量高度吻合。与发达国家和地区不同的是，我国和印度的二氧化碳排放趋势都表现出了 U 形特征，并且两国目前都处于 U 形曲线的右侧。从二次方程时间变量的系数来看，印度二氧化碳排放的增长幅度比我国小得多。

全球二氧化碳排放趋势也呈现出 U 形曲线变动特征，并且也处于 U 形曲线的右侧，二氧化碳每年排放量仍在不断增加，但其增长趋势远弱于中国和印度。从总体看，以欧盟、美国和日本为代表的发达国家，二氧化碳排放量基本处于下降或峰值阶段，其经济结构有利于二氧化碳的减排；以我国和印度为代表的发展中国家，二氧化碳排放量仍处于上升阶段，其经济结构调整的任务十分艰巨。目前全球二氧化碳排放趋势与发展中国家变动趋势相似，说明发展中国家对全球二氧化碳排放趋势的影响程度大于发达国家。

二次方程中的常数项反映了二氧化碳排放变动的初始规模，常数项越大，表明二氧化碳排放的起始规模越高。我国与印度的二氧化碳排放趋势虽然相同，但对比中、印两国二氧化碳排放趋势模型中的常数项可以发现，我国二氧化碳排放的初始规模远大于印度，我国面临的二氧化碳减排压力远比印度大得多。为了更好地分析我国二氧化碳排放对全球二氧化碳排放的影响，我们计算了中国、美国、欧盟、印度和日本分年度二氧化碳排放量占全球排放量的比重（见表 1 - 1）。

表1-1　　　　　　　　　全球二氧化碳排放区域结构　　　　　　　单位:%

| 国　家 | 1960 年 | 1970 年 | 1980 年 | 1990 年 | 2000 年 | 2010 年 | 2011 年 |
|---|---|---|---|---|---|---|---|
| 中国 | 8.31 | 5.22 | 7.58 | 11.08 | 13.73 | 24.64 | 26.03 |
| 美国 | 30.76 | 29.27 | 24.40 | 21.73 | 22.99 | 16.14 | 15.31 |
| 欧盟 | 25.11 | 25.38 | 23.34 | 18.39 | 15.75 | 11.07 | 10.32 |
| 印度 | 1.28 | 1.32 | 1.80 | 3.11 | 4.78 | 5.82 | 5.99 |
| 日本 | 2.48 | 5.20 | 4.90 | 4.93 | 4.92 | 3.49 | 3.43 |
| 合计 | 67.95 | 66.39 | 62.02 | 59.24 | 62.17 | 61.15 | 61.07 |

在 1960 年，我国的二氧化碳排放全球占比远低于美国和欧盟，但到 2011 年我国二氧化碳排放全球占比已经超过了美国和欧盟的全球占比之和，是世界上最大的二氧化碳排放经济体。从 1960～2011 年，我国、美国、欧盟、印度、日本的二氧化碳排放量占全球比重下降了 6.87 个百分点。其中美国、欧盟、日本的占比都在下降，美国下降的最多；我国和印度的占比都在增加，我国上升的最多，五十多年间增加了 17.72 个百分点。1960 年我国二氧化碳全球占比低于美国 22.45 个百分点，高于印度 7.03 个百分点，但到 2011 年我国反超美国 10.72 个百分点，高于印度 20.04 个百分点。

将中国、美国、欧盟、印度、日本的二氧化碳排放量占全球比重，按时间顺序绘制成占比结构变动图，可以更清晰的反映占比结构动态变化（见图 1-7）。

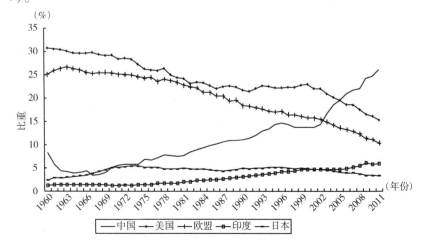

图 1-7　全球区域二氧化碳排放结构变动

图 1 – 7 显示，美国和欧盟二氧化碳排放的全球占比都呈现出长期下降趋势，日本的全球占比在 20 世纪 70 年代初达到顶峰后也呈现出缓慢下降趋势；我国和印度的全球占比则呈现出明显的上升趋势，尤以我国的全球占比上升的最为醒目。全球区域二氧化碳排放结构变动最为剧烈的是在进入 21 世纪后，我国二氧化碳排放规模在 2003 年超过欧盟，在 2005 年超过了美国。全球二氧化碳排放速度在进入 21 世纪后明显加快，1960 ~ 2011 年全球二氧化碳排放平均增速为 2.59%，其中 1960 ~ 2000 年的平均增速为 2.46%，2000 ~ 2011 年平均增速上升到 3.09%；我国在 1960 ~ 2000 年的平均增速为 3.75%，但 2000 ~ 2011 年平均增速大幅提高到 9.26%。目前我国二氧化碳不但排放量大、增速高，而且全球占比提升过快，这大大影响了我国的国家形象。

二氧化碳排放对全球的危害主要是大气中二氧化碳浓度的提高导致温室效应增强，由于自然界吸收二氧化碳的能力小于人类活动产生的二氧化碳排放量，二氧化碳的不断积累使大气中二氧化碳浓度不断提高，因此二氧化碳的累计排放量是全球更为关注的一个指标。我们计算了中国、全球、美国、欧盟、印度和日本从 1960 ~ 2011 年的二氧化碳累计排放量，以 1990 年为界划分为前后两个阶段。之所以以 1990 年为界是因为《京都议定书》中各国承担的减排义务以 1990 年温室气体排放量作为基准（见表 1 – 2）。

表 1 – 2　　　　　　　　　　二氧化碳累计排放量　　　　　　　单位：亿吨

| 时　　期 | 中国 | 美国 | 欧盟 | 印度 | 日本 | 全球 |
|---|---|---|---|---|---|---|
| 1960 ~ 2011 年累计排放 | 1372.49 | 2444.02 | 1997.94 | 366.25 | 482.49 | 10688.07 |
| 1960 ~ 1990 年累计排放 | 377.35 | 1305.42 | 1172.19 | 96.83 | 232.79 | 5047.32 |
| 1991 ~ 2011 年累计排放 | 995.13 | 1138.60 | 825.75 | 269.42 | 249.71 | 5640.76 |

1960 ~ 2011 年我国二氧化碳累计排放了 1372.49 亿吨，占全球累计排放量的 12.84%，美国累计排放量比中国多出 1071.53 亿吨，占全球累计排放量的 22.87%，仅美国、欧盟和日本的累计排放量就已占到全球累计排放量的 46.07%，显然发达国家对于全球气候变暖负有不可推卸的责任。然而，我国在进入 21 世纪后二氧化碳排放增速过快，1991 ~ 2011 年累计排放已经超过欧盟，仅略低于美国，我国超过美国已成必然。由此我国承受的全球二氧化碳减排压力极其巨大，通过 2015 年 5 月的一篇文章可以窥见我国面临的压力。见文摘 1 – 1。

# 中国二氧化碳累计排放量 2016 超美国

中国 1990 年之后的二氧化碳累计排放量预计到 2016 年将超过美国，中国将成为全球最大的二氧化碳排放国。中国过去一直主张大量排放二氧化碳的日美欧应对全球气候变暖负责。由于累计排放量的逆转，估计国际社会要求中国在全球气候变暖对策方面应负有相应责任的声音将出现增强。

据挪威的奥斯陆国际气候与环境研究中心（CICERO）推算，2016 年中国二氧化碳累计排放量将达到 1464 亿吨，将超过美国的 1462 亿吨，跃居首位。第 3 位以后依次是欧洲、俄罗斯、印度和日本，预计 2028 年之后印度将超过俄罗斯。

上述推算值为要求发达国家削减温室气体排放量的《京都议定书》的基准年 1990 年起的累计排放量，2013 年以后的数值根据政府间气候变化专门委员会（IPCC）的预测值等推算而出。国际气候与环境研究中心主任研究员格伦·彼得斯（Glen Peters）指出："为了抑制全球气候变暖，中国必须发挥重要作用"。

中国一直主张发达国家过去大量排放二氧化碳是导致全球气候变暖的主要原因，将自身定位为发展中国家，认为只有发达国家才有义务削减温室气体。同时，中国领头主张发达国家与发展中国家所担负的责任不同，要求发达国家为发展中国家提供应对全球气候变暖的资金。

另外，受中国快速的产业发展和城市化影响，2006 年以后，从单年度的二氧化碳排放量来看中国已经位居世界首位，且排放量已占到全球总排放量的 1/4。由于依赖火力发电导致大气污染愈发严重，要求中国向清洁能源转移，削减二氧化碳排放量的声音越来越强。

据国际能源署（IEA）统计，2014 年全球的二氧化碳排放量（暂定值）与 2013 年相同，为 323 亿吨。不过，从中长期来看温室气体的排放量依然呈增加趋势。

日本计划通过向援助发展中国家应对气候变暖的"绿色气候基金"提供资金和出口节能技术来支援发展中国家。

**（川合智之　华盛顿报道）**

资料来源：日经中文网，http://cn. nikkei. com/politicsaeconomy/politicsasociety/14442 –20150522. html，2015 –05 –22。

## （二）废气中主要污染物排放

废气中的污染物排放有 100 多种，在我国最为关注并且能够较长时间连续记录排放的主要污染物有：二氧化硫、烟（粉）尘和氮氧化物。

### 1. 二氧化硫排放

人类活动产生的二氧化硫主要由燃煤及燃料油等含硫物质燃烧产生。二氧化硫对人体损害较大；对金属材料、房屋建筑、棉纺化纤织品、皮革纸张等制品容易引起腐蚀、剥落、褪色而损坏；可使植物叶片变黄甚至枯死。我国对二氧化硫排放统计分为来自工业排放和来自生活排放。我们根据《中国环境统计年鉴》《中国统计年鉴》《中国环境公报》等中的二氧化硫排放资料，经过整理绘制了 1990 ~2014 年全国二氧化硫排放状况图，并计算了各个时间段的二氧化硫增长幅度和年均增长速度。见图 1 –8、表 1 –3。

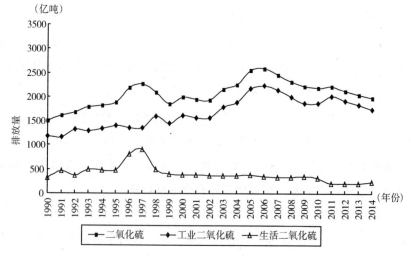

图 1 –8　全国二氧化硫排放状况（1990 ~2014 年）

表 1-3　　　　　　　　　　全国二氧化硫排放增长速度　　　　　　　　单位:%

| 指　标 | 增长幅度 | | | | | | 年均增长速度 | | | | | |
|---|---|---|---|---|---|---|---|---|---|---|---|---|
| 增长期间 | 1995 年比1990 年 | 2000 年比1995 年 | 2005 年比2000 年 | 2010 年比2005 年 | 2014 年比2010 年 | 2014 年比1990 年 | 1990~1995 年 | 1995~2000 年 | 2000~2005 年 | 2005~2010 年 | 2010~2014 年 | 1990~2014 年 |
| 总排放 | 25.93 | 5.51 | 27.78 | -14.29 | -9.64 | 31.48 | 4.72 | 1.08 | 5.02 | -3.04 | -2.50 | 1.15 |
| 工业排放 | 18.87 | 14.77 | 34.47 | -14.02 | -6.65 | 47.24 | 3.52 | 2.79 | 6.10 | -2.98 | -1.71 | 1.63 |
| 生活排放 | 52.03 | -21.28 | -0.44 | -15.80 | -27.03 | -26.80 | 8.74 | -4.67 | -0.09 | -3.38 | -7.58 | -1.29 |

全国二氧化硫排放主要来自工业,2011 年工业排放占总排放比重最高,达 90.95%;最低年份 1996 年的占比为 62.43%,工业排放占比有越来越高的趋势。二氧化硫排放总量和工业二氧化硫排放量的变动趋势较相似,2006 年以前基本呈上升趋势,之后呈下降趋势;生活二氧化硫排放在 1997 年之后呈现出比较平稳的下降趋势。

2014 年全国二氧化硫排放总量为 1974.4 万吨,比 1990 年增长了 31.48%,年均增长速度 1.15%。这期间,工业排放增幅和年均增长速度都高于二氧化硫总量排放。生活二氧化硫排放出现明显下降,年均下降速度为 1.29%。除了生活二氧化硫排放变动较为平稳外,二氧化硫排放总量和工业二氧化硫排放量的变动都极不稳定,这表明全国二氧化硫排放总量的变动趋势主要受工业排放的影响。

用二次方程进行拟合,拟合结果基本可以显示二氧化硫排放总量的变动趋势。以 y 代表二氧化硫排放总量,x 代表时间变量（x 取值从 1~25）,二次方程拟合结果为:$y = -3.048x^2 + 12229x - 1E + 07$,拟合度 $R^2 = 0.664$。拟合度并不是很高,说明二次曲线和二氧化硫排放总量实际变动只是基本吻合。拟合的二次方程显示,全国二氧化硫排放总量的变动趋势大致呈现出倒 U 形变动特征,并且目前正处于倒 U 形曲线的右侧。对工业二氧化硫排放进行趋势拟合,其结果与二氧化硫排放总量的变动类型和变动趋势基本一致。总体来看,我国二氧化硫排放似乎已经越过排放峰值,排放量正朝着下降的趋势发展。

**2. 烟（粉）尘排放**

烟尘和粉尘都是固体颗粒,主要区别就是微粒径度的大小,一般情况下直径 <0.1 微米的是烟尘;直径 >0.1 微米的是粉尘。工业生产活动和居民生活都会产生烟尘，而粉尘主要来自工业。图1-9和表1-4反映了全国烟（粉）尘排放状况及各时间段烟（粉）尘增长幅度和年均增长速度。（资料来源同上）。

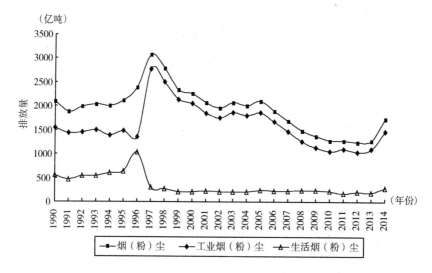

图1-9 全国烟（粉）尘排放状况（1990~2014年）

全国烟（粉）尘排放主要来自工业，1990~2014年烟粉尘排放总量中来自工业排放的比重平均占82.54%。由于1997年统计口径发生了变化，因此1997年以后的数据可比性更强。

1997年数据表明，全国烟（粉）尘排放总量和工业排放量呈逐波下降趋势，且下降幅度较大。2014年与1997年相比，烟（粉）尘排放总量下降了43.44%，年均下降3.3%；工业烟（粉）尘排放下降的幅度大于总量下降幅度，生活排放的下降幅度较小，2014年比1997年仅下降了7.56%。

表1-4　　　　　　全国烟（粉）尘排放增长速度　　　　单位:%

| 指标 | 增长幅度 | | | | | 年均增长速度 | | | | |
|---|---|---|---|---|---|---|---|---|---|---|
| 增长期间 | 2002年比1997年 | 2005年比2002年 | 2010年比2005年 | 2014年比2010年 | 2014年比1997年 | 1997~2002年 | 2002~2005年 | 2005~2010年 | 2010~2014年 | 1997~2014年 |
| 总排放 | -36.53 | 7.17 | -38.97 | 36.23 | -43.44 | -8.69 | 2.33 | -9.40 | 8.04 | -3.30 |
| 工业排放 | -37.00 | 6.58 | -43.45 | 38.43 | -47.43 | -8.83 | 2.15 | -10.77 | 8.47 | -3.71 |
| 生活排放 | -32.31 | 12.04 | -3.30 | 26.03 | -7.56 | -7.51 | 3.86 | -0.67 | 5.95 | -0.46 |

全国工业烟（粉）尘排放下降最快的时期是 2005～2010 年，而生活排放下降最快的时期是 1997～2002 年。全国烟（粉）尘不管是工业排放、生活排放还是总排放，总体上都呈现出下降趋势。但是在 2010 年以后，烟（粉）尘排放下降趋势基本停止，特别是 2014 年工业烟（粉）尘排放出现反弹，排放量大幅上升。这种变化到底是排放下降过程中的反弹波动，还是排放趋势发生逆转，还需要对今后的排放变化进一步观察。

**3. 氮氧化物排放**

氮氧化物主要来源于生产、生活中所用的煤、石油等燃料的燃烧，其次来自生产或使用硝酸的工厂排放的尾气。废气中的氮氧化物有一氧化二氮（$N_2O$）、一氧化氮（NO）、二氧化氮（$NO_2$）、三氧化二氮（$N_2O_3$）等，其中占主要成分的是一氧化氮和二氧化氮。氮氧化物对人的健康有极大危害。我国对氮氧化物排放量的统计历史较短，现有较完整的统计资料只从 2006 年开始。图 1–10 表现了全国氮氧化物的排放情况（资料来源同上）。

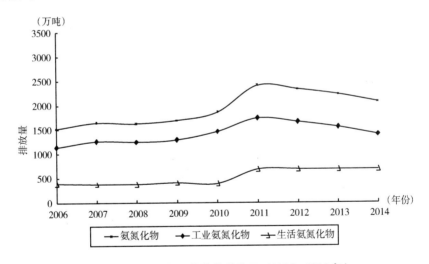

**图 1–10　全国氮氧化物排放状况（2006～2014 年）**

2014 年全国氮氧化物排放总量为 2078 万吨，其中工业排放占 67.6%。2014 年与 2006 年相比氮氧化物排放总量有比较大的上升幅度（上升了36.37%），但从排放趋势看，2011 年以后氮氧化物排放总量呈现出持续下降的趋势，下降的主要原因是工业氮氧化物排放的减少，而生活排放在 2011 年以后一直保持比较平稳。

## 二、废水

对于水污染的考察，理论上应该对所有水体的水质进行测量，但现实中主要是通过废水排放总量和废水中主要污染物的排放量来分析。

### （一）废水排放

我国工业排放的废水中主要包含了烷基酚化合物、全氟化合物、溴化和氯化阻燃剂、邻苯二甲酸盐、芳香胺类的偶氮染料、有机锡化合物、氯苯、氯化溶剂、氯酚、短链氯化石蜡和重金属铜、铅、镉、汞、六价铬等众多有害物质；生活排放的废水主要是使用的各种洗涤剂、垃圾、粪便等，含氮、磷、硫及致病细菌较多。排放的废水（尤其是工业废水）人工净化难度大，即便是经过人工无害化处理的废水，也需要通过大自然的再进化，其净化周期漫长。因此，废水排放量是考察环境污染的重要指标。图1－11反映了全国废水排放总量和工业及生活废水排放量的分年度变动情况，表1－5反映的是主要年份全国废水排放结构及排放增长情况。

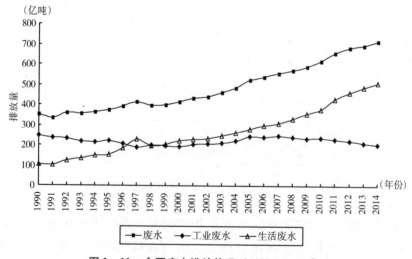

图1－11　全国废水排放状况（1990～2014年）

从废水排放总量的变动趋势看，总体上呈不断上升态势，除1991年、1993年和1998年的排放量下降外，其余年份均为正增长。2014年全国废水排放总量达 716.2 亿吨，比 1990 年增长了一倍多，年均增长速度为 2.98%。

为进一步明确我国废水排放总量的变动形态，可以通过拟合趋势线进行判断。以 y 代表废水排放总量，x 代表时间变量（x 取值从 1 – 25），用一元二次方程对排放量进行拟合。拟合结果为：$y = 346.7 + 0.585x^2 - 0.702x$，拟合度 $R^2 = 0.992$。显然，二次曲线拟合呈现高度吻合，能够很好地代表废水排放的变动趋势。拟合方程结果表明，全国废水排放总量呈 U 形变动趋势，并且目前正处于 U 形曲线的右侧，废水排放的增长趋势仍将持续。

表 1 – 5 全国废水排放结构及增长速度 单位:%

| 指 标 | 排放量比重 | | | | | | 2014 年比 1990 年增长幅度 | 1990 ~ 2014 年平均增长速度 |
|---|---|---|---|---|---|---|---|---|
| | 1990 年 | 1995 年 | 2000 年 | 2005 年 | 2010 年 | 2014 年 | | |
| 总排放 | 100.00 | 100.00 | 100.00 | 100.00 | 100.00 | 100.00 | 102.43 | 2.98 |
| 工业排放 | 70.29 | 59.49 | 46.78 | 46.35 | 38.47 | 28.67 | – 17.45 | – 0.80 |
| 生活排放 | 29.71 | 40.51 | 53.22 | 53.65 | 61.53 | 71.33 | 386.05 | 6.81 |

从废水排放的来源结构看，1990 ~ 2014 年共排放废水 12130.34 亿吨，其中 45.47% 来自工业排放。工业废水占废水总量比重最高的年份是在 1990 年，达到 70.29%；最低年份出现在 2014 年，为 28.67%，25 年时间下降了 41.63 个百分点。全国废水排放来源结构在 1999 年发生了根本性改变，此前大部分废水排放来自于工业，此后生活废水排放超过工业。从 1990 ~ 2014 年，废水排放总量中来自工业排放的占比基本呈现持续下降，而来自生活废水排放的占比不断上升。

工业废水排放不但占比下降，而且排放的绝对量也在下降。1990 ~ 2014 年工业废水排放量平均以每年 0.8% 的速度缓慢下降，25 年的降幅为 17.45%；相反生活废水排放却在以年平均 6.81% 的速度迅速增加，25 年的时间增加了 3.86 倍。

全国废水排放的明显特征是：废水排放总量变动呈 U 形特征的不断上升趋势，来自工业废水排放量持续缓慢下降，而来自生活废水排放量持续迅速增加。工业和生活废水排放的这种分化走势今后还将延续，生活废水排放将越来越成为水污染的主要来源。

## （二）废水中主要污染物排放

### 1. 化学需氧量（COD）排放

化学需氧量 COD（chemical oxygen demand）是以化学方法测量水样中需要被氧化的还原性物质的量，用来代表废水中有机物质的总量。化学需氧量越高，表示水体中的有机物污染越严重，这些有机物污染的来源可能是农药、化工厂、有机肥料等。有机污染物会对水生生物造成持久的毒害作用，在水生生物大量死亡后，生态系统即被摧毁；人若以水中生物为食，则会大量吸收这些生物体内的毒素，对人体极其危险；若进行灌溉，植物、农作物容易生长不良，人类也不能取食这些作物。

COD 排放包括了工业排放、生活排放和农业排放等，2010 年以前我国 COD 排放统计没有农业等部门的排放数据，从 2010 年起我国 COD 排放统计口径发生了变化，增加了农业和集中式 COD 排放统计。由于农业排放量基本等于工业和生活排放之和，因此农业污染的加入使我国 COD 排放总量陡然增加了一倍，新的统计量和原有统计量之间严重缺乏对比性。根据相关资料绘制图 1-12 反映全国废水中化学需氧量排放情况，为了保持数据的可对比性，我们在绘制的图 1-12 中仍然只反映工业和生活 COD 排放情况，总排放量是工业和生活排放之和，不包括农业和集中式 COD 排放。

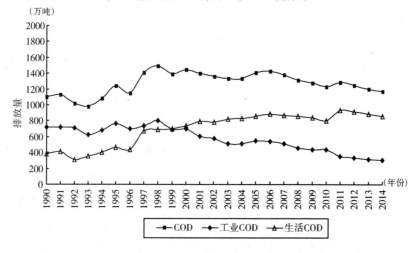

**图 1-12　全国 COD 排放状况（1990~2014 年）**

表 1-6 中计算的 COD 排放来源结构和增长速度也未包括农业和集中式 COD 排放，农业和集中式排放情况我们单独说明。

表 1-6　　　　　　　　　全国 COD 排放结构及增长速度　　　　　　　　单位:%

| 指　标 | 排放量比重 | | | | | | 2014 年比 1990 年增长幅度 | 1990~2014 年平均增长速度 |
|---|---|---|---|---|---|---|---|---|
| | 1990 年 | 1995 年 | 2000 年 | 2005 年 | 2010 年 | 2014 年 | | |
| 总排放 | 100.00 | 100.00 | 100.00 | 100.00 | 100.00 | 100.00 | 6.70 | 0.27 |
| 工业排放 | 65.02 | 62.17 | 48.75 | 39.22 | 35.12 | 26.48 | -56.55 | -3.41 |
| 生活排放 | 34.98 | 37.83 | 51.25 | 60.78 | 64.88 | 73.52 | 124.26 | 3.42 |

全国工业和生活 COD 排放总量在 20 世纪 90 年代基本呈较大幅度的上升趋势，在进入 21 世纪后呈现逐波缓慢下降趋势。2014 年工业和生活 COD 排放总量为 1175.7 万吨，比 1990 年上升 6.7%，年均增长速度较低，仅为 0.27%；其中 2000 年以前增长了 31.15%，2000 年之后下降了 18.64%。

从工业和生活 COD 排放来看，1999 年之前，工业排放呈周期性平稳变动，生活排放呈周期性较快上升变动，并且工业排放超过生活排放；1999 年之后，工业和生活 COD 排放呈现明显的分化走势，生活排放趋向缓慢增加，而工业排放则呈现快速下降态势，生活排放开始超过工业排放；2014 年生活 COD 排放 864.4 万吨，工业排放 311.3 万吨，生活排放是工业排放的 2.78 倍。总体来看，如果不算农业，我国的工业和生活 COD 污染趋于好转。

我国农业由于大量使用化肥及农药，因此农业早已成为水污染和土地污染的大户，将农业污染纳入统计范围，对于正确认识环境污染无疑是极为正确的。但是，由于农业污染统计太晚、数据有限，因此在分析污染变动趋势时，其污染数据的利用价值大大降低，然而利用其数据进行静态比较仍然是有价值的。2014 年，我国水污染中的 COD 排放如果加上农业和集中式排放，总量达到了 2294.6 万吨。其中，工业和生活排放占 51.24%，集中式排放仅占 0.72%，农业则达到了 48.04%，接近 COD 排放总量的一半。农业 COD 排放的趋势也在下降，但相比其他部门下降的速度较慢。2011~2014 年，包括全部部门排放的 COD 总量下降了 8.21%，其中工业排放下降 12.43%、生活排放下降 7.87%、集中式排放下降 17.91%，农业排放下降了 7.06%。正是因为农业部门排放下降的速度低于其他部门，农业排放在全部排放中的比重不断上升，目前农业是我国水体有机质污染的最大来源部门。

### 2. 氨氮排放

氨氮是指水中以游离氨离子和铵离子形式存在的氮。氨氮可以在一定条件下转化成亚硝酸盐，如果长期饮用受氨氮污染的水，水中的亚硝酸盐将和蛋白质结合形成强致癌物质亚硝胺，对人体健康极为不利，氨氮也对水生物造成极大的危害。

我国对水污染中的氨氮排放量统计较晚，从2000年开始才有了较为完整的氨氮排放量统计数据。同COD排放统计相同，从2010年起，我国氨氮排放数据增加了农业和集中式排放统计。为了保持数据的可对比性，我们在绘制反映全国氨氮排放情况的图1-13中，仍然只反映工业和生活氨氮排放情况，总排放量是工业和生活排放之和；表1-7反映的是全国氨氮排放来源结构及增长速度，其排放总量也未包括农业和集中式氨氮排放，农业和集中式排放情况我们单独说明。

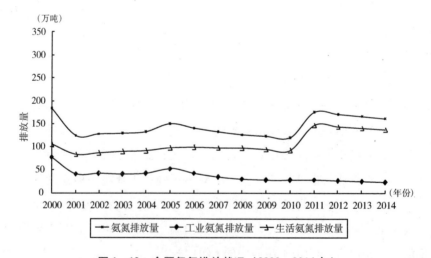

图1-13　全国氨氮排放状况（2000～2014年）

全国工业和生活氨氮排放总量呈现波动幅度较大的周期性起伏变化，大幅下降后缓慢上升，然后缓慢下降，再大幅上升，再缓慢下降。总体朝着下降的趋势变动，2014年工业和生活氨氮排放总量为161.3万吨，比2000年下降了12.1%，年均下降0.92%，下降速度较为缓慢。生活氨氮排放的变动趋势与氨氮排放总量的变动趋势基本相同，起伏较大；工业氨氮排放的下降趋势比较明显,2005 年以后呈现持续下降趋势。生活氨氮排放量在考察期内始终大于工业氨氮排放量,最低时的 2000 年,生活排放量比工业排放量也多出35.86%;最高时的 2014 年,生活排放量是工业排放量的近 6 倍。

表 1-7 全国氨氮排放结构及增长速度 单位:%

| 指 标 | 排放量比重 | | | | 2014 年比 2000 年增长幅度 | 1990~2014 年平均增长速度 |
|---|---|---|---|---|---|---|
| | 2000 年 | 2005 年 | 2010 年 | 2014 年 | | |
| 总排放 | 100.00 | 100.00 | 100.00 | 100.00 | -12.10 | -0.92 |
| 工业排放 | 42.40 | 35.05 | 22.69 | 14.38 | -70.18 | -8.28 |
| 生活排放 | 57.60 | 64.95 | 77.31 | 85.62 | 30.65 | 1.93 |

农业也是氨氮排放的大户,排放量虽不及生活排放量,但也远高于工业排放量。2014 年我国水污染中的氨氮排放如果加上农业和集中式排放,总量达到了 238.5 万吨。其中,工业和生活排放占 67.63%,集中式排放仅占0.71%,农业达到了 31.66%。从 2011~2014 年的排放变动看,农业氨氮排放量也呈现下降趋势,2014 年比 2011 年下降了 8.6%。总体来看,我国氨氮排放总量呈现有波动的缓慢下降趋势,氨氮排放的各个来源部门也都呈现不同类型的下降趋势;目前的氨氮排放主要来源于生活排放,占氨氮排放总量的一半以上,其次是农业部门排放,工业和其他部门排放的占比最小。

## 三、固体废物

固体废物是指在生产和生活过程中产生的丧失原有的利用价值或者虽未丧失利用价值但被抛弃或者放弃的固体、半固体和置于容器中的气态物品。目前统计的固体废物主要来自工业和城市生活两个方面,来自于工业的称为工业固体废物,来自于生活的主要是城市垃圾。固体废物是环境的重要污染源,除了直接污染、占用大量土地外,还经常以水、大气和土壤为媒介污染环境。

### (一) 固体废物产生

固体废物产生量是衡量人类活动产生固体废弃物质多少的重要指标,固体废物产生量越多，对环境的实际危害或潜在危害越大。固体废物产生量主要包括工业企业在生产过程中产生的固体状、半固体状和高浓度液体状废弃物总量和城市垃圾清运总量。

我们在分析全国固体废物总产生量时，不仅包括工业固体废物产生量，还包括了城市生活垃圾产生量（以城市生活垃圾清运量来衡量）。图 1 – 14 反映了全国固体废物产生总量和工业及生活固体废物产生量 1990 ~ 2014 年分年度变化状况。

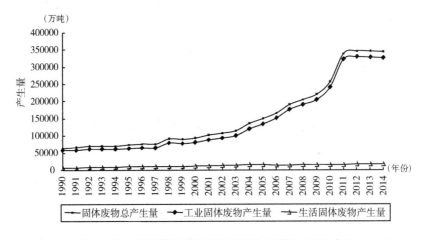

图 1 – 14　全国固体废物产生量变动（1990 ~ 2014 年）

数据表明，全国固体废物总产生量、工业固体废物产生量和生活固体废物产生量都呈现持续增加趋势，但增长形态却有差异。为明确具体的变动形态差异，用一元二次方程对固体废物总产生量、工业和生活产生量分别进行回归拟合。以 y 代表固体废物产生量，x 代表时间变量（x 取值从 1 ~ 25），二次方程拟合结果为：

固体废物总产生量：$y = 786.5x^2 - 3E + 06x + 3E + 09$；拟合度 $R^2 = 0.974$

工业固体废物产生量：$y = 786.5x^2 - 3E + 06x + 3E + 09$；拟合度 $R^2 = 0.972$

生活固体废物产生量：$y = -9.972x^2 + 40363x - 4E + 07$；拟合度 $R^2 = 0.976$

结果显示，三个排放量的二次方程拟合度都非常高，表明方程都可以较好地反映三种固体废物产生量的变动趋势。

拟合方程表明，生活固体废物产生量呈倒 U 形变动趋势，并且目前处于倒 U 形曲线的左侧；固体废物总产生量和工业固体废物产生量极为相近，都呈现出 U 形变动趋势，并且目前都处于 U 形曲线的右侧。倒 U 形曲线左侧和 U 形曲线右侧都是增长态势，所不同的是边际增长量不同，倒 U 形曲线左侧边际增长量递减，而 U 形曲线右侧边际增长量递增。

变动趋势只反映所考察变量的变动方向，按趋势方向的变动快慢可以用不同时期增速变化来反映。表 1-8 反映了全国固体废物产生量不同时期的增速情况。

表 1-8　　　　　　　　　　　全国固体废物产生量增长状况　　　　　　　　　　单位:%

| 指标 | 增长幅度 | | | | | | 年均增长速度 | | | | | |
|---|---|---|---|---|---|---|---|---|---|---|---|---|
| 增长期间 | 1995 年比 1990 年 | 2000 年比 1995 年 | 2005 年比 2000 年 | 2010 年比 2005 年 | 2014 年比 2010 年 | 2014 年比 1990 年 | 1990~1995 年 | 1995~2000 年 | 2000~2005 年 | 2005~2010 年 | 2010~2014 年 | 1990~2014 年 |
| 总产生量 | 16.39 | 24.33 | 60.58 | 71.14 | 33.78 | 432.01 | 3.08 | 4.45 | 9.94 | 11.34 | 7.55 | 7.21 |
| 工业产生 | 11.55 | 26.58 | 64.75 | 79.21 | 35.14 | 463.39 | 2.21 | 4.83 | 10.50 | 12.38 | 7.82 | 7.47 |
| 生活产生 | 57.72 | 10.76 | 31.80 | 1.46 | 13.00 | 163.97 | 9.54 | 2.06 | 5.68 | 0.29 | 3.10 | 4.13 |

从固体废物产生量的增长趋势看，总产生量和工业产生量增速在 2010 年之前较快并且逐期递增，2010 年以后增速放缓；生活固体废物产生量的增速呈周期性变化，增速提高后下降、再提高、再下降，增速的变动幅度在不断收窄。1990~2014 年，工业固体废物产生量增加了 4.63 倍，年均增速为 7.47%；同一时期，生活固体废物产生量增加了 1.64 倍，年均增速只有 4.13%,；固体废物总产生量的变动与工业基本相同，增长幅度和年均增速都略低于工业固体废物产生量。从来源结构看，固体废物总产生量中来自工业的产生量占绝大部分，1990~2014 年工业固体废物产生量占总产生量的平均占比为 91.55%；最高时期的 2011 年，占比为 95.17%；最低时期的 1997 年，占比也达到了 85.69%，工业固体废物产生量在总产生量中的占比朝着不断提高的趋势变动。从增速和占比来看，固体废物总产生量的变动主要受工业产生量的影响。

总体来看，固体废物总产生量、工业固体废物产生量和生活固体废物产生量都呈现持续增长趋势，工业固体废物产生量无论从规模还是从增长速度上都远远超过生活固体废物产生量，固体废物总产生量变动趋势主要受工业固体废物产生量变动的影响，与工业固体废物产生量变动形态基本一致。

## （二）固体废物排放

固体废物产生量越多，对环境的损害越严重，但是经过无害化处理的固体废物，对环境的损害会大大降低。固体废物排放一般是指固体废物产生量中未经处理的部分，工业排放和生活排放有所不同，工业固体废物排放量指将所产生的固体废物排到固体废物污染防治设施和场所以外的数量，而城市生活固体废物排放是指未经无害化处理的生活垃圾，固体废物排放对环境的损害更为严重。依据相关资料绘制图 1 - 15，反映全国固体废物排放总量和工业及生活固体废物排放量 1990～2014 年分年度的变化状况。

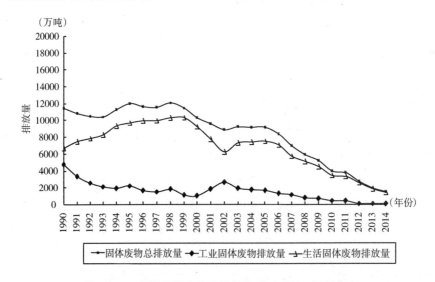

**图 1 - 15　全国固体废物排放量变动（1990～2014 年）**

图形显示，固体废物总排放量、工业和生活排放量的长期变动都呈现出减少趋势，但变化形态并不相同。用一元二次方程进行回归拟合，考察其长期变动形态。以 y 代表固体废物排放量，x 代表时间变量（x 取值从 1～25），二次方程拟合结果为：

固体废物总排放量：$y = -28.08x^2 + 11203x - 1E + 08$；拟合度 $R^2 = 0.971$

生活固体废物排放量：$y = -29.96x^2 + 11967x - 1E + 08$；拟合度 $R^2 = 0.913$

工业固体废物排放量：$y = 1.879x^2 - 7648x + 8E + 06$；拟合度 $R^2 = 0.720$

固体废物总排放量和生活固体废物排放量的拟合方程相似，并且拟合度都极高，二次方程的趋势代表性较强；工业固体废物排放量的二次方程拟合度相对不高，虽然可以反映长期变动趋势，但准确性相对低一些。

拟合方程表明，工业固体废物排放量呈 U 形变动趋势，目前处于 U 形曲线的左侧；固体废物总排放量和生活固体废物排放量变动较为相近，都呈现出倒 U 形变动趋势，并且目前都处于倒 U 形曲线的右侧。U 形曲线左侧和倒 U 形曲线右侧都是减少态势，所不同的是边际减少量不同，U 形曲线左侧边际减少量递减，而倒 U 形曲线右侧边际减少量递增。

用不同时期的增长速度比较可以反映趋势的变动快慢，表 1 - 9 反映了全国固体废物排放量不同时期的增速情况。

表 1 - 9　　　　　　　　　全国固体废物排放量增长速度　　　　　　　单位:%

| 指　　标 | 增长幅度 | | | | | | 年均增长速度 | | | | | |
|---|---|---|---|---|---|---|---|---|---|---|---|---|
| 增长期间 | 1995 年比1990 年 | 2000 年比1995 年 | 2005 年比2000 年 | 2010 年比2005 年 | 2014 年比2010 年 | 2014 年比1990 年 | 1990 ~1995 年 | 1995 ~2000 年 | 2000 ~2005 年 | 2005 ~2010 年 | 2010 ~2014 年 | 1990 ~2014 年 |
| 总排放量 | 4.48 | -13.75 | -11.17 | -56.52 | -61.81 | -86.71 | 0.88 | -2.92 | -2.34 | -15.34 | -21.39 | -8.07 |
| 工业排放 | -52.97 | -53.61 | 59.13 | -69.91 | -88.07 | -98.75 | -14.00 | -14.24 | 9.74 | -21.35 | -41.23 | -16.70 |
| 生活排放 | 45.36 | -4.58 | -19.04 | -53.57 | -58.07 | -78.14 | 7.77 | -0.93 | -4.14 | -14.23 | -19.53 | -6.14 |

从不同时期的固体废物排放量的变动速度来看，总排放量、工业和生活排放量的变动速度都表现出起伏不定的特征，排放量减少速度时快时慢，有些时期出现较高速度的增长。但是 2010 年以后总排放量、工业和生活排放量的减少速度都在加快。1990 ~ 2014 年，工业排放量的年均减少速度最快，达到了平均每年排放量下降 16.7%，远高于生活排放量的平均下降速度。从固体废物总排放量的来源构成看，生活固体废物排放量占绝大部分。1990 ~ 2014 年生活固体废物排放量占总排放量的平均占比为 81.26%，而且呈不断递增态势，2014 年生活排放量的占比已经达到了 96.1%。

总之，固体废物总排放量、工业和生活排放量长期都呈现下降趋势，工业排放量下降速度较快，而生活排放量占总排放的绝大部分，总排放量变动形态与生活排放量基本一致。

# 第二节 经济增长影响环境污染的理论解释

因人类经济活动规模扩大而使环境污染问题凸显是一个不争的事实，因此人们在判断环境污染变动趋势时，自然要从经济增长与环境污染之间关系研究入手。一般认为，环境恶化是一个社会经济福利改善的代价，经济增长必然引起环境污染的加剧，人类所能做的仅仅是在经济增长和环境污染之间进行一个简单的权衡取舍。由于环境的持续恶化将最终导致人类的生存危机，因此出于对人类生存的考虑，认为经济增长应该是有极限的。20世纪90年代以前，关于经济增长与环境污染之间的关系研究，主要集中探讨环境约束下的经济增长是否存在极限、合理的经济增长极限点在哪里等。最具代表性的是罗马俱乐部于1972年发表的研究报告《增长的极限》，在考虑了环境因素后，利用系统动力学模型进行预测，预言经济增长不可能无限持续下去，为保证人类生存，经济应"零增长"；Forster（1972，1973）将环境问题纳入新古典经济增长模型中，认为如果不考虑治污投资，要保证环境不得到进一步破坏，最优的经济增长是停止增长。而考虑了环境治理投资后，经济增长路径仍遵循类似新古典模型的均衡路径，但由于存在环境治理投资，均衡点的资本存量水平有所降低，并且产品的消费水平也会减少。总之，类似的相关研究即便是考虑了人类生产技术进步和环境治理投资等因素，也仅仅是将经济增长点提高而已，并没有否认经济增长极限的存在。经济增长和环境污染的早期研究之所以得出经济增长极限存在的结论，是因为都包含有一个假设前提，即经济增长与环境污染存着在正相关关系。

但是，全球环境污染变动的事实显示，部分地区在经济仍然持续增长的情况下，环境质量的确在朝着改善的方向发展。基于这一现实，20世纪90年代对经济增长和环境污染关系研究进入到一个新的阶段。研究发现，在一定条件下经济增长能够促进环境质量的改善，经济增长并不总是与环境污染保持正相关的单方向变动关系，当经济发展到一定水平后，随着经济的进一步增长，环境污染有下降趋势，出现类似倒U形的变动轨迹，即所谓的"环境库兹涅茨曲线"（EKC）。EKC提出后，受到学术界和政府间组织的高度关注和热捧，随后有关环境污染的理论和应用研究大都是在 EKC 基础上进行的。可以说如果研究环境污染而没有涉及 EKC，就等于没有研究环境污染，由此可见 EKC 在环境污染研究领域中的重要地位。目前 EKC 已经成为表示经济和环境之间关系的代名词，更为狭义地讲，EKC 甚至成为代表环境污染的一种变动趋势。EKC 之所以受到了人们的普遍重视，一是因为 EKC 打破了经济增长极限理论，给了人们更多提高经济福利的希望，使人们对世界经济发展的未来更为乐观；二是在全球对环境问题达成一致看法、并承诺采取一致行动减少环境污染的背景下，EKC 提供了一个各国分担减少环境污染责任的依据。但是 EKC 只是环境污染变动可能出现的一种现象，EKC 现象背后的原因更值得探讨。

## 一、环境库茨涅茨曲线

### （一）环境库茨涅茨曲线的提出及含义

针对北美自由贸易区谈判中，美国人担心自由贸易恶化墨西哥环境并影响美国本土环境问题，1991 年美国普林斯顿大学经济学家 Grossman 和 Krueger 利用北大西洋自由贸易区 32 个国家中 52 个城市相关资料，首次对环境质量与经济增长之间关系进行了实证研究。发现大气中的二氧化硫浓度和烟尘浓度与经济增长（人均 GDP）之间的关系并非简单的互补或互递关系，而是呈现出倒 U 形特征。研究认为，如果没有一定的外部环境政策干预，那么当一个国家的经济发展水平还处于较低阶段的时候，环境污染程度相对较轻；当经济进一步快速发展，环境污染将会一步步加重；但当该国的经济发展达到一定程度后，整体环境质量反而又会随着经济增长而逐渐得到改善。该假说一经提出便受到广泛关注，1992 年世界银行以"发展与环境"为主题发布了《世界发展报告》，进一步扩大了环境质量与收入关系研究的影响。1995 年 Grossman 和 Krueger 又利用 GEMS 面板数据，选取城市空气污染、河流水体含氧量、河流水体中城市居民排泄物含量以及水体重金属含量等四个环境污染指标，对经济增长和环境质量之间的关系做了进一步分析。研究结果显示：对于多数环境污染指标而言，经济逐步增长会使环境初始阶段的恶化情况得到改善，转折点的出现对于不同的污染物会有差异。

库兹涅茨曲线是诺贝尔经济学奖获得者、美国经济学家西蒙·库兹涅茨在 1955 年提出的著名假说，即财富分配的不平等程度随着经济增长呈现出先恶化、后改进的轨迹。1996 年 Panayotou 借用库兹涅茨界定的人均收入与收入不均等之间倒 U 形曲线，首次将环境质量与人均收入间的倒 U 形关系称为环境库兹涅茨曲线（environmental kuznets curve，EKC）。

## （二）环境库茨涅茨曲线的实证研究

沿着 EKC 思路，众多学者对不同地区、不同时间、不同经济增长指标、不同环境污染指标、不同影响因素，以及运用不同模型对经济增长和环境污染之间的关系进行了大量实证研究。例如，Shafik 和 Bandyopadhyay（1992）对 149 个国家的 10 个环境因素与人均收入关系研究，证实了大气中的二氧化硫浓度和固体悬浮物的浓度随人均收入的增长先恶化而后改善；Panayotou（1993，1995）在研究经济增长与环境关系时，在环境污染指标的选取上采用污染物的人均排放量而不是污染物的浓度，并且把人口因素考虑进去，通过对 54 个国家的二氧化硫、氮氧化物和固体悬浮物的人均排放量与人均 GDP 的关系进行研究，发现三种污染物与人均 GDP 的关系皆呈倒 U 形特征；Cropper 和 Griffith（1994）研究发现森林退化的程度与人均收入呈倒 U 形曲线；Selden 和 Song（1994）对二氧化硫、氮氧化物、一氧化碳和悬浮颗粒物等四种空气污染指标进行分析，结果证实了 EKC 的存在；Schmalensee 等（1998），Galeotti 和 Lanza（1999）都验证了二氧化碳排放状况与人均收入之间的倒 U 形关系。应该说在大部分的相关研究中，都全部或部分证实了 EKC 的存在。

但是，有相当部分的研究结果并不支持 EKC 的存在。Kaufmann 等（1998）的研究表明人均收入和二氧化硫之间呈正 U 形关系；即便是 Shafik 和 Bandyopadhyay 在 1992 年的研究成果中也并不是所有环境污染指标与经济增长呈现倒 U 形关系，他们的研究表明安全饮用水和城市卫生状况是随着收入的增加而持续改善，而河流水质量、城市固体废弃物和硫的排放状况随经济的增长而不断恶化，森林退化程度与人均收入没有关系；Meyer 等（2003）通过对 117 个国家的考察，得出了森林遭受破坏的程度与人均收入呈 U 形而非倒 U 形关系的结论。

对于经济增长与环境关系的实证研究中，由于缺乏某一国或某一地区环境变化的历史性数据，上述研究结论的获得大多通过不同发展阶段的发达国家与发展中国家的现行截面数据进行考察，1997 年以后国外学者开始利用一国的历史性数据对经济增长与环境的关系加以实证研究。例如，Vincent（1997）以发展中国家马来西亚作为个案进行实证研究，结果表明二氧化硫的排放量自 1980 年开始下降，与跨国研究中处于上升趋势的结论相悖，大气中的固体悬浮物以及水体中的生化需氧量和化学需氧量污染物等随人均收入的增加呈上升趋势，两者无相关性；Carson 等（1997）以发达国家美国作为样本实证研究的结果表明，所有污染物的排放伴随经济增长而下降，与 EKC 理论假说基本相一致，在较高经济发展阶段经济增长将有助于环境质量的改善；Hannes Egli（2001）对德国的经济增长与环境污染的历史数据加以考察发现，仅有少数污染物（如氮氧化物和氨的排放）与人均 GDP 之间呈倒 U 形关系，其他污染物（如二氧化硫、一氧化碳、二氧化硫、甲烷等）并未表现为倒 U 形关系；Roca 等（2001）对 1980～1996 年间西班牙的六种空气污染指标进行分析，发现只有二氧化硫可能符合 EKC，其他指标并没有随收入的提高而改善；Giles 和 Mosk（2003）发现 1895～1996 年新西兰的甲烷排放与人均收入呈倒 U 形关系；Friedl 和 Getzner（2003）的研究认为 1960～1999 年间奥地利的二氧化碳排放状况与经济增长的关系呈 N 形；Ankarhem（2005）研究瑞典的情况，指出 1919～1994 年间，瑞典二氧化碳、二氧化硫和挥发性有机物的排放状况符合 EKC。

我国学者对经济增长和环境污染关系研究起步较晚，但也有大量学者对我国的环境污染状况进行了实证研究。具有代表性的有：张晓（1999）使用时序数据进行检验，发现中国的经济发展状况与环境污染水平的关系已呈现出较弱的倒 U 形关系；陆虹（2000）通过插值法扩展数据并利用状态空间模型进行分析后，发现全国人均二氧化碳排放量表现出随收入上升的特点；赵细康等（2005）对中国 1981～2003 年的主要污染数据分析后，认为总量废水排放、人均废水排放、总量废气排放和人均废气排放四项指标与人均 GDP 呈 U 形关系，总量二氧化硫排放和人均二氧化硫排放呈 EKC 特征，但中国人均 GDP 远未达到转折点，总量烟尘和人均烟尘的排放呈弱 EKC 特征；包群和彭水军等（2005，2006）对 1996～2002 年中国省际面板数据进行考察，结果认为倒 U 形曲线很大程度上取决于污染指标以及估计方法的选取；于卫国（2011）使用中国 1993～2008 年的省际面板数据，研究发现人均 GDP 与人均工业二氧化硫和工业废水排放量之间呈现倒 U 形关系，人均 GDP 与人均工业烟尘和工业粉尘之间呈现自上向下的曲线关系；陈向阳（2015）用中国 1997～2011 年的省际面板数据进行分析，发现二氧化硫排放量、工业固体废弃物排放量与人均 GDP 之间存在 EKC 特征，但工业废水排放量与人均 GDP 之间呈 N 形变化。

进一步的研究还深入到了全国各省、各城市甚至到各行业层面，例如，沈满洪等（2000）根据浙江省经济与环境数据得到了经济增长与环境的 N 形曲线，认为我国的发展轨迹与世界上发达国家不同，存在更多波动；凌亢等（2001）验证了南京的环境变动曲线，发现废气排放量和二氧化硫浓度都随收入增长严格递增，整体污染趋势在扩大；吴玉萍等（2002）研究发现北京市经济增长与环境污染水平呈现显著的倒 U 形曲线特征，而且比发达国家更早达到转折点；陈华文和刘康兵（2004）应用上海市环保局的空气质量数据，对相关指标进行验证，认为上海市存在 EKC。

### （三）对环境库茨涅茨曲线的客观评价

EKC 提出后，国内外学者进行了大量实证研究，呈现出了多样化的研究结论。有支持经济增长与环境污染呈倒 U 形关系特征的；有否认两者之间有相互联系的；有研究显示两者之间呈 U 形、N 形、单调上升型、单调下降型等特征的，并且不同环境污染物与经济增长的关系呈现出不同的形态特征。特别是当选取的污染物代表性指标不同、采用的实证方法不同时，也会造成结论上的不同。这对 EKC 提出了巨大的挑战。

Arrow 等批评 EKC 假定收入仅是一个外生变量，环境恶化并不减缓生产活动进程，生产活动对环境恶化无任何反应，并且环境恶化也未严重到影响未来的收入。但是，低收入阶段环境恶化严重，经济则难以发展到高水平阶段，也达不到使环境改善的转折点。经济增长与环境是互动的大系统，环境恶化也影响经济增长和收入提高，需要构建将收入内生化的模型探讨环境质量与收入水平间的互动关系。

从实证研究方法来看，建立的经济增长与环境污染关系模型可能出现多种表现形态，仅三次方程就会有七种形态，EKC 只是其中的一种形态，其倒 U 形特征不能适用于所有经济与环境之间的关系；在污染指标上，污染可分为存量污染与流量污染，两者对环境污染影响的时期不同，EKC 更适用于流量污染物和短期污染情况，而不适用于存量污染物，不能反映长期污染变化情况；新技术的运用和新型污染物的产生都会对环境污染以及经济发展产生影响，而 EKC 并不能反映这一变化。另外，考虑到各国环境规制不同、国与国之间存在激烈的经济竞争、各国经济发展阶段不同、收入分配差异、全球经济一体化过程中的各国产业分工不同以及污染物的扩散等因素，EKC 只能反映个别国家或地区的情况，而难以反映全球经济增长和环境污染的关系。

尽管对 EKC 有众多的批评，但有两个事实不可否认，一是个别发达国家在排出了影响 EKC 的各种影响因素后，环境质量的确出现了改善；二是对 EKC 形成的理论解释并没有大的质疑，这显示了 EKC 有其可取之处。从 EKC 提出至今，仍然有大量的学者对其进行验证和拓展研究，也说明了 EKC 存在的价值。

EKC 容易使人们产生一种误解，认为只要收入能够达到一定水平，环境质量自然就会改善。事实上，EKC 的倒 U 形特征只是一种可能、不是一种必然。EKC 告诉我们，人类经济在一个更高水平发展时，有可能使环境污染降低。但并不是说在任何条件下，经济水平的提高都必然会改善环境质量。因此努力满足实现 EKC 的条件，把"可能"变成"现实"就成为人类行动的方向。

更为重要的是，EKC 提供给了我们新的关于经济与环境之间关系的探索视角。当环境库茨涅茨曲线的倒 U 形特征出现时，探索 EKC 形成的原因就是一种必然。EKC 所表现出的形态仅仅是一种现象，而产生现象背后的原因研究具有更大的价值，因为它能够告诉我们应该怎样做才能在促进经济增长的同时改善我们所处的环境。

## 二、环境库茨涅茨曲线形成的理论解释

为什么经济增长和环境污染之间会出现倒 U 形结构？在 Grossman 和

Krueger 提出环境库茨涅茨曲线时，就探讨了其形成的原因。随后很多学者在 EKC 研究中，从不同的角度给出多种理论解释。

## （一）规模效应、技术效应和结构效应

Grossman 和 Krueger（1991）、Shafik 和 Bandyopadhyay（1992）、Panayotou（1993）认为，经济增长通过规模效应、技术效应与结构效应三种不同的途径影响环境质量：经济规模增长从两方面对环境质量产生负面影响：一方面，经济规模增长要增加更多的投入，导致更多的自然资源被用于生产，进而增加资源的使用；另一方面，更多的产出也意味着更多的废物和污染产生，这导致了环境的恶化。在其他条件不变的情况下，经济增长的规模效应对环境质量具有负面影响。富裕国家能够在技术研发上支出更多，经济增长到一定程度可以促进技术进步，通常高收入水平与更好的环保技术、高效率生产技术紧密相连。在一国经济增长过程中，研发支出上升，推动技术进步，产生两方面的影响：一是其他不变时，技术进步提高生产率，改善资源的使用效率，降低单位产出的要素投入，削弱生产活动对自然与环境的影响；二是清洁技术不断开发和取代肮脏技术，并且有效的循环利用资源，降低了单位产出的污染排放，这是经济增长带来的技术效应。随着收入水平提高，产出结构和投入结构发生变化。在早期阶段，经济结构从农业向能源密集型重工业转变，增加了污染排放，环境状况会不断恶化；随后经济转向低污染的服务业和知识密集型产业，投入发生结构变化，单位产出的排放水平下降，环境质量将得以改善。

规模效应恶化环境，而技术效应和结构效应改善环境。EKC 形状特征意味着，在经济增长初期，规模效应的不利影响是主要的，因而环境质量逐渐恶化，但在经济不断增长的过程中，结构效应和技术效应会逐步超过规模效应，使得环境最终得到改善。形成 EKC 最为关键的一点是：结构效应和技术效应是否能够超过规模效应。Grossman 和 Kreuger（1991）认为，从理论上讲，结构优化和科学技术进步所产生的环境效应之和足以超出经济规模增长所产生的负效应。

## （二）环境质量的供给和需求

从需求层面看，如果把环境看成是一种商品，收入水平低的社会群体很少产生对环境质量的需求，因此贫穷会加剧环境恶化。随着经济的增长，收入水平提高后，更关注现实和未来的生活环境，产生了对高质量环境的需求，不仅愿意购买环境友好产品，而且不断强化环境保护意识，进而增加在环境保护方面的投入，促使社会经济朝有利于环境的方向发展。众多学者认为环境质量的需求收入弹性大于 1，即清洁环境及其保护是一种"奢侈品"，当一国的国民收入不断提高时，对高质量环境的需求会变的越来越强烈，环境价值将随收入增加而日益得到重视。研究表明很多污染物的倒 U 形特征都可以通过环境质量的需求收入弹性加以解释。在供给层面，较高的收入使资源配置于消除环境污染成为可能，并且更为严格的环境规制能够得以实施，这有利于环境污染的减少。

## （三）减少污染投资

环境质量的变化与环保投资密切相关，在不同经济发展阶段上，资本充裕度不同，导致环保投资的规模因此而不同。资本可以分为两部分：一部分用于商品生产，产生了污染；一部分用于减污设施，改善环境。充足的减污投资，可以有力地改善环境质量。低收入阶段所有的资本用于商品生产，污染加重，导致环境恶化；收入提高后充裕的减污投资可以防止环境进一步退化。环境质量的提高需要有充足的减污投资，而这以经济发展过程中积累的充足资本为前提，减污投资从不足到充足的变动，构成了环境质量与收入间形成 EKC 的基础。

## （四）市场机制

在收入水平提高的过程中，市场机制不断完善，自然资源在市场中进行交易，自我调节的市场机制会减缓环境的恶化。在早期发展阶段，自然资源投入较多，并且逐步降低了自然资源的存量；当经济发展到一定阶段后，自然资源的价格开始反映出其稀缺性而上升，整个社会降低对自然资源的需求，并不断提高自然资源的使用效率，同时促进经济向低资源密集的技术发展，环境质量改善。另外，当经济发展到一定阶段后，市场参与者日益重视环境质量，在施加环保压力时会起到重要的作用，比如银行对环保不力的企业拒绝贷款等。

## （五）环境规制

环境具有公共属性，有很强的外部性特征，因此没有环境规制的强化，环境污染的程度不会下降。一般认为，发展中国家的经济体制不够成熟，政府和环境监管部门无法获得充分的环境信息，包括污染厂商、污染后果、污染治理成本、当地环境质量等，因而无法准确有效地实施环境保护措施和环境标准。随着经济增长，财政供给能力提高，环境规制得以不断加强，相关信息逐步健全，促成了政府加强地方和社区的环保能力，并极大地提升了环境质量管理能力。实践证明，伴随经济增长的环境改善，大多来自于环境规制的变革，严格的环境规制进一步引起经济结构向低污染转变。

## （六）产权制度

一些学者认为，产权制度决定了资源环境保护的程度。资源环境大多属于共有产权，无法获得有效的管理和保护，随着经济发展，这些资源环境日益稀缺，产权制度的明晰显得尤为必要。在产权制度相对完善的发达国家，市场价格反映其真实的价值，资源环境不会被肆意破坏，所有者也有足够的激励对资源环境加以保护。因此，EKC可能反映了由共有产权向私有产权的演变过程。

## （七）国际贸易

国际贸易被认为是解释发达国家出现EKC的一个重要原因。在世界经济全球化的过程中，国际贸易量的增长使得各国间的经济联系日益紧密，商品、资本、劳动力的流动加深了资源环境在各国间的相互影响。国际贸易一直被认为是经济增长的重要推动力量，通过经济增长可以影响到各国环境变化。在国际贸易中，一方面，各国根据自身的资源禀赋和经济基础参与到国际贸易的竞争当中，各种资源在全球范围内进行配置，国际贸易的不断发展改变了各国的生产和消费结构；另一方面，国际贸易流量的不断增加，使得各国的经济总量规模不断扩大，国民收入得以增加，影响环境质量的规模效应、结构效应以及环境质量的需求和供给因素同时存在。据此，一些学者对发达国家形成 EKC 提出两种解释：替代假说和污染避难所假说。"替代假说"认为，在国际分工中，发展中国家倾向于专业化生产资源密集型和污染密集型产品，而发达国家则专业化生产资本密集型和知识密集型产品。因此，原来在发达国家生产的污染型产品在自由贸易的条件下转由发展中国家生产，国际贸易使得发展中国家"替代"了发达国家的生产污染。"污染避难所假说"认为，发达国家的国民收入较高，对清洁环境的需求较发展中国家更强烈，因而会执行比发展中国家更加严格的环境标准和环境保护措施，而国际贸易的发生会导致污染密集型产业转移至环境标准较低的发展中国家，虽然发达国家的污染排放有所减少，但全球的污染却有可能增加。这种说法意味着，较低的环境标准有可能成为比较优势的来源，从而改变一国的贸易模式。发展中国家因为实行较低的环境标准而成为环境污染的"避难所"，而对于发达国家而言，国际贸易似乎是有利于环境质量的改善。

除以上理论外，还有从政治制度、环保技术的规模报酬递增、人力资本积累等各个方面对 EKC 形成进行的理论解释，这些研究对于人类保护环境都具有巨大的价值。

## 三、中国经济增长对环境污染变动趋势的影响

本章第一节我们已经按时间顺序对我国主要环境污染物排放（或产生）量变动趋势做了详尽分析，从污染物排放量的变动来看，有些污染物排放量仍处于增长状态，而有些污染物排放量则出现明显下降。污染物排放量变化当然与经济增长密切相关，那么我国经济增长对环境污染到底产生了什么样的影响、影响的变动形态如何、变动背后的原因是什么。考察我国经济增长与环境污染变动趋势之间的关系，也是对 EKC 理论进行的验证，进而可以利用 EKC 理论寻找影响我国环境污染变动的主要原因。

EKC 提供的研究思路是对人均收入与环境污染物排放量之间进行相关分析，用二次方程拟合，判断二者之间的变动关系。当然，有众多学者选取不同的指标、采用不同的方程进行拟合，得到了多种多样的曲线形态。为了便

于比较，我们对各种污染物排放与人均收入之间的定量关系确定，全部采用二次方程拟合。用 2000 年不变价格计算的人均国内生产总值作为人均收入指标，之所以采用不变价人均国内生产总值，是为了消除价格变动影响；环境污染物指标采用二氧化碳排放总量、二氧化硫排放总量、烟（粉）尘排放总量、氮氧化物排放总量、废水排放总量、化学需氧量排放总量、氨氮排放总量、固体废物总产生量、固体废物总排放量。设定 y 代表各种污染物的排放（或产生）量，x 代表人均国内生产总值，用二次方程回归拟合，拟合度的值越大，表明两个变量以二次方程表现的相关度越高，二次曲线与实际变动越吻合。需要说明的是，拟合度的值小并不表明两个变量的相关度低，两个变量完全有可能在其他类型的方程中表现出高相关性。二次方程曲线有两种类型：U 形和倒 U 形，判断两个变量间的变动趋势，需要看目前所处阶段是在二次曲线的左侧还是右侧。

为了对比研究，我们同时用时间变量和各种污染物排放量进行二次方程拟合，考察随着时间推移各种污染物的变动趋势。y 代表各种污染物的排放（或产生）量，x 代表时间变量。

表 1 – 10 是各种污染物排放分别以人均收入和时间变量按二次方程进行拟合的结果；图 1 – 16 至图 1 – 24 是根据拟合方程绘制的人均收入与各种污染物排放量相关图。

表 1 – 10　　中国主要环境污染物排放总量变动趋势（二次方程拟合）

| 污染物 | 类别 | 拟合方程 | 拟合度 | 曲线类型 | 变动趋势 |
|---|---|---|---|---|---|
| 二氧化碳 | 时间拟合 | $y = 0.038x^2 - 0.735x + 9.800$ | 0.950 | U 形 | 右侧，上升 |
| | 收入拟合 | $y = 3E - 08x^2 + 0.002x + 14.32$ | 0.977 | U 形 | 右侧，上升 |
| 二氧化硫 | 时间拟合 | $y = -3.048x^2 + 12229x - 1E + 07$ | 0.664 | 倒 U 形 | 右侧，下降 |
| | 收入拟合 | $y = -4E - 06x^2 + 0.141x + 1228$ | 0.724 | 倒 U 形 | 右侧，下降 |
| 烟（粉）尘 | 时间拟合 | $y = -3.983x^2 + 15907x - 2E + 07$ | 0.606 | 倒 U 形 | 右侧，下降 |
| | 收入拟合 | $y = -2E - 07x^2 - 0.041x + 2450$ | 0.544 | 倒 U 形 | 右侧，下降 |
| 氮氧化物 | 时间拟合 | $y = -11.30x^2 + 45563x - 5E + 07$ | 0.730 | 倒 U 形 | 左侧，上升 |
| | 收入拟合 | $y = -4E - 06x^2 + 0.242x - 1077$ | 0.746 | 倒 U 形 | 左侧，上升 |
| 废水 | 时间拟合 | $y = 0.585x^2 + 0.702x + 346.7$ | 0.992 | U 形 | 右侧，上升 |
| | 收入拟合 | $y = -1E - 07x^2 + 0.020x + 272.1$ | 0.993 | 倒 U 形 | 左侧，上升 |

续表

| 污染物 | 类别 | 拟合方程 | 拟合度 | 曲线类型 | 变动趋势 |
|---|---|---|---|---|---|
| 化学需氧量 | 时间拟合 | $y = -2.211x^2 + 8862x - 9E + 06$ | 0.685 | 倒 U 形 | 右侧，下降 |
| | 收入拟合 | $y = -2E - 06x^2 + 0.065x + 923.8$ | 0.511 | 倒 U 形 | 右侧，下降 |
| 氨氮 | 时间拟合 | $y = 0.711x^2 - 2855.x + 3E + 06$ | 0.401 | U 形 | 右侧，上升 |
| | 收入拟合 | $y = 3E - 07x^2 - 0.009x + 204.6$ | 0.350 | U 形 | 右侧，上升 |
| 固体废物产生 | 时间拟合 | $y = 776.5x^2 - 3E + 06x + 3E + 09$ | 0.974 | U 形 | 右侧，上升 |
| | 收入拟合 | $y = 0.0001x^2 + 6.888x + 31773$ | 0.978 | U 形 | 右侧，上升 |
| 固体废物排放 | 时间拟合 | $y = -28.08x^2 + 11203x - 1E + 08$ | 0.971 | 倒 U 形 | 右侧，下降 |
| | 收入拟合 | $y = -7E - 06x^2 - 0.241x + 12622$ | 0.958 | 倒 U 形 | 右侧，下降 |

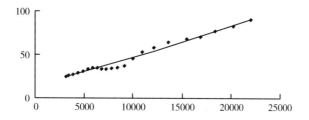

图 1 - 16  人均收入与二氧化碳排放相关图（1990 ~ 2011 年）

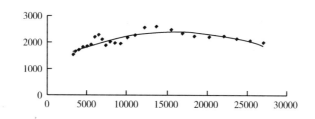

图 1 - 17  人均收入与二氧化硫排放相关图（1990 ~ 2014 年）

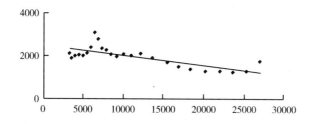

图 1 - 18  人均收入与烟（粉）尘排放相关图（1990 ~ 2014 年）

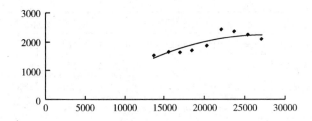

图 1-19　人均收入与氮氧化物排放相关图（2006~2014 年）

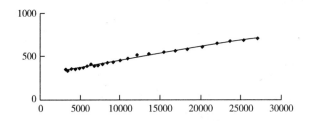

图 1-20　人均收入与废水排放相关图（1990~2014 年）

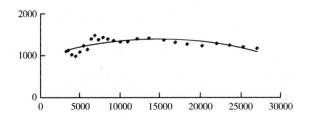

图 1-21　人均收入与化学需氧量排放相关图（1990~2014 年）

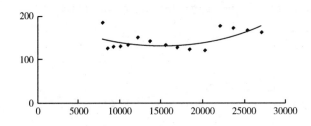

图 1-22　人均收入与氨氮排放相关图（2000~2014 年）

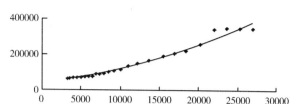

图 1-23　人均收入与固体废物产生量相关图（1990~2014 年）

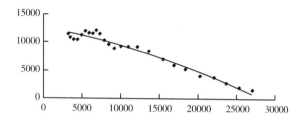

图 1-24　人均收入与固体废物排放量相关图（1990~2014 年）

　　由于获取资料的限制，各种环境污染物排放量资料的时间不同，例如，氮氧化物排放量的统计量只有 2006 年以后的，因此在计算时，我们所用的时间段是不同的。二氧化碳排放量的计算时间是 1990~2011 年；氮氧化物排放量的计算时间是 2006~2014 年；氨氮排放量的计算时间是 2000~2014 年；其他污染物排放量的计算时间均为 1990~2014 年。

　　对我国人均收入增长影响环境污染物排放量变化的拟合结果进行分析，可以发现我国环境污染变化趋势有以下特点：

　　（1）随着人均收入的提高，二氧化硫、烟（粉）尘、氮氧化物、废水、化学需氧量、固体废物排放的变动趋势都符合环境库茨涅茨曲线特征，呈倒 U 形趋势变动。其中，二氧化硫、烟（粉）尘、化学需氧量和固体废物排放已经越过了排放峰值出现下降态势，而废水和氮氧化物排放仍处于倒 U 形曲线的上升阶段。

　　（2）随着人均收入的提高，二氧化碳排放、氨氮排放和固体废物产生量的变动趋势，不符合环境库茨涅茨曲线特征，呈 U 形趋势变动，并且均处在上升阶段。

　　（3）废水排放和固体废物排放变动的倒 U 形特征极为明显；二氧化硫排放和氮氧化物排放也比较明显的呈现倒 U 形变动特征；而烟（粉）尘和化学

需氧量排放的倒 U 形变动特征并不明显，两种污染物排放变动的波动性较大。

（4）二氧化碳排放量和固体废物产生量的变动特征与 U 形曲线高度吻合，这两种污染物变动趋势对我国环境质量改善形成了巨大压力。氨氮排放量的 U 形变动特征极不明显，主要是因为氨氮排放量统计中的异常值较多。

（5）废水排放按时间顺序表现出的排放量变动趋势呈现 U 形特征，而按人均收入高低表现出的排放量变动趋势呈现倒 U 形特征，虽然两者都处于排放量的增长阶段，但增长的类型却不相同。除了废水排放以外，其他污染物随时间推移所表现出的排放量变动特征与经济增长影响的排放量变动特征高度相似，这似乎表明环境污染的变动趋势可以用经济增长因素得到较好的解释。

通过比较发现，我国各类环境污染物排放量的变动特征大致可以分为三种形态：下降状态（倒 U 形右侧）、上升趋向峰值状态（倒 U 形左侧）、持续上升状态（U 形右侧）。在我们所分析的污染物类型中，排放出现下降状态的污染物占 44.45%，呈上升趋向峰值状态的占 11.1%，持续上升状态的占 44.45%。对于绝大多数变动形态，我国的经济增长都能做出比较好的解释。这说明经济增长对环境污染并不是单方向作用，而是有两方面影响，一方面加重了环境污染，另一方面的确有助于环境质量的改善。

环境库茨涅茨曲线背后的理论告诉我们，单纯的经济规模扩大只会使环境污染加重，真正能够改善环境质量是经济结构改变和技术进步。经济发展到一个较高水平不会必然使环境质量改善，只有经济结构和技术因素对环境改善的作用超过了经济规模因素对环境恶化的作用，环境质量才能真正好转。我国部分环境污染物排放出现下降态势，说明经济结构和技术因素的作用已经超过了经济规模因素的作用。而部分环境污染物排放仍呈现出上升态势并不能否认经济结构和技术因素对改善环境的作用，极有可能是经济结构和技术因素的作用尚未超过经济规模扩大对环境造成的负面影响。

EKC 理论的一个缺陷在于，经济结构和技术因素的变化并不必然有助于改善环境，不当的经济结构和技术变动方向往往加重了环境的污染。历史事实表明，人类在工业化阶段正是由于技术的发展致使产业结构向重化工业调整，造成了环境状况的恶化。因此，研究经济结构和技术变化对环境污染的影响，其价值更大，同时也是对EKC理论的深化。EKC理论的另一个缺陷是将经济结构简单的归结为产业结构，使得经济结构对环境的影响研究过于狭隘。事实上，经济结构不仅只有产业结构，还包括城乡结构、消费结构、外贸结构、就业结构、能源结构、技术结构、经济空间结构等；也不仅仅只有产业结构会对环境产生影响，其他经济结构变动也会对环境产生深刻的影响。因此，扩大经济结构研究范围可以更好地把握环境污染变动趋势。

我们之所以关注我国经济结构变动对环境污染的影响研究，是因为：首先，国内外众多学者用经济规模、经济结构、技术进步、环保投资、市场机制、环境规制、产权制度、国际贸易、环境质量供给和需求、人力资本等多种因素对环境污染的变动趋势进行解释。我们认为，各种因素的作用最终都会体现在经济结构的变化上，包括技术进步也必然会在产业结构、消费结构、就业结构等变化上体现出来。其次，因为经济结构变化既可能有利于环境质量的改善，也可能加重环境污染，因此我国经济结构变化对环境污染的影响必须明确。如果结构演变是朝着有利于环境改善的方向，就应该鼓励和坚持；如果结构演变方向恶化了环境质量，就应该进行调整。最后，对于政府而言，社会管理并不是要去直接干涉微观事务，而是要在宏观调控上发挥作用。就环境保护来说，政府能够做的、也是最应该做的，就是通过宏观调控对经济结构调整进行引导，引导经济结构向有利于环境质量改善的方向演进。

# 第三节　主要结论

人类社会发展到现阶段，环境污染问题已非常突出。虽然我们居住的星球对于环境污染所能承载的阈值尚没有明确统一的认识，但是环境污染已经实实在在的影响到了人类的生存质量，并且对生产和生活都造成了巨大损失。因此，减轻环境污染、提高环境质量是人类的普遍要求，也是全世界所有国家达成的一致看法。1992年联合国里约环发大会通过的《21世纪议程》中，正式提出了"无害环境的"（environmentally sound）概念，及"环境友好的"

（environmentally friendly）理念。随后，环境友好技术、环境友好产品得到大力提倡和开发。20 世纪 90 年代中后期，国际社会又提出实行环境友好土地利用和环境友好流域管理，建设环境友好城市，发展环境友好农业、环境友好建筑业等。2002 年召开的世界可持续发展首脑会议所通过的"约翰内斯堡实施计划"多次提及环境友好材料、产品与服务等概念。我国在 2006 年提出了建设"环境友好型社会"的发展思路，2015 年又提出"绿色发展理念"。这一切都表明，环境问题不是哪一个国家或地区的问题，是全人类共同的问题，减少因经济增长所造成的环境损害是人类的共识，也是人类社会的发展趋势。

通过对我国环境污染物排放的历史数据分析，以及经济增长和环境污染物排放量之间的相关性研究，结合环境库茨涅茨曲线的理论解释，对我国环境污染的变动特征以及从经济结构视角研究环境污染变动趋势的必要性形成以下认识。

（1）以废气、废水、固体废物等环境污染物的排放量来反映环境污染程度有一定的局限性，但是一种比较可行的办法。目前全球为保护环境最为关注的就是环境污染物的排放，尤其是温室气体的排放，减少温室气体的排放是全球共同的责任。

（2）二氧化碳是最主要的温室气体，控制二氧化碳排放量是人类应对全球气候变暖的主要措施。全球发达国家二氧化碳排放已呈现下降趋势，我国二氧化碳排放量与其他发展中大国一样，呈快速增长趋势，已经成为全球二氧化碳年度排放量最大的国家，并且 1990 年以后的二氧化碳累计排放量超过美国成为世界第一已成必然。我国二氧化碳排放的特点是：排放量大、增速高、全球占比提升快，因此面临全球气候变暖我国承受着巨大的减排压力。

（3）废气中的污染物主要有二氧化硫、烟（粉）尘、氮氧化物等。我国二氧化硫排放主要来自工业，来自生活排放的二氧化硫占总排放量的比重不到 10%，工业和生活二氧化硫排放都呈现下降趋势，生活二氧化硫排放量的下降速度快于工业；我国烟（粉）尘排放总量的 80% 以上来自工业，1997年以后工业烟（粉）尘排放量出现较大幅度下降，生活烟（粉）尘排放量变动较小，烟（粉）尘总排放量随工业排放量的下降而下降；我国氮氧化物排放量中来自工业的部分不到 70%，2011 年之前工业和生活氮氧化物排放量均有较大幅度上升，2011年以后工业排放有下降趋势，生活排放基本没有变化。

（4）我国废水排放总量中来自生活的排放占70%以上，生活废水排放呈较大幅度不断上升态势，而工业废水排放量则呈缓慢下降趋势，生活废水排放将越来越成为废水排放的主要来源。废水中的污染物种类繁多，我们主要关注的是化学需氧量和氨氮的排放。化学需氧量排放主要来自于工业、农业和生活，目前我国化学需氧量排放的近一半来自农业，来自工业排放的不到15%。2011年以后，化学需氧量总排放呈现下降趋势，其中工业排放下降最快，生活排放下降次之，农业排放下降最慢；我国氨氮排放量中的近70%来自生活排放，农业排放占30%，工业排放相对较低。氨氮排放总量呈有波动的缓慢下降趋势，工业、农业、生活排放都呈现不同类型的下降趋势。

（5）固体废物包括工业固体废物和城市生活垃圾，固体废物有产生量和排放量之分。固体废物产生量越多，对环境实际危害或潜在危害越大，我国固体废物总产生量中工业产生的占90%以上，而且比重还在不断上升。工业和生活固体废物产生量都呈现持续增长趋势，工业产生量的增长速度远高于生活产生量的增长速度。固体废物排放量一般是指固体废物产生量中未经处理的部分，对环境损害更为严重。固体废物总排放量中生活排放的比重逐年提高，2014年比重已达到96%。工业和生活固体废物排放量都呈下降趋势，工业排放量下降速度远远快于生活排放量的下降速度。

（6）环境库茨涅茨曲线（EKC）认为，随着经济增长，环境污染呈先增长后下降变动趋势（倒U形曲线变动特征）。形成EKC的相关理论认为，经济增长除了会造成环境污染加重，也会有助于环境污染的减轻，经济增长会通过经济结构变动、技术进步、环境质量的供给和需求变动、环保投资增加、环境规制加强、环境产权制度的确立等因素促进环境质量的改善。虽然EKC有很多缺陷，招致了众多批评，但是对EKC形成原因的理论探讨却是有价值的。

（7）按EKC提供的方法测算，随着我国经济增长，部分环境污染物排放量的变动趋势符合倒U形特征，而部分环境污染物排放量的变动趋势呈现U形特征。绝大多数污染物随时间推移所表现出的排放量变动特征与经济增长影响的排放量变动特征高度相似，说明我国经济增长对环境污染的变动趋势能够做出较好的解释。

（8）按照 EKC 形成的理论解释，经济结构变化是环境质量改善的关键因素，但是经济结构变化既可能有利于环境质量的改善，也可能加重环境污染。对政府而言，明确了经济结构变化对环境污染变动趋势的影响，就可以通过宏观调控引导经济结构向减轻环境污染的方向演进。

# 第二章

# 产业结构演进与环境污染

在所有类型的经济结构中最具代表性的是产业结构，产业结构的广义概念包括了三次产业结构、工农业结构以及众多的产业部门的内部结构，产业结构的狭义概念就是指三次产业结构。对三次产业结构的分析最为常见、相关的理论也最为完整，在经济政策中，三次产业结构调整是经济结构调整的最主要内容，大多数的产业结构研究实际上就是三次产业结构研究。因为本书将对工业结构做专门研究，因此在这里的产业结构使用狭义概念，即产业结构等同于三次产业结构。

"演进"和"变动"虽然表现的都是一种动态变化特征，但两者的含义是有区别的。演进是有目标的，而变动是没有目标的。演进实际上就是一种变动，是有目标的变动，因而演进是有方向的。因为有方向性，所以演进可以更好地表现长期变化趋势，一般情况下，在短期分析时通常使用"变动"一词，而在长期分析时使用演进一词更贴切。但仅就事物变化的动态性特征来看，演进和变动常常混用，两者之间没有太大差别。产业结构变化是有目标的，长期以来产业结构变化的目标就是提高经济总量，因而就经济增长来讲，使用产业结构演进更加贴切；而环境污染变化是受产业结构演进影响的结果，显然在以经济增长为主要目标的情况下，降低污染水平并不是产业结构演进的主要目标，其变化方向并不确定，因而对于环境污染使用变动更好。本书使用演进一词是想突出目标性、长期性特征，对于产业结构的长期变化常常使用"产业结构演进"，短期变化常常使用"产业结构变动"；对环境污染变化只使用"环境污染变动"，其长期变化使用"环境污染变动趋势"，但这种区分并不严格。

# 第一节　产业结构演进特征及对经济的影响

产业结构有多种反映方式，最普遍的方式是用三次产业增加值占国内生产总值的比重来反映，这种方式的优点是对结构表现的全面、直观，缺点是当结构复杂时需要用多个变量表现，进行对比研究和数据后期处理难度较大。我们采用各产业比重法进行分析。

## 一、产业结构的演进特征

单纯按时间顺序反映我国三次产业结构演进特征远不如与其他国家进行对比研究，为了能够和其他国家的产业结构进行对比，我们采用世界银行在《世界发展指标（2015）》（*World Development Indicators* 2015）中提供的各国国内生产总值和三次产业增加值数据进行分析，国内生产总值和增加值均采用 2005 年美元不变价格计算。

我国三次产业增加值的结构变化如果用 55 年的时间进行考察（1952～2014 年），基本上是沿着第一产业比重下降、第三产业比重上升这种产业结构不断高级化方向发展的，图 2－1 用我国三次产业增加值占国内生产总值的比重分年度变化，来形象反映我国三次产业在经济总量中所占份额的变化情况，直观地表现出三次产业的结构演变特征。

20 世纪 50 年代初期，我国三次产业结构比的顺序与产业结构经典理论所描述的初始产业结构比相同，1952 年三次产业结构顺序为：一产、二产、三产（64.73∶22∶13.72）。这是一种典型的农业经济社会产业结构类型，创造社会价值的主要部门是农业，这表明我国在 20 世纪 50 年代还尚未进入工业化社会，社会发展的产业基础极端落后。

随后我国的三次产业结构变动非常迅速，到 1958 年第一产业比重迅速下降了 12 个百分点，第二和第三产业都有较快的上升，第三产业占比上升最快，六年间占比上升了 6.73 个百分点，但这时的农业占比仍超过了一半，落后的农业社会特征并未改变。

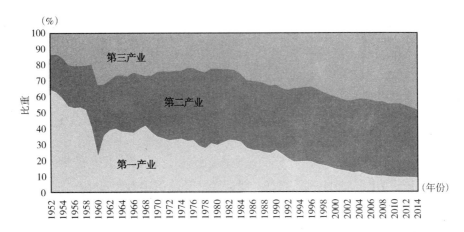

**图 2 - 1 我国三次产业在经济总量中的份额年度变化（1952～2014 年）**

1959～1961 年是我国历史上比较特殊的时期，由于急于摆脱农业社会经济结构，违背经济规律，盲目发展重工业，对农业造成了沉重的打击，经济发展出现了巨大波动。1958 年第一产业占比为 52.07%，1959 年下降到 40.58%，到 1960 年更是大幅度下降到 23.38%，短短两年时间，第一产业占比下降了 28.69 个百分点，与此同时，第二产业占比大幅度上升了 16.56 个百分点。1960 年我国三次产业的结构比为 23.38∶44.49∶32.13，第二产业成为占比最大的产业，我国似乎已经进入到了工业化社会。然而人为扭曲的产业结构必然不会持续太久，到 1963 年经济结构又基本回到了正常的农业经济结构状态。在经济大幅度下滑后，1963 年的三次产业结构比为 40.34∶33.05∶26.61，第一产业仍然是国民经济的主体，即便是举全国之力发展工业，1958～1963 年的第二产业占比也仅仅提高了 5.12 个百分点。

1963～1970 年，我国产业结构变动虽然有起伏，但总体趋势是朝着工业化方向演进。第一产业比重波动性的下降，第二产业比重波动性的上升，第三产业比重保持相对稳定。1970 年第二产业比较稳定的超过了第一产业，此后第一产业和第二产业的占比差距越来越大。如果以第二产业稳定的成为国民经济主导产业作为工业化社会的标志，那么我国进入工业化社会的时间应该是 1970 年。1985 年我国产业结构又出现了一个标志性变化，第三产业在经济总量中的比重超过了第一产业，标志着我国经济进入到工业化中期阶段；2012 年第三产业超过第二产业成为国民经济的主体产业，标志着我国似乎进入到了工业化后期阶段。

1952～2014 年，在我国产业结构的演变过程中，第一产业比重最高的时期出现在 1952 年（占比为 64.73%），最低时期是 2014 年（占比为 9.17%），显然在结构演进过程中，第一产业比重朝着不断降低的趋势发展；第二产业比重最高时期出现在 1980 年（占比为 47.91%），最低时期是 1952 年（占比为 9.17%），2014 年的占比为 42.72%，第二产业比重出现先上升、后下降的变动形态，并且上升的速度较快，而到达顶峰后占比下降的速度非常缓慢；第三产业比重最高时期出现在 2014 年（占比为 48.11%），最低时期是 1953 年（占比为 12.93%），第三产业变化趋势正好和第一产业相反，朝着占比不断上升的趋势发展。

仅从几个时间截面的三次产业结构资料上来判断经济社会所处的发展阶段显然过于草率，三次产业结构变化有一个过程，应该从变化的过程中来把握，只有全面的分析产业结构变化在什么时间发生的、变化的方向是什么、变化的强度大小以及变化的稳定性如何等，才能对产业结构有比较准确的判断和评价。但遗憾的是，目前还没有一种很好的方法来进行这种综合分析。由于要分析三个产业的变化，加上时间维度和空间维度后，资料的复杂程度大大提高了，分析的结果都不是很理想。经过反复比较，我们认为图 2-1 分析方法，可以使产业结构分析变得更加清晰。

将某一地区的三次产业比重以曲线形式按时间顺序绘制在同一坐标系中，三条比重曲线随时间的变化会产生交叉点或没有交叉点；会有向上、向下以及水平的变动趋势；三条曲线之间也会有距离远近的变化。根据这些变化，结合三次产业结构变动理论所提供的不同发展阶段产业结构表现出的特征，可以分析得出大量有价值信息。

产业结构分析的主要内容是分析产业结构从低等级向高等级演进的过程。低等级产业结构的最显著特征是第一产业占的比重较大，在这一前提下，分析起点的产业结构会有两种类型：一产、二产、三产和一产、三产、二产，其中第一种类型是最常见的、并且是产业结构理论中最经常分析的低等级产业结构类型。在区域初始产业结构从低等级向高等级演进过程中，每当某一个产业超过另一个产业时，在图形上就会出现一个交叉点，交叉点的出现表明产业结构格局发生了标志性的重大变化。交叉点的出现是由哪两个或三个产业引起的、交叉点出现的先后顺序、交叉点是在什么时期出现的、两个交叉点出现的间隔时间长短、交叉点出现的形态（例如，是两条产业比重曲线比较平行的相交产生的交叉点还是比较垂直的相交产生交叉点，是两条产业比重曲线同时下降还是同时上升或一个下降一个上升时产生的交叉点，等等）、交叉点出现的多少等的分析，可以帮助我们比较清晰准确地判断区域发展的阶段，评价产业结构演进的质量和稳定性等。

例如，按照三次产业结构理论提出的产业结构最一般的演进规律，在图形上三条产业比重曲线最少会形成三个交叉点：当第二产业超过第一产业成为主导产业时会出现第一个交叉点；当第三产业超过第一产业迅速发展时会出现第二个交叉点；当第三产业超过第二产业成为新的主导产业时会出现第三个交叉点。当然，各地区产业结构的变动不会是按照一个模式演进，通过理论的逻辑推导，产业结构在图形上的变化还是有共同的规律。例如，交叉点出现的越多，表明产业结构就越不稳定；交叉点之间的间隔时间越短，表明产业结构的演进速度越快；形成交叉点的两条曲线越垂直，表明产业结构的突变性就越大（外来冲击的可能性越大）等。

将我国三次产业比重按时间顺序绘制成图2－2，从中可以比较清晰地看出我国产业结构的演进特点。如果说图2－1是从三次产业在国民经济中的份额变化角度来形象表现产业结构的演进，那么图2－2就是从三次产业相互超越的角度对产业结构的演进直接反映。为了能够参照对比研究，我们将美国、欧盟、日本、印度和世界的产业结构变化图按相同方法绘制出来一并列示。图2－3至图2－7反映了世界和各对比国的三次产业结构变化情况。

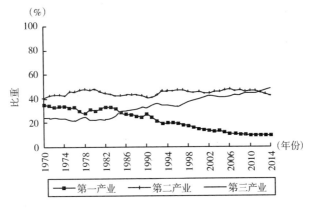

图2－2　我国三次产业结构变化

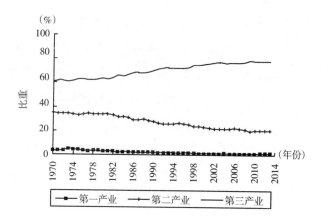

图2-3 美国三次产业结构变化

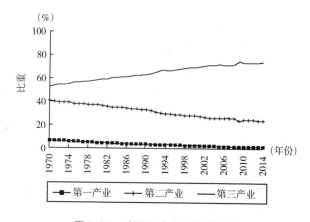

图2-4 欧盟三次产业结构变化

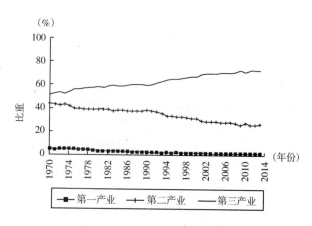

图2-5 日本三次产业结构变化

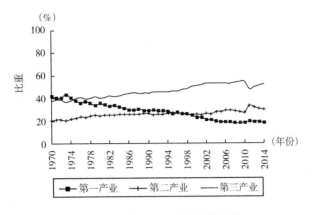

图 2 - 6　印度三次产业结构变化

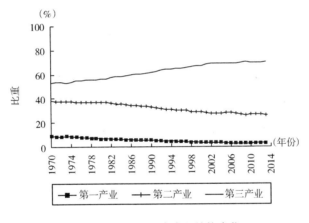

图 2 - 7　世界三次产业结构变化

　　由于世界银行在《世界发展指标（2015）》（*World Development Indicators* 2015）中提供的各国相关资料时间长短不一，我们尽量按同一时间段进行表示。大多数国家的资料都是从 1970 年才开始统计，我国在 1970 年刚好进入工业化阶段，因此起点统一从 1970 年开始。世界和所有对比国家的三次产业比均是按 2005 年美元不变价格计算所得，其中美国、日本和世界的数据到 2013 年。

　　图形显示，从 1970 年开始的产业结构演进过程，我国和印度的三次产业比重线出现了交叉点，而美国、欧盟、日本和世界的三次产业比重线没有出现交叉点，这表明发展中大国的产业结构比发达国家变动得更为剧烈，也比世界平均结构状况变动大。

1970 年我国的第二产业刚刚超过第一产业，三次产业的结构顺序为：二产、一产、三产，印度在 1970 年的三次产业结构顺序为：一产、三产、二产。显然我国的产业结构等级高于印度，我国的主导产业已经是工业，而农业仍然是印度的主导产业。同期美国、欧盟和日本的产业结构类型完全相同，三次产业结构顺序都呈现为：三产、二产、一产。如果以第三产业占比高低来衡量产业结构的高级化程度，美国的产业结构等级最高，1970 年美国第三产业占比就已经达到了 61.22%，欧盟直到 1985 年才达到这一水平，而日本达到这一水平是 1992 年，我国直到现在距离这一水平还有相当大的差距。由于发达国家占据了世界经济总量的绝大部分，因此世界经济所呈现出的产业结构类型与发达国家一样。

从产业结构的演进过程来看，我国从 1970～2014 年，三次产业比重线只出现了两个交叉点，说明我国产业间均衡的时间较短，一个产业超过另一个产业以后不会再有反复，新产业结构类型能够迅速确立。从进入工业化开始，我国用了 15 年时间（1970～1985 年）第三产超过第一产业；又用了 27 年时间（1985～2012 年）第三产超过第二产业，形成了发达国家 1970 年时的产业结构类型。从 1970～2014 年印度三次产业比重线出现了 6 个交叉点，表明其新产业结构类型形成过程中，产业间的均衡时间较长。印度从 1970 年起用了 5 年时间（1970～1975 年）第三产超过第二产业；又用了 24 年时间（1975～1999 年），第二产业才稳定的超过了第一产业，形成了三、二、一顺序的产业结构类型。我国产业结构演进方式与印度有较大差别，印度的第三产业在国民经济中始终占有较大份额，从 1975 年以后第三产业就一直是印度的主导产业，第二产业始终没有成为印度的第一大产业。相比印度，我国的第二产业相对较强，从 1970～2012 年，在长达 42 年的时间里第二产业都是我国的第一大产业，我国形成三、二、一产业结构的时间比印度晚了 21 年。如果以第三产业占比来判断产业结构等级，我国产业结构等级低于印度（2014 年印度第三产业占比为 52.08%，我国为 48.11%）；如果以第一产业占比来判断产业结构等级，我国高于印度（2014 年印度第一产业占比为 17.83%，我国为 9.17%）。

从三次产业占比的波动性来看，我国每个产业占比随时间推移均有较大的波动。1970~2014 年，第二产业占比没有明显的长期上升或下降（1970 年占比为 40.49%，2014 年为 42.72%），但却呈现波幅较大的周期性上下变动；第一产业占比波动性下降，第三产业占比波动性上升，45 年的时间，第三产业占比上升的部分基本上就是第一产业占比下降的部分。相比我国，发达国家的三次产业占比变动非常平稳，美国、欧盟和日本的三次产业占比变动趋势一致，第一、第二产业占比持续不断的下降，第三产业占比持续不断地上升。印度三次产业占比的波动性虽然大于发达国家，但比我国的波动小得多。

通过对比分析，我国产业结构演进表现出如下特征：

（1）产业结构向高级化演进的速度较快。从第二产业成为国民经济最大产业到第三产业成为国民经济的最大产业一般被认为是工业化过程，即从工业化初期到工业化后期，它是产业结构向高级化演进的主要路径。美国是世界经济大国中被公认为产业结构演进速度最快国家之一，从 18 世纪末期工业化开始到 20 世纪中期进入工业化后期经历了一个半世纪，而我国从工业化初期到工业化后期只用了 42 年的时间，作为经济大国产业结构演进的速度是世界罕见的。

（2）产业结构类型变动的频率较低，产业结构演进的趋势比较清晰。从 1952~2014 年主要出现过四种产业结构类型："一二三"类型、"二一三"类型、"二三一"类型和"三二一"类型，产业结构类型是朝着不断高级化方向演进。

（3）产业结构的起点较低，进入工业化的时间较晚。我国直到 1970 年工业才成为主导产业，而同时期发达国家第三产业已成为主导产业，基本上已经完成了工业化过程，与全球平均经济结构相比，我国的产业结构也极为落后。

（4）形成目前产业结构类型的时间较晚，新结构类型演进时间较短。2012 年第三产业超过了第二产业，"三二一"类型的产业结构才得以形成，而这种结构类型早在 1970 年以前发达国家就已形成。

（5）产业结构中，第二产业比重长期过大。1970 年第二产业增加值占到经济总量的比重达到 40% 以后，直到 2014 年，第二产业比重从未低于 40%，这与发达国家和世界平均经济结构中第二产业比重持续向下形成了鲜明反差。

（6）产业结构演进过程中稳定性较差。三次产业占比在长期发展过程中都表现出比较大的波动，这种波动对于经济的平稳发展极其不利。

（7）目前的产业结构与发达国家仍有巨大的差距。虽然产业结构已形成了"三二一"类型，第三产业已成为最大的产业，但是与发达国家和世界平均水平相比，我国产业结构等级仍然很低。2014年，我国第三产业占比为48.11%，第一产业占比为9.17%，而同期发达国家第三产业占比都在70%以上，第一产业占比均在2%以下。

从三次产业结构的演进中还可以总结出更多的特点。总体来看，我国产业结构向高级化演进的速度较快，但与世界平均水平相比产业结构等级仍然偏低，产业结构演进过程中的稳定性较差，形成高一层次产业结构的时间尚短，虽然已进入到了工业化后期，但工业化中期的产业结构特征仍很突出。

## 二、产业结构演进对经济发展的贡献

产业结构演进的目标是促进经济增长，而经济增长在本质上以产业结构变动为核心，这是因为：

首先，经济社会中的主导产业更替是经济增长的主导力量。现代经济增长实质上是国民经济中各个部门的增长过程，经济增长总是先由某一个产业部门率先采用先进的技术开始发展，形成主导部门。通常，主导产业部门以及主导产业部门综合体系都有较先进的技术及一个较高的增长率，并通过多种方式影响、带动整个国民经济的增长。主导产业部门是经济增长的驱动力，但它并不是一成不变的，恰恰相反，它的形成和发展以及被新的主导产业部门所代替的过程，都是与经济增长紧密联系的。新的主导产业取代原来的主导产业，就会以更新的技术和更高的劳动生产率促进国民经济更快的增长。

其次，产业结构变动能够使资源得到更有效、更合理的配置。从社会需求结构的变动来看，当社会需求结构发生变化使供给结构不再与其吻合时，产业结构如能及时得到调整，稀缺资源在社会生产各部门各行业重新进行更有效的配置，提高单位资源的产出效益，从而促进国民经济增长。从资源的供给和需求两个方面来看，在社会生产中，各个产业部门之间资源的供给条件并不相同，由此造成各部门生产增长对资源的依赖程度和所需资源种类也不一样。在这种状态下，如能及时调整产业结构，建立新的产业部门替代生产资源短缺的部门或提高这些部门的资源利用效率，扩大资源供给较为丰裕的产业部门的生产规模，就可以促进经济的增长。大量资源的投入虽然是经济增长的必然条件，但其投入的效率往往在很大程度上取决于产业结构的状态。

最后，社会分工和技术的进步引起产业结构的变动是经济增长的根本动力。社会分工形成专业人才，专业人才的熟练程度有利于提高劳动生产率，这实际上是由于劳动投入质量的提高，从而提高了劳动生产率。每一次重大的科技进步都对产业结构产生重大影响，形成一批新的产业群，大大提高劳动生产率，从而推动经济高速增长。

产业结构的变动必然会带来经济总量的变化，产业结构向合理化、高级化方向演进能够促进经济更快的发展，而产业结构向不合理的低级化方向变动，也会阻碍经济的发展。产业结构变化对经济贡献的大小一直是产业经济学研究的重点领域，定量化研究产业结构变动对经济产生的影响实际上是一项非常困难的工作。用偏离—份额分析法（shift-share analysis）可以大致判断出产业结构变动对经济的贡献。

偏离－份额分析法是将一个特定地区在某一时期经济总量的变动分为三个分量，即总偏离份额（the national growtheffect）、结构偏离份额（the indus-trialmix effect）和区位偏离份额（the competitive effect），以此说明地区经济发展和衰退的原因，评价地区产业结构优劣和自身竞争力的强弱，找出地区具有相对竞争优势的产业部门，进而确定地区未来经济发展的合理方向和产业结构调整的原则。

偏离－份额分析法实际上是一种对比分析法，用一个参照地区评价一个被研究地区的初始产业结构对经济增长的影响以及产业结构变动对经济的贡献。评价我国三次产业结构对经济增长的贡献也需要有参照国家或地区，我们分别用全球、美国、欧盟、日本和印度作为参照对比，用国内生产总值作为分析的基础。

以一定时期内参照地区的国内生产总值增长率为基础，测算我国按参照地区经济增长率可能形成的经济假定量，进而将这一假定量同我国实际经济增长量进行比较。我国的假定经济总量与实际经济总量的差额，就是我国相对参照地区增长水平来说所产生的偏离。这种偏离，主要是由产业结构因素和区位因素形成的。

总偏离份额。比如用世界经济作为参照考察我国经济增长状况，以一定时期全球 GDP 增长率为基础，假定我国 GDP 在这一时期内如按此增长率发展应能达到的经济总量（假定经济总量）。将这种假定的经济总量同我国实际经济总量对比，如果我国实际经济增长率高于全球平均经济增长率，那么我国经济总偏离值为正；如低于全球平均经济增长率，则我国经济总偏离值为负。用总偏离值与经济增长前的水平相比，即得到总偏离率。总偏离值和总偏离率越大，说明我国经济发展速度越是高于全球经济发展速度。

产业结构因素偏离份额。这是被研究地区与参照对比地区产生总偏离的因素之一，反映某地区产业结构类型对该地区经济增长的影响。如果地区产业结构变化过程中，成长型产业或经济效益较好产业占主导地位并发展较快，则结构偏离值和偏离率为正；如果在地区产业结构中，停滞、效益低甚至衰退型产业发展较快，结构偏离值和偏离率为负。此因素最能反映地区产业结构调整对地区经济增长的贡献。此外，当产业结构正在调整之中，新型产业的效益尚未发挥出来时，也可能表现出偏离值和偏离率过小甚至负值，这需要结合产业结构调整方向具体分析。

区位因素偏离份额。另一个引起总偏离的因素，反映地区的区位条件（地区初始产业结构状况和初始发展水平）对该地区增长的影响。如果地区初始产业结构等级较高、经济发展水平较高（经济发展的初始条件较好），那么区位偏离值与偏离率为正值，在区位不利或竞争能力弱时，区位偏离值和偏离率为负。

偏离－份额分析法的计算公式为：

$$N = e_t - \left(\frac{E_t}{E_0}\right) \times e_0$$

$$H = \sum_{i=1}^{3} \left[ \left(\frac{E_{it}}{E_{i0}}\right) \times e_{i0} \right] - \left(\frac{E_t}{E_0}\right) \times e_0$$

$$D = e_t - \sum_{i=1}^{3} \left[ \left(\frac{E_{it}}{E_{i0}}\right) \times e_{i0} \right]$$

$$N = H + D$$

$$n = N/e_0$$

$$h = H/e_0$$

$$d = D/e_0$$

其中，N 表示总偏离量；H 表示区位偏离量；D 表示结构偏离量；E 表示参照（或对比）地区国内生产总值；n 表示总偏离率；h 表示区位偏离率；d 表示结构偏离率；e 表示考察（或研究）地区国内生产总值；i 表示第 i 个产业（i = 1，2，3）；0 表示基期（年）；t 表示报告期（年）。

产业结构在各个时期的变动是不同的，对经济增长的影响也不相同。偏离—份额方法只是分析两个时间点的变动情况，实际上是一种比较静态分析。我们首先用全球经济发展作为我国经济发展的参照，分析 2013 年与 1970 年相比三次产业结构变动对经济增长的贡献。然后从 1970 年开始每十年划分一个时间段，分析在每个时间段里三次产业结构变动对经济增长的贡献，这样大致能够动态地比较不同时间段产业结构变动对经济增长的不同影响。

根据我国和世界的国内生产总值，以及三次产业增加值的不同时期资料（国内生产总值及三次产业增加值均采用 2005 年美元不变价格计算），我们计算了我国经济增长相对于全球经济增长的偏离份额，见表 2－1。

表 2－1　　我国经济增长的偏离－份额分析（以世界经济为参照）

| 项　　目 | 1970 ~ 2013 年 | 1970 ~ 1980 年 | 1980 ~ 1990 年 | 1990 ~ 2000 年 | 2000 ~ 2010 年 | 2010 ~ 2013 年 |
|---|---|---|---|---|---|---|
| 总偏离量（亿美元） | 44838.49 | 455.33 | 2315.32 | 7264.69 | 20313.71 | 7495.67 |
| 总偏离率（%） | 3791.86 | 38.51 | 106.92 | 137.66 | 142.66 | 19.38 |
| 区位偏离量（亿美元） | － 1168.90 | － 148.74 | － 244.85 | － 770.28 | － 741.58 | － 94.02 |
| 区位偏离率（%） | － 98.85 | － 12.58 | － 11.31 | － 14.60 | － 5.21 | － 0.24 |
| 结构偏离量（亿美元） | 46007.38 | 604.08 | 2560.17 | 8034.97 | 21055.29 | 7589.69 |
| 结构偏离率（%） | 3890.71 | 51.09 | 118.23 | 152.26 | 147.87 | 19.62 |

1970 ~ 2013 年，从经济总量的增长速度来看，我国经济增长速度远高于全球经济增长速度。2013 年比 1970 年，我国经济总量增长了 40.55 倍，年均增长速度达到了 9.05%；同期全球经济总量只增长了 2.63 倍，年均增长速度仅为 3.04%。1970 年我国的国内生产总值只有 1182.49 亿美元，以我国

1970 年的三次产业结构为发展起点，如果按照全球平均经济增长速度发展，到 2013 年我国的国内生产总值应该达到 4291. 15 亿美元。但事实上，2013 年我国的国内生产总值为 49129.64 亿美元，多出了 44838.49 亿美元（总偏离量），多增长出来的经济总量是 1970 年经济总量的 37.92 倍（总偏离率）。产生这一结果的原因由两个因素来解释，一个是我国经济发展的初始产业结构条件（区位因素）；另一个是我国产业结构变动因素（结构因素）。

从计算结果看，我国经济发展的初始产业结构条件给经济发展带来的是负面影响，1970 年的产业结构格局使我国的国内生产总值损失了 1168.9 亿美元，仅初始竞争条件劣势造成的经济损失就已经接近 1970 年时的全部国内生产总值；但是产业结构的变动给我国经济的贡献达到了 46007.38 亿美元，产业结构快速向高级化演进促使了经济高速增长。

从经济增长起点时的产业结构基础看，我国 1970 年时的产业结构与当时全球平均产业结构相比，产业结构等级低下，对经济发展极其不利。第一产业（农业）属于传统产业，在三次产业中的生产力水平最低，受自然环境影响大、劳动效率不高并且发展潜力有限，通常农业在经济总量中占比越高，经济竞争力就越弱，经济总量难以快速增长。我国农业在经济总量中的比重远远高于全球平均占比，1970 年我国农业占比为 35.22%，而同期全球农业平均占比只有 8.8%，我国产业结构等级远远低于全球平均水平。因此，初始产业结构给我国经济增长带来负面影响也就不难理解了。事实上，从 1970 年我国进入工业化初级阶段一直到现在，虽然产业结构不断地向高级化演进，并且产业结构的快速调整带来了巨大收益（我国经济总量的额外收益部分完全依靠产业结构调整获得），但是产业结构等级却一直落后于全球平均水平，农业在国民经济中的比重始终高于全球。2013 年我国经济总量中农业占比为 9.41%，仍未达到全球 1970 年的农业占比水平，而到 2013 年全球农业平均占比已经降到了 3.12%。这种产业结构上的落后，使我国经济增长的产业结构基础在各个时期都对经济产生负面影响。

将 1970~2013 年按每十年一个阶段划分成 5 个时期（2010~2013 年只有 3 年）考察，可以发现在每个时期由于我国产业结构落后都给经济造成了损失。表 2-1 中显示的区位偏离量逐期扩大既有产业结构落后的原因、又有对比基期经济总量规模不断扩大的原因，因此区位偏离率由于消除了经济规模因素，所反映的损失就是由产业结构落后造成的。我国各个时期区位偏离率总的趋势是在下降，表明我国产业结构演进的速度较快，产业结构的劣势在不断扭转。但是，区位偏离率在下降的过程中，1990~2000 年有所上升，这也表明我国的产业结构和全球相比的劣势，1990 年比 1980 年更大。我国经济增长之所以能快于全球经济增长水平，就是因为产业结构的快速演进，这不但给我国经济增长带来了巨大的额外收益，也使我国产业结构逐渐缩小了与全球的差距。在我国产业结构等级始终低于全球水平的情况下，产业结构变动对于经济规模的增加越来越重要。但同时也应看到，2000~2010 年结构偏离率有所降低，这表明我国产业结构演进的速度有所放缓，对经济增长的贡献率在降低。

　　除了与全球经济增长对比，与美国、欧盟、日本以及与我国同属发展中大国的印度进行对比，能够通过多个参照地区、从不同侧面更清晰的把握我国产业结构演进对经济增长的影响。表 2 - 2 反映的是 1970~2013 年我国经济增长相对于同期美国、欧盟、日本、印度经济增长的偏离份额状况。

表 2 - 2　　　　我国经济增长的偏离 - 份额分析（1970~2013 年）

| 项　　目 | 美国 | 欧盟 | 日本 | 印度 |
|---|---|---|---|---|
| 总偏离量（亿美元） | 45195.44 | 46111.90 | 45553.47 | 37517.97 |
| 总偏离率（％） | 3822.04 | 3899.54 | 3852.32 | 3172.78 |
| 区位偏离量（亿美元） | - 1223.49 | - 994.01 | - 1179.48 | 1027.30 |
| 区位偏离率（％） | - 103.47 | - 84.06 | - 99.75 | 86.88 |
| 结构偏离量（亿美元） | 46418.93 | 47105.91 | 46732.96 | 36490.66 |
| 结构偏离率（％） | 3925.51 | 3983.60 | 3952.06 | 3085.90 |

　　总偏离量为正数表明我国经济增长速度高于参照国，总偏离量越大表明我国经济增长速度比参照国经济增长速度越高；区位偏离量为正数表明我国经济增长的初始产业结构等级高于参照国，数值越大表明我国初始产业结构竞争力比参照国越高，由初始产业结构优势带来的收益越大；区位偏离量为负数表明我国经济增长的初始产业结构等级低于参照国，负数越大表明我国初始产业结构竞争力比参照国越低，由初始产业结构劣势带来的损失越大；结构偏离量为正数表明我国产业结构演进速度高于参照国（在演

进方向正确的前提下），为负数表明演进速度低于参照国（或者是产业结构向低等化方向演进），结构偏离量越大表明我国产业结构演进比参照国越好（可能是速度越快、也可能是演进方向越好），由产业结构演进带来的收益越大。

计算结果显示，我国与世界上四个主要经济体相比总偏离量均为正数，说明从1970~2013年，我国经济增长速度比四个主要经济体都快，其中欧盟的经济增长速度与我国的差距最大，而印度与我国的差距最小；1970年我国的产业结构等级低于发达国家，但高于印度，其中与美国产业结构的差距最大；1970~2013年我国产业结构向高等级演进的速度均远远高于四个主要经济体，产业结构演进有力地促进了我国经济的高速增长，即便是与同是发展中大国的印度相比，我国产业结构演进所带来的收益也远远高于印度。

总之，产业结构演进对我国经济增长的贡献十分巨大，由于我国目前的产业结构等级与全球平均水平仍有不小差距（与发达国家的差距更大），因此要想保持经济的高速增长，缩小与发达国家的经济差距，必须依赖于产业结构的快速调整。

# 第二节　产业结构变动对环境污染的影响

经济增长有赖于产业结构的调整，对于经济尚处于较低发展阶段的地区而言，为了加快经济增长而进行的产业结构调整任务更重。国民经济发展过程中，不同类型产业所消耗的资源和产生的环境污染物种类及量值是不同的，因而对环境污染的影响也不相同。随着产业结构的调整，使得对自然环境产生不同影响的产业部门，在国民经济中的构成发生变化（产业结构发生变化），因而不同的产业结构对环境污染的影响也不相同。通过分析产业结构变动对环境污染的影响，可以为确定产业结构调整提供帮助，努力使产业结构调整既能够有利于经济的快速发展，又能够减轻环境污染水平或改善环境质量。

## 一、三次产业发展对环境污染的影响方式

### （一）第一产业对环境污染的影响

一般认为，第一产业对环境的影响有利有弊。一方面，第一产业中的种植业和林业多以绿色植物为生产对象，而绿色植物是生态环境的重要屏障，对环境的保护和改善起到积极的作用；但另一方面，第一产业对水和土地的需求较大，不合理的农业生产（如开垦荒地、过度放牧等）会引发植被破坏、水土流失，化肥、农药的滥用和养殖业废物的排放又会对环境产生污染。特别是现代农业大规模的机械使用，消耗大量能源，对环境同样造成严重损害。

从第一产业对环境产生利弊两方面考虑，很难确定第一产业对环境产生的影响是利大于弊、还是弊大于利。通常认为第一产业对环境破坏的深度和广度都比较有限，总体来看其对环境的污染程度不如第二产业。但是现实表明，第一产业排放的很多种污染物总量已经超过了工业。

农业生产过程中，化肥、农药、农膜等的大量使用已经造成了严重的大气、土壤和水污染。例如，我国水污染中的化学需氧量排放，农业生产排放的化学需氧量已经接近总排放量的一半，远高于工业排放量；水污染中的氨氮排放量也有30%以上来自于农业。

农业生产对大气的污染也相当严重，全球最为关注的温室气体排放，农业是重要的排放源。比如氧化亚氮（如一氧化二氮）属于最为严重的温室气体，据研究一氧化二氮分子可以在大气中存在一百年以上而不分解，并对热量的吸附作用极强，是二氧化碳的300多倍，因此，它对温室效应的贡献远远超过二氧化碳。农业生产使用的化肥（特别是氮肥），并不能完全为农作物所吸收，多余的以一氧化二氮的形式，流向土壤、地下水和空气之中，对环境构成危害。研究显示，农业生产造成的一氧化二氮的排放量正随氮肥使用的多少，呈现出指数级增长。世界银行提供的资料显示，2010年，全球农业氧化亚氮排放量占氧化亚氮总排放量的70.13%，我国农业氧化亚氮排放量占总排放量的75.44%。由此可见，人类活动所产生的氧化亚氮主要来自

农业生产。甲烷也属于重要的温室气体，农业种植业（特别是水稻种植）和养殖业都会产生大量的甲烷。表2-3反映了全球及部分主要经济体甲烷排放情况。

表2-3 全球及部分主要经济体甲烷排放情况

| 项　目 | 全球 | 中国 | 美国 | 欧盟 | 日本 | 印度 |
|---|---|---|---|---|---|---|
| 2010年农业甲烷排放量（亿吨二氧化碳当量） | 31.97 | 5.90 | 1.96 | 2.10 | 0.30 | 3.78 |
| 2010年甲烷总排放量（亿吨二氧化碳当量） | 75.15 | 16.42 | 5.25 | 5.25 | 0.40 | 6.21 |
| 农业甲烷排放量占总排放量的比重（%） | 42.53 | 35.92 | 37.28 | 40.11 | 73.38 | 60.76 |
| 2010年比1990年农业甲烷排放量增长幅度（%） | 4.38 | 12.71 | 13.25 | -24.84 | -27.07 | 2.90 |

2010年甲烷排放状况显示，全球甲烷排放总量的42.53%来自农业生产的排放，在所对比的国家和地区中，日本农业甲烷排放占比最高，我国相对最低，但农业排放量仍然占到了排放总量的三分之一以上。2010年和1990年相比，全球农业甲烷排放增长了4.38%，其中欧盟和日本农业甲烷排放出现了大幅度下降，而美国和我国的农业甲烷排放则有较大幅度的上升，并且远高于全球增长速度。值得注意的是，2010年我国农业甲烷排放量占全球农业甲烷排放总量的18.45%，美国的增长速度虽然高于我国，但其该比重只有6.12%。即便是农业大国印度的农业甲烷排放量占全球比重也远低于我国。从排放总量上看，2010年我国农业甲烷排放量达到了5.9亿吨，而同期美国国内甲烷排放总量才是5.25亿吨，由此可见我国农业绝不是对环境污染影响小的产业。

农业机械的大量使用以及设施农业的快速发展，现代农业生产过程中也同样直接消耗了大量能源，因而农业通过能源消耗也在污染着环境。

（二）第二产业对环境污染的影响

第二产业主要由工业构成，工业的生产特点决定了其能耗、物耗水平以及污染物的产生和排放水平都要远大于第一产业和第三产业。在世界范围内，环境问题的凸显，也是在工业化以后，甚至有很大一部分观点把环境问题产生的根源归咎于工业化过程，足见第二产业的环境影响之大。第二产业的迅速发展，特别是重化工业的发展，是以大量消耗矿产、能源等不可再生资源为代价的，工业污染物作为工业生产在所难免的附属产物，对自然环境形成胁迫效应，这种胁迫压力在绝对数量上日积月累，必然导致环境质量的日趋恶化。第二产业对环境的污染方式主要是废气、废水和固体废物等"三废"的排放，三废排放也是目前全球环境保护中最关注的问题。

工业生产形成众多种污染物排放，我国90%以上的污染物种类都是由工业排放造成的，并且大部分种类的污染物排放量主要来自工业。将我国工业主要污染物排放量占全部排放量的比重绘制成对比图，可以更为清晰的反映我国工业对环境污染的影响程度。图2－8是根据2014年有关环境污染物数据绘制的几种主要污染物工业排放量占比情况（二氧化碳是2012年的数据）。

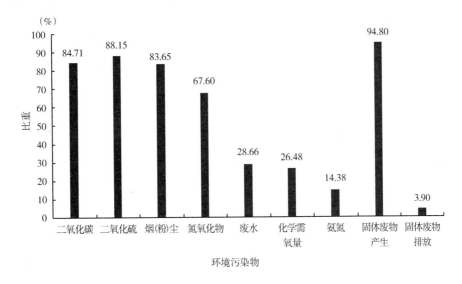

图 2－8　2014 年我国工业排放污染物占污染物排放总量的比重

数据显示，我国工业在固体废物产生和废气排放方面占有绝对大的比重，固体废物产生量的94.8%、二氧化硫排放的88.15%、烟粉尘排放量的83.65%都来自于工业。相对而言废水排放总量的工业排放占比并不高，但是工业废水排放的危害往往更大，比如工业废水中的各种重金属会严重污染水体和土壤，对动植物都有巨大的危害。

全球最关注的二氧化碳排放，大部分来自于工业。2012年，全球工业排放的二氧化碳量占二氧化碳排放总量的 69.73%，而我国这一比例高达 84.71%，美国、欧盟、日本、印度的该比例分别为：56.46%、57.3%、69.37% 和 81.1%，显然发达国家工业二氧化碳排放的占比虽然低于发展中国家，但工业的排放比例也超过了 50%。随着经济发展，工业二氧化碳排放占比还在进一步提高。2012 年与 1990 年相比，全球工业二氧化碳排放量占比提高了 5.48 个百分点，我国占比提高了 11.29 个百分点。由此可见，全球温室效应不断加剧的主要责任应由工业承担。

总体而言，无论是从污染物产生的种类、各种类污染物的产生数量、还是从污染物的危害程度来看，以工业为主体的第二产业都是造成环境质量下降的最主要部门。

### (三) 第三产业对环境污染的影响

通常认为第三产业对环境的直接污染最小，因此各国减少污染物排放、改善环境质量的一个重要措施，就是大力发展第三产业。但是第三产业包括的部门众多，不同的部门对环境污染的影响是不同的。按照我国对第三产业的划分，第三产业分为四大类部门：第一类是流通部门，包括交通运输业、邮电通信业、商业饮食业、物资供销和仓储业；第二类是为生产和生活服务的部门，包括金融业、保险业、地质普查业、房地产管理业、公用事业、居民服务业、旅游业、信息咨询服务业和各类技术服务业；第三类是为提高科学文化水平和居民素质服务的部门，教育、文化、广播、电视、科学研究、卫生、体育和社会福利事业；第四类是国家机关、政党机关、社会团体、警察、军队等。第三产业中各个部门在生产过程中对物质的消耗量不同，有些部门物质消耗量比较高，比如交通运输、商业饮食、旅游业等，属于纯服务性质的第三产业物质消耗量一般都比较低。由于环境污染物主要是因为物质消耗产生的，因此第三产业中物质消耗量比较高的部门会直接产生较大的环境污染。

第三产业中的交通运输业，由于需要消耗大量的能源，因而已经成为环境污染的重要部门。2012 年全球二氧化碳排放总量中来自交通运输业的排放比例高达 19.87%，我国这一比例为 8.57%。同时交通运输业排放的废气中含有各种有害物质，不但污染空气，而且通过道路排水系统流入地表、河流，对水体也造成污染。第三产业中的商业饮食、旅游业等，不但直接消耗能源，而且产生大量的固体垃圾，污染空气、水和土壤。事实上，即便是第三产业中的纯服务部门，在提供服务过程中也会大量消耗能源，但是纯服务部门消耗的大都是所谓的清洁能源，直接对环境污染的程度较轻。比如服务部门消耗的主要是电力，电力消耗本身造成的环境污染较小，但电力生产却会排放大量的环境污染物。电力生产属于工业，因此纯服务部门直接造成的环境污染较小，但通过工业间接的环境污染并不轻。

### （四）产业之间相互作用对环境污染产生的影响

三次产业之间有紧密的联系，各个产业除了直接对环境产生影响外，还通过相互消耗各自的产品对环境污染产生间接的影响。第一产业在发展过程中，使用的各种机械设备，建设的各种灌溉设施，使用的化肥、农药、地膜，消耗的电力等都是工业产品，第一产业通过第二产业对环境产生了重要的影响；第二产业中以农产品为加工对象的轻工业则通过第一产业对环境产生间接影响；第三产业的服务设施建设、交通工具的使用、电力的消耗、大量办公用品的使用、餐饮业的发展等通过第一、第二产业对环境产生影响；而第一、第二产业的技术进步、物资的交流等又通过第三产业对环境产生影响。

直接对环境产生影响较小的产业，并不一定对环境产生总的影响就小，本身对环境影响小但在生产过程中对高污染行业的依赖度大，也同样会对环境产生很大的影响。比如，太阳能发电产业几乎不对环境产生负面影响，但生产太阳能光伏设备的产业却对环境的负面影响较大。纯电动汽车在使用过程中几乎不对环境产生污染，因而被普遍认为是绿色环保无污染产品。然而纯电动汽车消耗的电力生产以及动力电池的生产都是高污染产业，按现在的电力生产污染水平，很难说纯电动汽车对环境污染比较小。发达国家第三产业占经济总量的比重已经很高了，应该说第三产业总体上直接产生的污染很低，但是发达国家环境污染依然严重，这说明第三产业产生的间接污染还是很高的。由于产业之间形成了高度关联，因此判断一个产业对环境污染的大小不能简单地只看其直接污染水平，应该从产业间的关联度综合考虑产业的直接污染和间接污染总量。

## 二、三次产业发展对环境污染的影响程度

如果要综合考虑各个产业对环境污染的影响程度，采用逐次回归可以大致反映出各产业对环境污染的总影响程度，如果采用多元回归反映，各产业间彼此独立时是有效的，但各产业彼此不独立就会产生多重共线性。但不管采用什么回归方法，单个产业对环境污染的直接影响和间接影响都难以区分出来。采用通径分析方法能够克服、弥补回归方法存在的缺陷与不足。这是因为通径分析不仅具有回归与相关分析的作用，而且可以进一步地将各个产业与环境污染的相关统计量剖分为直接影响系数和间接影响系数，揭示影响环境污染变化的各产业因素所产生的直接和间接作用，为研究和分析各个产业对环境污染的影响提供更全面更完善的决策依据。

### (一) 通径分析模型

假设有 m 个解释变量分别为 $X_1$，$X_2$，$\cdots$，$X_m$，对结果变量 Y 的变异产生线性作用（如果诸变量 $X_i$ 对 Y 产生的是非线性作用，在一定条件下可做线性化变换），并且 $X_i$ 与 $X_j$ 之间存在着一定的相关关系（i，j = 1，2，$\cdots$，m），各解释变量 $X_i$ 对结果变量 Y 产生的直接影响程度的统计量称为直接通径系数，用 $P_i$ 表示（i = 1，2，$\cdots$，m）；变量 $X_i$ 通过变量 $X_j$ 作用于 Y 产生的间接程度的统计量称为间接通径系数，用 $P_{ij}$ 表示。$P_i$ 的意义在于：若变量 $X_i$ 增加一个标准单位量，结果变量 Y 将平均增加（$P_i > 0$ 时）或减少（$P_i < 0$ 时）$P_i$ 个标准单位量。间接通径系数 $P_{ij}$ 则是反映了由于相关性的存在，$X_i$ 通过 $X_j$ 的交互作用对 Y 产生的单位变化改变量。对所有的 $P_i$ 及 $P_{ij}$ 进行排序，即可获得因子及因子之间对现象变异产生影响大小的分析结论。

对于一般的多元线性回归分析有：

$$Y = \beta_0 + \beta_1 X_1 + \beta_2 X_2 + \cdots + \beta_m X_m \qquad (2-1)$$

$$\overline{Y} = \beta_0 + \beta_1 \overline{X}_1 + \beta_2 \overline{X}_2 + \cdots + \beta_m \overline{X}_m \qquad (2-2)$$

将式（2-1）~式（2-2）得：

$$Y - \overline{Y} = \beta_1(X_1 - \overline{X}_1) + \beta_2(X_2 - \overline{X}_2) + \cdots + \beta_m(X_m - \overline{X}_m) \quad (2-3)$$

式（2-3）两边同时除以被解释变量 Y 的标准差 $\sigma_y$，得到下式：

$$\frac{(Y - \overline{Y})}{\sigma_y} = \frac{\beta_1(X_1 - \overline{X}_1)}{\sigma_y} + \cdots + \frac{\beta_m(X_m - \overline{X}_m)}{\sigma_y}$$

$$\frac{Y - \overline{Y}}{\sigma_y} = \beta_1 \frac{\sigma_1}{\sigma_y} \times \frac{X_1 - \overline{X}_1}{\sigma_1} + \cdots + \beta_m \frac{\sigma_m}{\sigma_y} \times \frac{X_m - \overline{X}_m}{\sigma_y}$$

利用最小二乘法求出上式各自变量线性回归系数的求解模型，在此基础上，进行一定的数量变换，则可得出如下各简单相关系数的分解方程：

$$P_1 + r_{12}P_2 + r_{13}P_3 + \cdots + r_{1m}P_m = r_{1y}$$
$$r_{21}P_1 + P_2 + r_{23}P_3 + \cdots + r_{2m}P_m = r_{2y}$$
$$\cdots \qquad\qquad \cdots$$
$$r_{m1}P_1 + r_{12}P_2 + r_{m3}P_3 + \cdots + P_m = r_{my}$$

以上是通径分析的基本表达模型，其中：$r_{ij}$ 为 $X_i$ 与 $X_j$ 的简单相关系数；$r_{iy}$ 为 $X_i$ 与 Y 的简单相关系数；$P_j$ 为直接通经系数，即是 $X_i$ 与 Y 标准化后的偏相关系数；间接通径系数 $P_{ij} = r_{ij}P_j$，表示 $X_i$ 通过 $X_j$ 对因变量 Y 的间接影响效应；$\sum r_{ij}P_j$ 表示 $X_i$ 通过其他变量对因变量 Y 的总间接影响效应。

上述方程组的基本意义是：将每一个自变量 $X_i$ 与因变量 Y 的简单相关系数 $r_{iy}$ 分解为 $P_i$（直接通径效果部分）和 $\sum r_{ij}P_j$（总间接通径效果部分）。

由于经济现象之间的相互影响，关系错综复杂，人们对于经济现象认识的局限，在设定模型时不可能把影响因变量的所有因素都考虑进去，所以应进一步计算遗漏变量和误差项对因变量 Y 的通径效应系数 $P_u$，即剩余效应，计算公式为：

$$P_u = \sqrt{1 - (P_1 r_{1y} + P_2 r_{2y} + \cdots + P_m r_{my})}$$

若剩余效应很小，说明通径分析已经把握了主要影响变量，否则表示通径分析可能遗漏了某些主要的影响因素，需进一步寻找其他的因素进行分析。

## （二）三次产业对环境污染影响的通径分析

三次产业对环境污染的影响是多方面的，考虑到我国环境问题中的最重要方面以及环境污染资料的可得性，我们将三次产业的环境污染影响确定为三次产业发展和主要环境污染物排放量之间的相关程度，相关度越高对环境污染影响越大。选取的污染物主要有：废水、化学需氧量、二氧化硫、烟（粉）尘、固体废物。所有污染物指标均用全社会总排放量，其中反映固体废物的指标有两个：固体废物产生量和固体废物排放量。

之所以未将二氧化碳纳入三次产业对环境污染影响分析之中是基于三点考虑：一是二氧化碳本身从毒性角度对人体和环境基本无害，将二氧化碳纳入到污染物中并不合适；二是二氧化碳过量排放对全球生态产生严重威胁，全世界高度关注二氧化碳排放问题，我国在世界上二氧化碳年度排放量最大，承受着巨大的减排压力，应该对二氧化碳排放专门研究；三是二氧化碳排放的国际资料相对齐全，可以进行国际对比研究。基于以上原因我们在本章第三节展开三次产业发展对二氧化碳排放影响的专题研究。

我们选取 1990～2014 年的三次产业增加值计算三次产业间的相关系数，三次产业增加值全部采用 2000 年不变价格计算；各种环境污染物排放或产生量均用实物单位计量，为了与三次产业进行相关分析，所有污染物的分析期间都是 1990～2014 年。表 2-4 是所计算的三次产业间的相关系数。

表 2-4                                 三次产业间相关系数

| 产业类型 | 第一产业 | 第二产业 | 第三产业 |
|---|---|---|---|
| 第一产业 | 1.0000 | | |
| 第二产业 | 0.9911 | 1.0000 | |
| 第三产业 | 0.9901 | 0.9996 | 1.0000 |

1990～2014 年，我国第一产业增长了 1.53 倍，第二产业增长了 13.61 倍，第二产业增长了 9.61 倍，三次产业的发展速度差异较大。三次产业间的相关系数都达到了 0.99 以上，呈现高度相关。对相关系数进行显著性检验，结果均在 1% 显著性水平上显著。这表明我国三次产业间存在着紧密的联系，其中，第二产业和第三产业的相互关系最为紧密。三次产业之间的高度相关性，也表明各个产业不但对环境污染直接产生影响，也会通过其他产业对环境污染产生影响，因此对三次产业发展的环境污染影响进行通径分析是极其合适的。

**1. 三次产业对废水排放总量的通径分析**

2014 年全国废水排放总量达 716.2 亿吨，比 1990 年增长了 1.02 倍，在 24 年间，平均每年增长 2.98%。我国废水排放呈持续增长态势。表 2－5 反映了三次产业对废水排放总量的直接影响和间接影响。

表 2－5　　　　　　　　三次产业对废水排放总量的通径系数

| 产　　业 | 直接通径系数 | 间接通径系数 | | | 间接影响力总计 | 总影响系数 |
| --- | --- | --- | --- | --- | --- | --- |
| | | 第一产业 | 第二产业 | 第三产业 | | |
| 第一产业 | 0.4768 | | －0.0906 | 0.6071 | 0.5164 | 0.9932 |
| 第二产业 | －0.0915 | 0.4726 | | 0.6129 | 1.0855 | 0.9940 |
| 第三产业 | 0.6131 | 0.4721 | －0.0914 | | 0.3807 | 0.9938 |

注：遗漏变量的通径效应系数 = 0.0897。

我国三次产业对废水排放的总影响都是正向的，即产业增长促使了废水排放增加。各个产业对废水排放的影响都比较大，其中第二产业的影响最大，第一产业的影响相对最小。

但是总影响大并不代表直接影响就一定会很大，三次产业对废水排放的直接影响中，第一、第三产业都是正向影响，第二产业却是负向影响，这表明第一、第二产业的发展都会增加本产业的废水排放量，而第二产业的发展有利于其直接排放废水的减少。第二产业的主体是工业，我国工业在 1990～2014 年呈现高速增长，但工业废水排放量却在不断地下降。这主要是因为工业发展所产生的收益有利于对环保更高的投入，大量节水和减排技术主要是针对工业生产而开展的，工业雄厚的物质基础又使更多的环保设施得以应用，因而工业生产提高了对水的利用效率，使工业废水排放呈现下降趋势。事实上，我国工业生产排放的废水在全社会废水排放总量中的比重一直在下降，2014 年我国工业废水排放在废水排放总量中的比重已经不足 30%，而在 1990 年这一比例为 70.29%。第二产业直接排放的废水在减少，全社会废水排放总量在增加，显而易见这是由于第一、第二产业直接排放的废水在增加。从直接通径系数来看，我国第三产业发展对增加废水排放量的影响大于第一产业，这说明第三产业至少在排放废水方面已经不是我们所想象的绿色产业了；第二产业发展虽然对自身减少废水排放产生有利的影响，但这种影响显然还太小。

产业间的关联关系表明，产业本身对废水排放的影响小，并不等于对废水排放的总影响就一定会小，如果通过其他产业产生的间接影响大，总影响也会很大。我国第二产业发展虽然有利于其直接废水排放的减少，但第二产业通过第一、第二产业对废水排放量增加的影响却是最大的，这直接导致了第二产业对废水排放增加的总影响在三个产业中最大。

第一产业对废水排放增加的直接影响小于间接影响，主要是通过第三产业对废水排放产生正向影响；第三产业对废水排放增加的直接影响大于间接影响，主要通过第一产业增加了对废水排放的正向影响，第一、第三产业通过第二产业对废水排放的间接影响都有利于减少废水排放。从各产业对废水排放增加的影响来看，第三产业的直接影响最大，第二产业的间接影响最大，第一产业的总影响最小。遗漏变量的通径效应系数为 0.0897，说明影响废水排放的主要因素没有遗漏。

**2. 三次产业对化学需氧量排放总量的通径分析**

我国化学需氧量总排放量在 1998 年之前呈大幅度上升趋势，1998 年之后呈现逐波缓慢下降趋势。2014 年全国化学需氧量总排放量为 1175.7 万吨，比 1990 年上升 6.7%，年均增长速度仅为 0.27%。表 2-6 反映了三次产业对全国化学需氧量排放总量的直接影响和间接影响。

表 2-6　　　　　　　　三次产业对化学需氧量排放总量的通径系数

| 产　业 | 直接通径系数 | 间接通径系数 | | | 间接影响力总计 | 总影响系数 |
| --- | --- | --- | --- | --- | --- | --- |
| | | 第一产业 | 第二产业 | 第三产业 | | |
| 第一产业 | 6.1750 | | -1.1060 | -4.8261 | -5.9321 | 0.2428 |
| 第二产业 | -1.1159 | 6.1202 | | -4.8725 | 1.2478 | 0.1318 |
| 第三产业 | -4.8743 | 6.1139 | -1.1155 | | 4.9984 | 0.1241 |

注：遗漏变量的通径效应系数 = 0.5028。

工业生产排放的化学需氧量占全部排放量的比重较低，并且 1990~1998 年工业排放量只有小幅度上升，1998 年之后工业排放量有很大幅度的下降，三次产业对化学需氧量排放总量的通径分析也印证了这一点。影响系数结果显示，第二、第三产业发展对化学需氧量排放的直接影响为减轻排放，其中第三产业对减轻排放的影响最大。直接影响化学需氧量排放增加的是第一产业，并且这种影响是巨大的。

由于第二、第三产业发展直接有助于减少化学需氧量的排放，因而第一产业通过第二、第三产业对化学需氧量排放的间接影响也有助于排放量的减少，只是间接减少排放的作用远远小于直接增加排放的作用，第一产业对化学需氧量排放增加的总影响仍然是最大的；第二、第三产业通过第一产业间接影响了化学需氧量排放的增加，并且两个产业都表现出间接增加排放影响力大于直接减少排放影响力，导致两个产业对化学需氧量排放的总影响都是正向的，第三产业的总影响比第二产业略小一些。

我国化学需氧量、二氧化硫、烟（粉）尘等环境污染物排放总量的统计数据质量不是很好，数据统计口径变化较多，数据的系统性、完整性都有欠缺，很多数据表现出了很大程度上的随意性，多种渠道获得的数据对比有较多的差异，因而对部分污染物通径分析只能做到大致反映其产业影响关系。该通径分析中反映遗漏变量的通径效应系数为 0.5028，说明影响化学需氧量排放的因素中，除了三次产业因素外，还有相当重要的影响因素没有反映出来。

### 3. 三次产业对二氧化硫排放总量的通径分析

1990～2014 年全国二氧化硫排放总量增长了 31.48%，年均增长 1.15%，2014 年二氧化硫排放总量是 1974.4 万吨。2006 年全国二氧化硫排放总量达到最高峰以后，呈现出快速下降的变动特征。表 2－7 反映了三次产业对二氧化硫排放总量的直接影响和间接影响。

表 2－7　　　　　　　三次产业对二氧化硫排放总量的通径系数

| 产业 | 直接通径系数 | 间接通径系数 | | | 间接影响力总计 | 总影响系数 |
|------|------------|------|------|------|--------------|-----------|
| | | 第一产业 | 第二产业 | 第三产业 | | |
| 第一产业 | 5.2983 | | －3.7064 | －1.0532 | －4.7596 | 0.5387 |
| 第二产业 | －3.7395 | 5.2513 | | －1.0633 | 4.1880 | 0.4485 |
| 第三产业 | －1.0637 | 5.2459 | －3.7381 | | 1.5078 | 0.4441 |

注：遗漏变量的通径效应系数 = 0.5435。

三次产业对二氧化硫排放总量的影响方式与对化学需氧量排放总量的影

响方式有着诸多的相似之处。在各产业发展对二氧化硫排放总量的直接影响中，第一产业的正向影响是最大的，而第二、第三产业发展对二氧化硫排放总量是反向影响，即第二、第三产业发展直接有助于二氧化硫排放的减少，并且第二产业的直接反向影响大于第三产业。出现这种情况的原因是工业是二氧化硫排放的主要部门，二氧化硫减排、治理技术和环保设施主要针对工业排放并主要在工业部门运用。在工业高速增长的同时，工业二氧化硫排放量却在下降。

第一产业由于受第二、第三产业的影响，对二氧化硫排放总量产生了间接反向影响，只是间接反向影响的程度小于直接正向影响程度，致使第一产业对二氧化硫排放总量产生的总影响仍然是正向的。第二、第三产业虽然对二氧化硫排放总量的直接影响是反向的，但通过第一产业产生了巨大的正向间接影响，因而第二、第三产业对二氧化硫排放总量产生的总影响都是正向的。三次产业发展通过直接和间接影响，都增加了二氧化硫排放量的增加，其中第一产业对二氧化硫的总影响最大，第三产业相对较小。通径效应系数为0.5435，表明三次产业对二氧化硫排放的影响只是众多影响因素中的一部分。

**4. 三次产业对烟（粉）尘排放总量的通径分析**

全国在2014年烟（粉）尘排放总量为1740.8万吨，比1990年下降了17.3%，24年间平均每年下降0.79%。1997年以前烟（粉）尘排放总量呈大幅上升趋势，1997年以后排放总量逐波大幅度下降。工业是烟（粉）尘排放的最主要来源，全部的粉尘排放均来自工业生产活动。从1990年开始，工业烟（粉）尘排放量占全部烟（粉）尘排放总量的比重逐年提高，2014年工业烟（粉）尘排放量的占比达到了83.65%。表2-8反映了三次产业发展对于烟（粉）尘排放总量的直接影响和间接影响。

表2-8　　　　　三次产业对烟（粉）尘排放总量的通径系数

| 产　业 | 直接通径系数 | 间接通径系数 | | | 间接影响力总计 | 总影响系数 |
| --- | --- | --- | --- | --- | --- | --- |
| | | 第一产业 | 第二产业 | 第三产业 | | |
| 第一产业 | 1.3146 | | 10.6637 | -12.6756 | -2.0118 | -0.6972 |
| 第二产业 | 10.7591 | 1.3030 | | -12.7974 | -11.4944 | -0.7354 |
| 第三产业 | -12.8021 | 1.3016 | 10.7551 | | 12.0567 | -0.7454 |

注：遗漏变量的通径效应系数=0.5349。

由于烟（粉）尘污染有可见度较高、扩散范围有限等特点，各个区域对烟（粉）尘的治理力度都很大。随着社会经济水平的不断提高，人们对优美环境的需求越来越大，对治理减少烟（粉）尘排放的投入较多，烟（粉）尘污染排放总量的绝对数额有很大程度的下降。

总影响系数表明，三次产业对烟（粉）尘排放增加的总影响都是反向的，即三次产业发展都有助于烟（粉）尘排放总量的减少，其中第三产业对排放减少的影响最大。

从三次产业对烟（粉）尘排放的直接影响看，第一、第二产业对烟（粉）尘都有直接增加排放量的正向影响，其中第二产业发展对增加烟（粉）尘排放量的直接作用最大，而第三产业发展对烟（粉）尘排放的直接影响表现为大幅度减少排放量。从三次产业对烟（粉）尘排放的间接影响看，第一、第二产业对烟（粉）尘排放的间接影响都表现为有助于排量减少，并且间接影响超过了直接影响；第三产业通过第一、第二产业对烟（粉）尘排放增加产生间接影响，但间接影响程度小于直接影响程度。

**5. 三次产业对固体废物产生总量的通径分析**

1990～2014 年全国固体废物产生总量呈持续大幅度上升趋势，2014 年全国固体废物产生总量为 34.35 亿吨，比 1990 年增加了 4.32 倍，年均增速达到了 7.21%。固体废物产生总量主要来自工业，工业产生的固体废物量占全部固体废物产生总量的比重一直在上升，2014 年这一比例达到了 94.8%。表 2-9 反映了三次产业发展对于固体废物产生总量的直接影响和间接影响。

表 2-9　　　　　三次产业对固体废物产生总量的通径系数

| 产　业 | 直接通径系数 | 间接通径系数 | | | 间接影响力总计 | 总影响系数 |
| --- | --- | --- | --- | --- | --- | --- |
| | | 第一产业 | 第二产业 | 第三产业 | | |
| 第一产业 | -0.8800 | | 3.4941 | -1.6511 | 1.8429 | 0.9630 |
| 第二产业 | 3.5253 | -0.8722 | | -1.6670 | -2.5391 | 0.9861 |
| 第三产业 | -1.6676 | -0.8713 | 3.5240 | | 2.6527 | 0.9851 |

注：遗漏变量的通径效应系数 =0.1173。

我国三次产业对固体废物产生的总影响都是正向的，即产业增长促使了固体废物产生量的增加。各个产业发展对固体废物产生量增加的总影响都比较大，其中第二产业的总影响最大，第一产业的总影响相对最小。

第二产业发展对固体废物产生量增加的直接影响很大，但通过第一、第二产业对固体废物产生量减少产生了间接影响，但这种间接减少的影响程度小于其直接增加的影响程度；第一产业和第二产业对固体废物产生量的减少都产生了直接影响，其中第三产业所产生的反向直接影响最大，但是第一、第三产业通过第二产业对固体废物产生量的增加都产生了很大的间接影响，这种间接增加的影响超过了直接减少的影响。遗漏变量的通径效应系数为 0.1173，说明影响固体废物产生量的主要因素没有太多的遗漏。

### 6. 三次产业对固体废物排放总量的通径分析

虽然固体废物产生量在大幅度增加，但未经处理的固体废物排放量却在不断减少。2014 年全国固体废物排放总量为 1524 万吨，比 1990 年减少了 86.71%，年均排放量下降速度达到了 8.07%，其中工业排放下降速度更快。表 2 - 10 反映了三次产业发展对于固体废物排放总量的直接影响和间接影响。

表 2 - 10　　　　　　三次产业对固体废物排放总量的通径系数

| 产　　业 | 直接通径系数 | 间接通径系数 | | | 间接影响力总计 | 总影响系数 |
| --- | --- | --- | --- | --- | --- | --- |
| | | 第一产业 | 第二产业 | 第三产业 | | |
| 第一产业 | 0.8241 | | 2.5168 | - 4.2900 | - 1.7732 | - 0.9491 |
| 第二产业 | 2.5393 | 0.8168 | | - 4.3312 | - 3.5145 | - 0.9751 |
| 第三产业 | - 4.3328 | 0.8159 | 2.5384 | | 3.3543 | - 0.9785 |

注：遗漏变量的通径效应系数 = 0.1364。

从三次产业发展对固体废物排放的直接影响看，第二产业对固体废物排放量增加产生正向影响，并且影响程度很大；第一产业的直接影响也表现为正向，但影响程度远远低于第二产业；第三产业对固定废物排放量增加直接产生反向作用，其发展十分有助于固定废物排放量的减少。

从三次产业发展对固体废物排放的间接影响看，第一、第二产业主要通过第三产对固体废物排放量的减少产生了较大的间接影响，并且这两个产业的间接减少排放的影响大于直接增加排放的影响；第三产业虽然通过第一、第二产业对固体废物排放量的增加产生了较大的正向间接影响，但其间接增加排放的影响小于直接减少排放的影响。

从三次产业发展对固体废物排放的总影响看，三次产业的总影响都表现为反向影响，表明三次产业增长都有助于固体废物排放总量的减少。相对而言，第三产业对固体废物排放减少的总影响最大，第一产业总影响最小。反映遗漏变量的通径效应系数为 0.1364，说明影响固体废物产生量的主要因素都已得到了体现。

（三）三次产业对环境污染影响的总体评价

将各个产业发展对废水、化学需氧量、二氧化硫、粉（烟）尘、固体废物排放总量和固体废物产生总量等六个污染物排放影响系数进行简单平均，就可以得到各产业对主要环境污染物排放的平均影响系数。分别对总影响系数、直接影响系数和间接影响系数进行简单平均得出各产业相应的环境污染平均影响系数。表 2-11 是三次产业的平均环境污染影响系数。

表 2-11　　　　　　　三次产业对环境污染的平均影响系数

| 产业类型 | 第一产业 | 第二产业 | 第三产业 |
| --- | --- | --- | --- |
| 总影响系数 | 0.1819 | 0.1417 | 0.1372 |
| 直接影响系数 | 2.2015 | 1.9795 | -4.0212 |
| 间接影响系数 | -2.0196 | -1.8378 | 4.1584 |

从三次产业对环境污染物排放总的影响看，第一产业对环境污染物排放的影响最大，第三产业的影响最小；第一产业直接对环境污染物排放的作用最大，而第三产业的发展直接对减少环境污染物排放的影响最大；由于对第一、第二产业的高度依赖，第三产业发展对环境污染物排放量增加的间接影响较大，而第一、第二产业的发展有力地支持了第三产业的发展，从而间接对环境污染物排放减少已到了作用。第一产业主要对化学需氧量和二氧化硫排放量的增加影响较大，第二产业主要对废水排放量增加和固体废物产生量增加影响较大，三个产业发展都有利于减少烟（粉）尘和固体废物的排放量。

## 三、产业结构变动对环境污染的影响趋势

三次产业对环境污染的影响程度不同，而三次产业结构又一直处在变动之中。因此，不同的产业结构对环境污染的影响程度是不同的。各个产业对环境污染的平均总影响系数（简称为"产业环境影响系数"），代表了各产业发展过程中对环境污染的综合影响方向和影响程度，利用三次产业环境影响系数和三次产业比重构建产业结构环境污染影响指数，可以动态分析产业结构变动对环境污染的影响趋势。

产业结构的环境影响指数是对各产业环境影响系数用产业结构比例进行加权求和，表现一定的产业结构对环境污染的总体影响或干扰状况。其计算方法为：

$$ISE = \sum_{i=1}^{3} IS_i \times E_i$$

其中，ISE 为产业结构的环境污染影响指数；$IS_i$ 为 i 产业增加值占国内生产总值的比重，代表产业结构；$E_i$ 为 i 产业的环境影响系数。

环境污染影响指数越高，代表着某种产业结构产生的环境污染水平越高，环境污染指数越低，由结构影响的环境污染水平越低。如果产业结构变动引起的环境污染指数下降，表明产业结构变动有利于环境污染物排放量的减少（或表述为：产业结构变动对环境污染的影响程度下降），反之，产业结构变动加重了环境污染。我们计算了 1990～2014 年我国三次产业结构的环境污染影响指数，表 2－12 是各年产业结构的环境污染影响指数。

表 2－12　　　　　　三次产业结构的环境污染影响指数

| 年　　份 | 1990 | 1991 | 1992 | 1993 | 1994 | 1995 | 1996 | 1997 | 1998 |
|---|---|---|---|---|---|---|---|---|---|
| 环境污染影响指数 | 0.1507 | 0.1500 | 0.1493 | 0.1486 | 0.1479 | 0.1475 | 0.1472 | 0.1468 | 0.1465 |
| 年　　份 | 1999 | 2000 | 2001 | 2002 | 2003 | 2004 | 2005 | 2006 | 2007 |
| 环境污染影响指数 | 0.1462 | 0.1458 | 0.1455 | 0.1451 | 0.1448 | 0.1446 | 0.1443 | 0.1440 | 0.1435 |
| 年　　份 | 2008 | 2009 | 2010 | 2011 | 2012 | 2013 | 2014 | | |
| 环境污染影响指数 | 0.1434 | 0.1432 | 0.1430 | 0.1429 | 0.1428 | 0.1426 | 0.1425 | | |

用国内生产总值和三次产业增加值（均以 2000 年不变价格计算）计算的我国三次产业结构显示，1990～2014 年我国产业结构朝着第一产业比重不断下降，第二、第三产业比重不断上升的方向演进。2014 年和 1990 年相比，第一产业增长了 1.53 倍，占国内生产总值的比重下降了 19.93 个百分点；第二产业增长了 13.61 倍，占比提高了 16.59 个百分点；第三产业增长了 9.61 倍，占比重提高了 3.34 个百分点；国内生产总值增长了 8.78 倍，第二、第三产业的增长幅度都大于经济总量的增长幅度。三产比重从 1990 年的 26.87：33.64：39.49 演变到 2014 年的 6.94：50.23：42.83，产业结构的演进极大促进了经济的增长。

产业结构变动在促进经济增长同时，也对环境污染产生了重要影响。为了直观反映经济结构变动对环境污染的影响趋势，我们根据表 2－12 数据绘制了三次产业结构的环境污染影响指数变动图（见图 2－9）。图中的散点是三次产业结构的环境污染影响指数，虚线是拟合的指数变化趋势线。

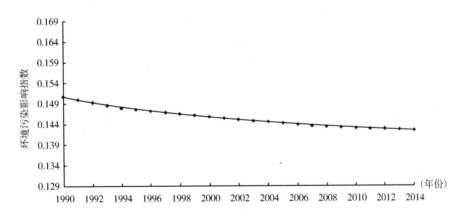

图 2－9　三次产业结构变动的环境污染影响指数（1990～2014 年）

图 2－9 中显示，我国产业结构变动对环境污染的影响程度呈持续下降趋势，虽然下降幅度不大，但均匀下降的特征十分明显，这表明产业结构的变动有利于环境污染的减轻。1990～2014 年，三次产业结构变动对环境污染的影响程度下降了 5.42%，年均下降了 0.23%。2000 年之前，产业结构变动对环境污染的影响程度下降较多，10 年间下降了 3.25%；2000 年之后下降速度放缓，14 年间只下降的 2.25%；2012 年后下降速度进一步放缓，2012～2014 年年均下降速度只有 0.08%。对比产业结构演进过程我们发现，当产业

结构向高级化方向演进速度较快时，因结构变动的环境污染减轻速度也越快；当产业结构演进速度减慢时，结构变动的环境污染减轻速度也较慢。以 y 表示环境污染的影响指数，x 表示时间，二次曲线的拟合方程为：$y = 1E - 05x^2 - 0.040x + 40.73$，拟合度 $R^2 = 0.996$。表明产业结构变动的环境污染影响趋势呈高度吻合的 U 形特征，并且处在 U 形曲线的右侧。

总之，我国产业结构在向着高级化方向不断演进，产业结构的演进不但促进了经济的高速增长，也有助于我国环境污染的减轻。

# 第三节　产业结构变动对二氧化碳排放的影响

二氧化碳本身从毒性角度对人体和环境基本无害，甚至对植物生长有利，因而通常不被作为环境污染物。但二氧化碳排放过多会导致温室效应加剧，引发全球生态灾难，因而又被作为威胁人类生存的最重要的有害排放物。从不直接造成环境污染角度看，二氧化碳具有区域性特征，而从生态破坏角度看，二氧化碳又具有全球性特征。正是因为二氧化碳的这种环境影响特征，只有全球共同行动才能减少二氧化碳排放总量。我国是世界上二氧化碳排放量最大的国家，为此承担了巨大的减排压力。在我国二氧化碳排放总量还在增加的情况下，考察我国经济结构调整是否有利于二氧化碳排放的减少，就显得极有价值。二氧化碳排放的相关国际资料比较齐全，可以进行国际对比研究。我们在分析产业结构变动对二氧化碳排放的影响时，依据的资料全部来自世界银行发布的《世界发展指标（2015）》（*World Development Indicators* 2015）。

## 一、二氧化碳排放的结构特征

### （一）二氧化碳排放总量中的燃料排放情况

各种燃料燃烧产生的二氧化碳构成了二氧化碳排放的主要来源，因此控制燃料二氧化碳排放是全球减排的最重要内容。表 2 - 13 是全球及主要经济体燃料二氧化碳排放增长情况。

表 2 – 13 　　　　　　全球及主要经济体燃料二氧化碳排放占比情况 　　　　　单位:%

| 年份 | 中国 | 美国 | 欧盟 | 日本 | 印度 | 世界 |
|------|------|------|------|------|------|------|
| 1970 | 99.36 | 98.61 | 96.96 | 96.28 | 95.81 | 95.92 |
| 2011 | 88.39 | 99.14 | 97.02 | 97.85 | 94.13 | 94.13 |

　　1970 年我国燃料二氧化碳排放量占全部二氧化碳排放量的比重高达 99.36%，几乎所有的二氧化碳排放均来自燃料燃烧产生，全球及各国的占比也都在 95% 以上。2011 年我国燃料二氧化碳排放量占总排放量的比重下降到 88.39%，与 1970 年相比下降了 10.96 个百分点。与我国变化相反的是，发达国家燃料二氧化碳排放占比都有所上升。为了动态观察燃料二氧化碳排放占比变化，我们绘制了 1970～2011 年全球及主要经济体燃料二氧化碳排放占二氧化碳排放总量比重变化图（见图 2 – 10）。

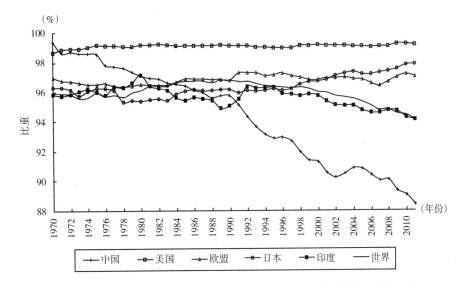

图 2 – 10　全球主要经济体燃料二氧化碳排放占比变化（1970～2011 年）

　　图 2 – 10 中显示，我国燃料二氧化碳排放占比下降的幅度最大，并且占比下降幅度最大的时期是 1990 年之后；印度的占比呈现较大的波动，1993 年以后占比明显出现下降趋势；美国的占比呈现出平稳略微上升态势；日本和欧盟的占比虽然起伏波动，但总体略微上升；全球的占比在 1990 年之前呈

上升态势，1990 年之后呈明显下降趋势。尽管各国二氧化碳排放中来自燃料排放的占比变化不尽相同，但是由燃料产生的排放仍然是二氧化碳的绝对主要来源。

### （二）燃料二氧化碳的排放量及增长情况

燃料二氧化碳作为二氧化碳排放的最主要来源，各国的排放量和变化情况并不相同。表 2 - 14 反映了全球及主要经济体燃料二氧化碳排放及增长情况。

表 2 - 14　　　　　　燃料二氧化碳排放量及增长情况（1970 ~ 2011 年）

| 指　　标 | 中国 | 美国 | 欧盟 | 日本 | 印度 | 世界 |
|---|---|---|---|---|---|---|
| 2011 年燃料二氧化碳排放量（亿吨） | 79.73 | 52.60 | 34.68 | 11.62 | 19.53 | 326.14 |
| 1970 ~ 2011 年增长幅度（%） | 939.95 | 23.22 | - 4.73 | 56.98 | 944.35 | 129.91 |

2011 年我国燃料二氧化碳排放量为 79.73 亿吨，占当年全球燃料二氧化碳排放量的 24.45%，排名第二的美国占比为 16.13%，我国燃料排放二氧化碳远高于世界其他国家。2011 年和 1970 年相比，我国燃料二氧化碳排放量增长了 9.4 倍，年均增长速度为 5.88%；全球同期燃料二氧化碳排放量增长了 1.3 倍，年均增长速度为 2.05%；发达国家的燃料二氧化碳排放量增长都低于全球水平，欧盟甚至出现了负增长，印度的增长略高于我国。正是因为我国燃料二氧化碳排放的高速增长，使我国燃料二氧化碳的全球占比不断提高。1970 年我国燃料二氧化碳排放为 7.67 亿吨，仅占全球排放量的 5.4%，与日本占比基本相同，同年美国占比高达 30.09%；经过 41 年发展，我国占比大幅度提高，美国占比大幅度减低。相比全球而言，我国燃料二氧化碳排放总量大、增速高。

### （三）各种燃料二氧化碳排放量及增长情况

各种燃料燃烧都会产生二氧化碳排放，由于不同燃料的燃烧效率及消耗量不同，产生的二氧化碳排放量也不相同。燃料的种类繁多，世界上统计燃料二氧化碳排放时，将燃料的种类划分为三类：气体燃料（如天然气）、液体燃料（如石油）、固体燃料（如煤炭）。通常气体燃料的燃烧效率较高，产生单位动能的二氧化碳排放量较少，而固体燃料的燃烧效率较低，产生单位动能的二氧化碳排放量较大，因此用气体燃料替代固体燃料可以大幅度降低二氧化碳排放量。表 2 - 15 是全球主要经济体各种燃料二氧化碳排放量及增长情况。

表 2 - 15　　　　世界主要经济体各种燃料二氧化碳排放量及增长情况

| 经济体 | 燃料种类 | 二氧化碳排放量（亿吨） | | | 二氧化碳排放年均增长速度（%） | | |
|---|---|---|---|---|---|---|---|
| | | 1970 年 | 2000 年 | 2011 年 | 1970 ~ 2000 年 | 2000 ~ 2011 年 | 1970 ~ 2011 年 |
| 中国 | 气体燃料 | 0.06 | 0.60 | 2.40 | 8.28 | 13.45 | 9.64 |
| | 液体燃料 | 0.95 | 6.49 | 11.19 | 6.63 | 5.08 | 6.21 |
| | 固体燃料 | 6.66 | 23.98 | 66.14 | 4.36 | 9.66 | 5.76 |
| 美国 | 气体燃料 | 10.60 | 12.63 | 13.20 | 0.59 | 0.40 | 0.54 |
| | 液体燃料 | 20.40 | 23.18 | 21.11 | 0.43 | - 0.85 | 0.08 |
| | 固体燃料 | 11.69 | 20.71 | 18.29 | 1.92 | - 1.12 | 1.10 |
| 欧盟 | 气体燃料 | 2.56 | 9.07 | 9.26 | 4.31 | 0.19 | 3.19 |
| | 液体燃料 | 18.55 | 16.41 | 14.46 | - 0.41 | - 1.14 | - 0.61 |
| | 固体燃料 | 15.29 | 12.33 | 10.96 | - 0.72 | - 1.06 | - 0.81 |
| 日本 | 气体燃料 | 0.08 | 1.50 | 2.29 | 10.42 | 3.90 | 8.63 |
| | 液体燃料 | 5.03 | 6.61 | 5.26 | 0.92 | - 2.06 | 0.11 |
| | 固体燃料 | 2.29 | 3.67 | 4.07 | 1.58 | 0.94 | 1.41 |
| 印度 | 气体燃料 | 0.01 | 0.44 | 0.91 | 13.74 | 6.90 | 11.86 |
| | 液体燃料 | 0.49 | 3.04 | 4.10 | 6.24 | 2.75 | 5.30 |
| | 固体燃料 | 1.37 | 7.89 | 14.52 | 6.02 | 5.70 | 5.93 |
| 世界 | 气体燃料 | 17.39 | 47.12 | 64.54 | 3.38 | 2.90 | 3.25 |
| | 液体燃料 | 67.41 | 104.25 | 115.03 | 1.46 | 0.90 | 1.31 |
| | 固体燃料 | 57.06 | 86.65 | 146.57 | 1.40 | 4.89 | 2.33 |

2011 年，全球气体、液体和固体燃料二氧化碳排放量中，我国各类燃料二氧化碳排放量分别占 3.71%、9.73% 和 45.12%，显然我国固体燃料二氧化碳排放占全球第一，美国在气体和液体燃料二氧化碳排放上占全球第一。1970 ~ 2011 年，我国气体燃料二氧化碳排放量增长了 42.52 倍，年均增占速度达到了 9.64%，是三种燃料二氧化碳排放中增长最快的，同期全球增长速度只有 3.25%，印度增速高于我国（年均增速 11.86%）。我国气体燃料二氧

化碳排放量增长最快的时期是 2000 年以后，2000～2011 年年均增速达到了 13.45%，是这一时期全球增速最快的国家。全球 2000 年以前气体燃料二氧化碳排放量增长较快，2000 年以后增速放缓，全球大多数国家在进入 21 世纪后气体燃料二氧化碳排放量增长都在放缓。

1970～2011 年，我国液体和固体燃料二氧化碳排放增速都大大高于全球增速，发达国家增速普遍较低，尤其欧盟这两种燃料二氧化碳排放量都出现了下降，只有印度的增速与我国相近。值得注意的是，我国固体燃料二氧化碳排放量在 2000 年之后的增速远高于 2000 年之前的增速，而世界上大多数国家 2000 年之后的增速下降，由于我国固体燃料二氧化碳排放在全球占比过高，致使全球固体燃料二氧化碳排放在 2000 年之后也出现大幅度上升。总体来看，我国各类燃料二氧化碳不但排放量大，而且增长速度高。

## （四）燃料二氧化碳排放的燃料结构

燃料二氧环碳排放的燃料结构是指：使用气体、液体和固体燃料排放的二氧化碳量各自占燃料二氧化碳排放量比重。分析燃料二氧环碳排放结构可以发现燃料二氧化碳的主要构成及变动趋势，找到燃料二氧化碳排放量变动的主要原因。图 2-11 和图 2-12 分别反映了我国和全球燃料二氧化碳排放的各种燃料占比情况。

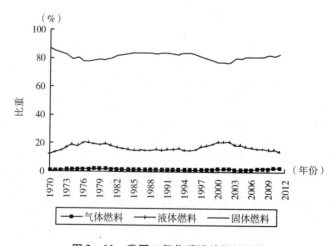

**图 2-11　我国二氧化碳排放燃料结构**

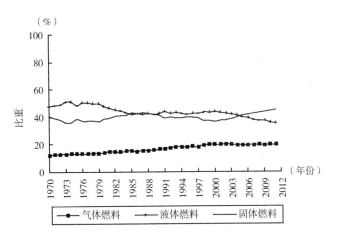

**图 2-12　全球二氧化碳排放燃料结构**

1970 年我国气体、液体、固体燃料二氧化碳排放比重结构是：0.72∶12.36∶86.93，到 2011 年比重结构变化为：3.01∶14.04∶82.96，气体和液体二氧化碳排放比重上升，固体燃料二氧化碳排放比重下降。全球燃料二氧化碳排放的燃料结构变动与我国有较大差异，气体和固体二氧化碳排放比重上升，而液体二氧化碳排放比重有较大幅度下降。发达国家的燃料二氧化碳排放结构基本上都是：液体燃料二氧化碳排放占比最大（通常在 40% 以上），固体燃料二氧化碳排放占比次之（通常在 35% 左右），气体燃料二氧化碳排放占比最低（通常在 25% 以下）；印度燃料二氧化碳排放结构与我国相似。

由于气体和液体燃料的燃烧效率较高，因而气体和液体燃料二氧化碳排放比重提高意味着会减缓二氧化碳排放总量的增加（甚至会降低二氧化碳总排放量）。固体燃料二氧化碳排放量占比较低，属于轻排放结构，相反，这属于重排放结构。1970 ~ 2011 年，我国燃料二氧化碳排放结构与全球相比，全球排放结构朝着轻排放方向有较大幅度变动，而我国的排放结构虽有起伏，但总体上变化不大，燃料二氧化碳排放的最大来源仍是固体燃料，这也是我国二氧化碳排放总量过大、增速过高的主要原因。

（五）三次产业燃料二氧环碳排放量及增长情况

各个产业在生产过程中都会排放二氧化碳，不同产业的二氧化碳排放量不同。由于缺乏各产业二氧化碳排放量资料，只能根据三次产业消耗燃料情况计算出三次产业的燃料二氧化碳排放量，以此来分析产业结构变动对二氧化碳排放的影响趋势。表 2 - 16 是全球及主要经济体三次产业燃料二氧化碳排放量及增长情况（受资料限制只能从 1971 年开始计算）。

表 2 - 16　　世界主要经济体三次产业燃料二氧化碳排放量及增长情况

| 经济体 | 产业类型 | 二氧化碳排放量（亿吨） | | | 二氧化碳排放年均增长速度（%） | | |
|---|---|---|---|---|---|---|---|
| | | 1971 年 | 2000 年 | 2011 年 | 1971～2000 年 | 2000～2011 年 | 1971～2011 年 |
| 中国 | 第一产业 | 0.53 | 0.67 | 1.24 | 0.82 | 5.81 | 2.17 |
| | 第二产业 | 5.87 | 25.40 | 67.69 | 5.18 | 9.32 | 6.30 |
| | 第三产业 | 2.25 | 5.01 | 10.80 | 2.80 | 7.23 | 4.00 |
| 美国 | 第一产业 | 0.77 | 0.44 | 0.46 | -1.93 | 0.42 | -1.29 |
| | 第二产业 | 23.30 | 33.24 | 30.58 | 1.23 | -0.76 | 0.68 |
| | 第三产业 | 18.98 | 22.85 | 21.56 | 0.64 | -0.52 | 0.32 |
| 欧盟 | 第一产业 | 1.44 | 0.91 | 0.69 | -1.56 | -2.50 | -1.82 |
| | 第二产业 | 23.57 | 22.09 | 19.92 | -0.22 | -0.94 | -0.42 |
| | 第三产业 | 12.21 | 14.80 | 14.06 | 0.66 | -0.46 | 0.35 |
| 日本 | 第一产业 | 0.26 | 0.16 | 0.10 | -1.63 | -4.60 | -2.45 |
| | 第二产业 | 5.59 | 7.35 | 7.88 | 0.95 | 0.64 | 0.86 |
| | 第三产业 | 1.83 | 4.28 | 3.64 | 2.97 | -1.46 | 1.74 |
| 印度 | 第一产业 | 0.08 | 0.45 | 0.43 | 6.25 | -0.39 | 4.38 |
| | 第二产业 | 1.12 | 8.96 | 15.84 | 7.42 | 5.32 | 6.84 |
| | 第三产业 | 0.77 | 1.95 | 3.25 | 3.26 | 4.73 | 3.67 |
| 世界 | 第一产业 | 4.96 | 5.08 | 5.88 | 0.08 | 1.34 | 0.43 |
| | 第二产业 | 87.64 | 155.87 | 227.57 | 2.01 | 3.50 | 2.41 |
| | 第三产业 | 54.35 | 77.08 | 92.69 | 1.21 | 1.69 | 1.34 |

2014 年，全球第一、第二和第三产业燃料二氧化碳排放量中，我国三次产业燃料二氧化碳排放量分别占 21.09%、29.74% 和 11.65%，第一、第二产业燃料二氧化碳排放量我国均占全球第一，美国第三产业燃料二氧化碳排放量占全球第一。1971～2011 年，我国第二产业燃料二氧化碳排放量增长了 10.53 倍，年均增速达到了 6.3%，是三个产业燃料二氧化碳排放中增长最快的，同期全球增长速度只有 2.41%，印度的增长速度略微高于我国（年均增速 6.84%）。我国第二产业燃料二氧化碳排放量增长最快的时期是 2000 年以

后，2000～2011 年年均增速达到 9.32%，是这一时期全球增速最快的经济体。大多数经济体 2000 年以前第二产业燃料二氧化碳排放量增长较快，2000年以后增速放缓，全球增长变化受我国影响，2000 年以后增速有所加快；欧盟第二产业燃料二氧化碳排放量从 1970 年起就处于下降状态，美国进入2000 年以后开始下降。

1970～2014 年，我国第一、第三产业燃料二氧化碳排放增速都大大高于全球增速，发达国家第一产业燃料二氧化碳排放都出现了负增长，只有印度增速高于我国，但是印度在 2000 年以后也出现了负增长，我国却在 2000 年以后开始加速增长；发达国家第三产业燃料二氧化碳排放虽然总体上有所上升，但在 2000 年以后都开始下降；我国和印度第三产业燃料二氧化碳排放都有很大幅度的上升，并且 2000 年以后的上升速度加快，尤其是我国 2000 年以后的年均增速比 2000 年以前的年均增速提高了 4.43 个百分点，而印度只提高了 1.47 个百分点。总体来看，我国三次产业燃料二氧化碳排放所表现出的共同特点是：排放总量大、世界占比高、增长幅度大、增长速度加快。

（六）燃料二氧环碳排放的产业结构

燃料二氧环碳排放的产业结构是指：各个产业使用燃料所排放的二氧化碳量占燃料二氧化碳排放总量的比重。分析燃料二氧环碳排放的产业结构可以判断因产业结构原因导致的燃料二氧化碳排放变动趋势。图 2-13 和图2-14 分别反映了我国和全球燃料二氧化碳排放的三产占比情况。

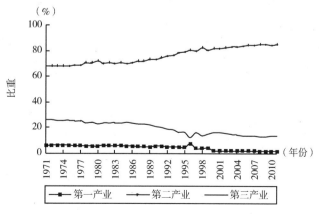

图 2-13 我国产业二氧化碳排放结构

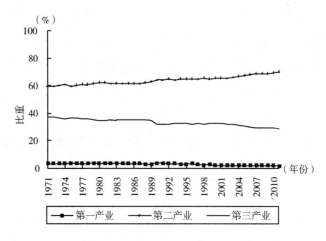

**图2-14 全球产业二氧化碳排放结构**

从燃料二氧环碳排放的产业结构类型看，全球绝大多数是国家的结构类型基本相同，都是第二产业排放占比最高、第三产业排放占比次之、第一产业排放占比最低，即"二三一"排放结构类型。所不同的是：发达国家第二、第三产业的排放占比较为接近，而发展中国家第三产业排放占比与第二产业相差较大。由于发达国家二氧化碳排放总量已出现增长减缓或下降趋势，因而从结构上可以判断：第三产业排放量越接近第二产业（甚至超过第二产业）表明排放的产业结构越合理、越有利于减少二氧化碳的排放量；第二产业排放占比下降、第三产业排放占比上升的结构变动方向是排放结构向高级化演进的表现。

1971年我国第一、第二、第三产业燃料二氧化碳排放比重结构是：6.07：67.93：26.00，到2011年比重结构变化为：1.55：84.90：13.54，第二产业排放占比上升，第一、第三产业排放占比下降，第三、第二产业排放占比的差距进一步扩大，这表明我国燃料二氧化碳排放的产业结构变动趋势不利于二氧化碳排放总量的减少。全球燃料二氧化碳排放的产业结构变动趋势与我国类似，这是因为我国燃料二氧化碳排放量占全球比重过大所致；印度排放的产业结构变动趋势比我国更不利于减少二氧化碳排放；美国排放的产业结构变动趋势与我国类似，但第二产业排放占比上升的幅度和第三产业排放占比下降的幅度远远低于我国，2011年美国第三产业排放占比与第二产业的差距为17.14个百分点，而我国相差71.36个百分点；欧盟和日本燃料二氧化碳排放的产业结构变动趋势相同，第二产业排放占比下降、第三产业排放占比上升，结构变动有利于二氧化碳排放的减少。总之，我国第二产业燃料二氧化碳排放量占比过高，导致我国燃料二氧化碳排放的产业结构属于典型的重排放结构类型，并且结构变动的趋势更加不利于二氧化碳排放量的减少。

## 二、产业结构变动对二氧化碳排放量的影响

二氧化碳排放的产业结构是各产业排放的二氧化碳量占二氧化碳排放总量的比重，而产业结构通常指各产业增加值占国民收入的比重。某产业增加值大幅度增长并不意味着该产业排放的二氧化碳量也会大幅度增长，因为产业增长过程中减排技术的进步和减排设施的使用都会减缓产业所排放二氧化碳的增长，甚至产业排放二氧化碳绝对量的下降。因此，某产业增加值占比提高并不等同于该产业排放的二氧化碳量占比也同幅度提高。产业结构是否向高级化演进一般用国民收入的增长量来衡量（国民收入增长代表着国民福利水平的提高），而二氧化碳排放的产业结构是否向高级化演进是以二氧化碳排放量的增减来衡量，如果一味追求二氧化碳排放的产业结构向高级化变动，很有可能以福利水平下降为代价，这也正是各国对以减排为目的的产业结构调整抱有疑虑的原因。产业结构变动对二氧化碳排放量的影响研究，实际上就是要判断产业结构演进过程中是增加了还是减少了二氧化碳的排放量以及增加或减少的程度，以此为寻求一个相对合理的产业结构（能够兼顾国民福利增进和二氧化碳排放量减轻的产业结构）提供基本依据。

受资料限制，我们没有完整的各产业排放二氧化碳量的资料，只有各产业燃料二氧化碳排放的相关资料。由于燃料二氧化碳排放量占二氧化碳排放总量的绝大部分，因此研究产业结构变动对燃料二氧化碳排放量的影响基本可以等同于对二氧化碳排放总量的影响。

按照环境库茨涅茨曲线假说，经济增长通过规模效应、技术效应与结构效应三种不同的途径影响环境质量。经济增长对二氧化碳排放量的影响也是如此，我们需要将产业结构变动对二氧化碳排放量的影响确定出来。

技术因素对二氧化碳排放的影响（技术效应）通常用二氧化碳排放强度反映，它是指单位国内生产总值的二氧化碳排放量，也称碳强度（carbon intensity），某个产业创造单位增加值的二氧化碳排放量称为该产业二氧化碳排放强度。二氧化碳排放强度越低，代表着技术效应越强，技术进步对减少二氧化碳排放量的作用越大。但是，用二氧化碳排放强度来代表技术效应并不完全准确，因为二氧化碳排放强度变化除了受到技术因素影响外，还受到能源碳排放系数、产业结构等因素的影响。特别是产业结构除了对二氧化碳排放总量产生影响以外，还对二氧化碳排放强度产生影响。比如，即便是在二氧化碳减排技术上没有丝毫进步的情况下，二氧化碳排放强度低的产业在经济总量中的比重上升也会导致全社会二氧化碳排放强度的降低。正因为此，很多人并不认同用二氧化碳排放强度表示技术效率的高低。

我们以下先用因素分解法将二氧化碳排放的变化量分解成经济规模变动、产业结构变动和二氧化碳排放强度变动三个因素引起的变动量，重点分析产业结构变动对二氧化碳排放量的影响程度。然后我们再对二氧化碳排放强度进行分解，进一步考察产业结构对二氧化碳排放强度的影响。

我们用 Park（1992）提出的能源消费变动测算模型结合 Zhongxiang Zhang（2003）提出的改进 Park 模型用以测算三次产业结构变动对二氧化碳排放量的影响程度。

有关变量的定义为：

$W_t$ = t 年全部产业二氧化碳排放量；$W_0$ = 基年全部产业二氧化碳排放量。

$w_{it}$ = t 年 i 产业二氧化碳排放量；$w_{i0}$ = 基年 i 产业二氧化碳排放量。

$Y_t$ = t 年国内生产总值；$Y_0$ = 基年国内生产总值。

$y_{it}$ = t 年 i 产业增加值；$y_{i0}$ = 基年 i 产业增加值。

$e_{it}$ = t 年 i 产业二氧化碳排放强度（$e_{it} = w_{it}/y_{it}$）。

$e_{i0}$ = 基年 i 产业二氧化碳排放强度（$e_{i0} = w_{i0}/y_{i0}$）。

$s_{it}$ = t 年 i 产业增加值占国内生产总值的比重（$s_{it} = y_{it}/Y_t$）。

$s_{i0}$ = 基年 i 产业增加值占国内生产总值的比重（$s_{i0} = y_{i0}/Y_0$）。

分解模型如下：

$$\Delta W = W_t - W_0 = \Delta W_{out} + \Delta W_{str} + \Delta W_{int}$$

$$\Delta W_{out} = (Y_t - Y_0) \sum_{i=1}^{3} s_{i0} \times e_{i0}$$

$$\Delta W_{str} = Y_t \sum_{i=1}^{3} (s_{it} - s_{i0}) \times e_{i0}$$

$$\Delta W_{int} = Y_t \sum_{i=1}^{3} (e_{it} - e_{i0}) \times s_{it}$$

$\Delta W_{out}$表示经济规模变化引起的二氧化碳排放量变化，即规模效应。

$\Delta W_{str}$表示产业结构变化引起的二氧化碳排放量变化，即结构效应。

如果二氧化碳排放量较低的产业比二氧化碳排放量较高的产业增长的更快，那么这样一个产业间的结构性变化会使全社会二氧化碳排放量有一个下降变化趋势，结果是导致二氧化碳排放量增长率下降（或负增长），反之则相反。

$\Delta W_{int}$表示由于二氧化碳排放强度变化引起的二氧化碳排放量变化，即强度效应。

我们分析从1971～2011年我国三次产业结构变动对二氧化碳排放量的影响程度。为了增加对比性，我们对全球、美国、欧盟、日本和印度做了同样时期的二氧化碳排放量因素分解，并且将1971～2011年划分为2000年前后两个阶段。产业结构计算均采用2005年美元不变价格的国内生产总值和三次产业增加值，二氧化碳排放均采用三次产业燃料二氧化碳排放量。表2-17是我国和世界主要经济体二氧化碳排放量变化的因素分解。

表2-17　　　　　　　　二氧化碳排放量变化因素分解　　　　　　单位：亿吨

| 时　　期 | 影响因素 | 中国 | 美国 | 欧盟 | 日本 | 印度 | 世界 |
|---|---|---|---|---|---|---|---|
| 1971～2011年 | $\Delta W$ | 71.08 | 9.55 | -2.54 | 3.94 | 17.56 | 179.19 |
| | $\Delta W_{out}$ | 280.63 | 89.53 | 54.62 | 13.77 | 14.97 | 342.48 |
| | $\Delta W_{str}$ | 70.84 | -15.27 | -13.49 | -4.72 | 6.62 | -39.12 |
| | $\Delta W_{int}$ | -280.38 | -64.70 | -43.67 | -5.11 | -4.04 | -124.16 |
| 1971～2000年 | $\Delta W$ | 22.43 | 13.47 | 0.58 | 4.11 | 9.39 | 91.08 |
| | $\Delta W_{out}$ | 88.63 | 67.80 | 41.37 | 12.29 | 5.73 | 222.11 |
| | $\Delta W_{str}$ | 18.82 | -9.99 | -9.15 | -3.16 | 1.83 | -23.82 |
| | $\Delta W_{int}$ | -85.03 | -44.34 | -31.63 | -5.02 | 1.83 | -107.21 |
| 2000～2011年 | $\Delta W$ | 48.65 | -3.92 | -3.13 | -0.17 | 8.16 | 88.12 |
| | $\Delta W_{out}$ | 61.33 | 11.07 | 6.37 | 0.87 | 13.64 | 77.63 |
| | $\Delta W_{str}$ | 2.17 | -3.83 | -2.27 | -0.93 | 4.85 | -10.70 |
| | $\Delta W_{int}$ | -14.85 | -11.17 | -7.23 | -0.11 | -10.33 | 21.18 |

2011 年比 1971 年，我国二氧化碳排放量增加了 71.08 亿吨，增长量相当于 1971 年二氧化碳排放量的 8.22 倍，如果产业结构和二氧化碳排放强度都保持在 1971 年状态，那么经济规模要达到 2011 年的水平，二氧化碳排放量就要增加 280.63 亿吨，但二氧化碳排放量实际并没有增加那么多，这是因为二氧化碳排放强度的变化使二氧化碳排放量减少了 280.38 亿吨，但是产业结构的变化使二氧化碳排放量增加了 70.84 亿吨。规模效应增加的二氧化碳排放量和强度效应减少的二氧化碳排放量基本相当，二氧化碳排放的增加量几乎全部是结构效应所产生的，由此可见我国产业结构的变动趋势增加了二氧化碳的排放量。

全球 2011 年比 1971 年，二氧化碳排放量增加了 179.19 亿吨，增长量相当于 1971 年全球二氧化碳排放量的 1.22 倍。其中规模效应增加了 342.48 亿吨，结构效应减少了 39.12 亿吨，强度效应减少了 124.16 亿吨，全球产业结构调整更加有利于减少二氧化碳的排放。全球所有国家二氧化碳排放强度（主要是技术因素）的变化都对二氧化碳排放量的减少起到了巨大作用，而产业结构变动对二氧化碳排放量的影响却出现了分化。发达国家产业结构在向着减少二氧化碳排放量的方向变动，以我国和印度为代表的发展中国家产业结构的变动方向仍在增加二氧化碳的排放。

将 1971～2011 年以 2000 年为界划分为前后两个阶段，对比两个阶段可以发现，我国二氧化碳排放量增长主要在 2000 年之后。2011 年比 1971 年增加的 71.08 亿吨二氧化碳排放量中，2000 年之前增加了 22.43 亿吨（占增加量的 31.56%），而 2000 年之后增加了 48.65 亿吨（占增加量的 68.44%）。从结构效应来看，虽然两个阶段产业结构变动都还在增加二氧化碳排放，但 2000 以后因产业结构变动增加的二氧化碳排放量在缩小，产业结构变动方向有助于二氧化碳排放量增长速度的减缓；从强度效应来看，2000 年之后二氧化碳排放强度的变化对减少二氧化碳排放量的作用有所减缓。全球结构效应一直有助于二氧化碳排放量的减少，但是 2000 年之后全球二氧化碳排放强度却朝着增加二氧化碳排放量的方向变化。发达国家在 2000 年之后，结构效应和强度效应减少二氧化碳排放量的作用已经超过了规模效应增加二氧化碳排放的作用，二氧化碳排放量的绝对数额在下降。

总之，通过对我国影响二氧化碳排放量变化的因素进行分解分析，我们可以发现，我国三次产业结构的变动并没有起到减少二氧化碳排放的作用，产业结构变动方向仍在增加二氧化碳的排放量，但这种增加作用有所减缓。

## 三、产业结构变动对二氧化碳排放强度的影响

如前所述，二氧化碳排放强度（包含所有产业的总排放强度）不完全反映技术因素，还包含有产业结构因素。但具体一个产业的二氧化碳排放强度大部分能够反映该产业的技术因素，产业二氧化碳排放强度越低代表着技术水平越高，这种技术水平有可能是提高生产效率的技术，也有可能是减排技术。

我们利用国内生产总值、三次产业增加值、二氧化碳排放量、三次产业二氧化碳排放量等资料，计算了我国及全球主要经济体的二氧化碳排放强度、第一、第二和第三产业的二氧化碳排放强度（见表2-18）。

表2-18　　二氧化碳排放强度及三次产业二氧化碳排放强度　单位：吨/万美元

| 经济体 | 年份 | 排放强度 | 一产排放强度 | 二产排放强度 | 三产排放强度 |
|---|---|---|---|---|---|
| 中国 | 1971 | 68.32 | 12.19 | 110.09 | 74.64 |
| | 2000 | 21.82 | 3.17 | 39.26 | 8.84 |
| | 2011 | 18.83 | 3.07 | 34.65 | 5.75 |
| 美国 | 1971 | 9.60 | 4.88 | 15.04 | 6.83 |
| | 2000 | 4.89 | 3.19 | 12.27 | 2.62 |
| | 2011 | 3.81 | 2.44 | 10.77 | 2.00 |
| 欧盟 | 1971 | 6.03 | 3.64 | 9.56 | 3.68 |
| | 2000 | 2.90 | 2.95 | 6.06 | 1.63 |
| | 2011 | 2.28 | 2.79 | 5.27 | 1.25 |
| 日本 | 1971 | 4.64 | 3.54 | 7.81 | 2.11 |
| | 2000 | 2.74 | 2.37 | 5.49 | 1.47 |
| | 2011 | 2.51 | 1.80 | 6.52 | 1.08 |
| 印度 | 1971 | 12.78 | 1.25 | 34.28 | 12.97 |
| | 2000 | 18.85 | 3.26 | 57.16 | 6.36 |
| | 2011 | 14.72 | 1.72 | 36.25 | 5.10 |
| 世界 | 1971 | 9.03 | 3.59 | 14.26 | 6.21 |
| | 2000 | 5.82 | 3.47 | 13.19 | 2.79 |
| | 2011 | 6.02 | 3.46 | 15.52 | 2.45 |

2014 年比 1971 年我国二氧化碳排放强度虽然下降了 72.44%。但仍然在世界上属于最高的国家之一。2014 年我国二氧化碳排放强度是全球平均水平的 3.13 倍，比同是发展中国家的印度也高出很多，发达国家的二氧化碳排放强度普遍较低。我国三次产业二氧化碳排放强度也同样都有大幅度下降，2014 年除了第一产业二氧化碳排放强度略低于全球平均水平外，第二产业和第三产业二氧化碳排放强度都比全球平均水平高出很多。产业二氧化碳排放强度高于发达国家，表明我国的技术水平与发达国家有较大的差距，例如，2014 年欧盟第二产业创造每万美元增加值只排放 5.27 吨二氧化碳，而我国则需要排放 34.65 吨二氧化碳，这种差距主要是技术上的差异。从技术角度对比，我国各个产业都与发达国家有较大差距；与印度对比，印度第一、第三产业技术上高于我国，在第二产业技术上低于我国。

我国各产业二氧化碳排放强度下降速度都远远高于其他国家，说明我国技术水平上升的速度较快，但是我国二氧化碳排放强度的下降速度却不如各产业的下降速度，这表明我国二氧化碳排放强度过高，除了技术因素外，产业结构因素也对二氧化碳排放强度产生影响。直观地看，我国第二产业二氧化碳排放强度最高，但恰恰第二产业在我国经济总量中的比重有大幅度上升，这显然会提高我国二氧化碳排放强度。

二氧化碳排放强度中之所以包含有产业结构因素，是因为二氧化碳排放强度是二氧化碳总排放量与经济总量对比的结果，而经济总量和二氧化碳总排放量都是由各产业创造和排放的产生的，因此产业结构不同，经济总量和二氧化碳总排放量也不同。单个产业二氧化碳排放强度是由单个产业增加值和产业二氧化碳排放量之比，不包含产业结构因素（但也包含产业内结构因素），基本上就是指产业的技术因素，单个产业二氧化碳排放强度越低，代表着该产业着二氧化碳排放效率越高（技术水平越高）。按照这一思路，我们仍用 Park 模型进行因素分解。将 Park 模型中的规模因素去处后进行分解，就代表二氧化碳排放强度的分解。

因素分解模型中的各个字母所代表的含义与前述相同，另外，假设：$E_t$ = t 期二氧化碳排放强度（$E_t = W_t/Y_t$）；$E_0$ = 基期二氧化碳排放强度（$E_0 = W_0/Y_0$）。分解模型表述为：

$$\Delta E = E_t - E_0 = \Delta E_{str} + \Delta E_{int}$$

$$\Delta E_{str} = \sum_{i=1}^{3} (s_{it} - s_{i0}) \times e_{i0}$$

$$\Delta E_{int} = \sum_{i=1}^{3} (e_{it} - e_{i0}) \times s_{it}$$

其中，$\Delta E$ 表示二氧化碳排放强度变化量；$\Delta E_{str}$ 表示产业结构变化引起的二氧化碳排放强度变化量（结构因素）；$\Delta E_{int}$ 表示表示各产业二氧化碳排放强度引起的二氧化碳排放强度变化量（技术因素）；$\Delta E/E_0$ 表示二氧化碳排放强度的变化率；$\Delta E_{str}/E_0$ 表示二氧化碳排放强度变化中的结构份额；$\Delta E_{int}/E_0$ 表示二氧化碳排放强度中的技术份额。

表 2 – 19 是我国及全球主要经济体 1971～2011 年影响二氧化碳排放强度变化因素分解表。

表 2 – 19　　　　　　　　　　二氧化碳排放强度变化因素分解

| 指　　　标 | 单位 | 中国 | 美国 | 欧盟 | 日本 | 印度 | 世界 |
|---|---|---|---|---|---|---|---|
| $\Delta E$ | 吨/万美元 | −49.49 | −5.79 | −3.75 | −2.12 | 1.95 | −3.01 |
| $\Delta E_{str}$ | 吨/万美元 | 16.73 | −1.11 | −0.89 | −1.02 | 5.00 | −0.72 |
| $\Delta E_{int}$ | 吨/万美元 | −66.22 | −4.68 | −2.87 | −1.10 | −3.05 | −2.29 |
| $\Delta E/E0$ | % | −72.44 | −60.32 | −62.24 | −45.83 | 15.23 | −33.36 |
| $\Delta E_{str}/E_0$ | % | 24.49 | −11.52 | −14.69 | −22.01 | 39.10 | −7.99 |
| $\Delta E_{int}/E_0$ | % | −96.93 | −48.81 | −47.55 | −23.82 | −23.87 | −25.37 |

我国 2011 年比 1997 年二氧化碳排放强度有大幅度下降，每万美元国内生产总值二氧化碳排放量减少了 49.49 吨，减少幅度为 72.44%，是全球主要经济体二氧化碳排放强度下降幅度最大的国家。其中，因技术水平提高使二氧化碳排放强度减少了 66.22 吨，但因产业结构变动使二氧化碳排放强度上升了 16.73 吨。二氧化碳排放强度下降的 72.44% 中，技术进步的贡献使二氧化碳排放强度下降了 96.93%，而产业结构变动不但没有对二氧化碳排放强度下降做出贡献，反而使二氧化碳排放强度上升了 24.29%，显然我国产业结构调整不利于二氧化碳排放强度的下降。2011 年比 1997 年，全球二氧化碳排放强度下降了 33.36%，其中技术进步贡献了其中的 25.23%，产业结构变动贡献了其中的 7.99%，由此可见，与我国所不同的是，全球产业结

构调整有利于二氧化碳排放强度的下降。发达国家的产业结构调整都对二氧化碳排放强度的下降起到了很大的促进作用，尤其是日本，产业结构调整对二氧化碳排放强度下降的作用已经基本上和技术进步的作用相同；印度的产业结构调整与我国相比更不利于二氧化碳排放强度的下降，甚至产业结构调整使二氧化碳排放强度上升的幅度大于技术进步使二氧化碳排放强度下降的幅度，二氧化碳排放强度不降反升。

根据产业结构变动对二氧化碳排放量和二氧化碳排放强度的影响分析，我们看到，虽然我国技术进步减少了大量二氧化碳排放，但是经济规模的快速扩张和产业结构调整的不利使二氧化碳排放量仍呈较高增长态势。尤其是产业结构的变动方向，不但大量增加了二氧化碳排放量，而且也减缓了二氧化碳排放强度的下降。我国产业结构的演进方向极大地助推了我国经济的高速增长，但同时也推动了我国二氧化碳排放量的增长。

# 第四节　主要结论及结构调整策略

## 一、主要结论

从 20 世纪 50 年代以来，我国产业结构发生了巨大变化，这种产业结构的变化对经济增长和环境污染都产生了深刻的影响。

（1）我国三次产业结构不断向高级化方向演进，从 20 世纪 50 年代初的"一二三"结构类型演进到目前的"三二一"结构类型，标志着从农业社会进入到了工业化后期社会。与全球产业结构演进相比，我国产业结构演进的起点较低，进入工业化的时间较晚，演进过程中产业结构类型变动的频率较低，演进趋势较为清晰，向高级化演进的速度较快，演进过程中的稳定性较差。虽然我国目前的"三二一"产业结构类型与发达国家相同，但是形成目前产业结构类型的时间较晚，新结构类型演进时间较短，第二产业比重仍然过大，与发达国家的产业结构等级仍有巨大的差距。

（2）按人类社会的一般发展规律，产业结构演进的目标主要是为了促进经济增长。实证研究表明，我国产业结构演进对我国经济增长的贡献十分巨大。与全球相比，我国经济发展初期的产业结构水平与全球有较大差距，结构上的差距阻碍了我国经济增长。但我国产业结构演进的速度远远快于全球演进速度，产业结构的快速演进极大地推动了我国经济总量的高速增长。与美国、欧盟、日本、印度等世界主要经济体相比，我国经济增速高于这些经济体的主要推动力就是产业结构的快速演进。

（3）三次产业在发展过程中都会对环境污染产生直接影响，也会通过其他产业对环境污染产生间接影响。直接影响和间接影响的总和就形成了产业对环境污染的总影响。这些影响有可能加重环境污染，也有可能减少环境污染。研究表明，我国三次产业增长对环境污染的总影响都是加重环境污染，第一产业加重环境污染的总影响最大，第三产业加重环境污染的总影响相对最小；第一产业加重环境污染的直接影响最大，但也会对改善环境污染产生较大的间接影响；第二产业增长会直接加重环境污染，通过第三产业会间接改善环境污染；第三产业对改善环境污染的直接影响最大，但对加重环境污染的间接影响也最大，并且改善环境污染的直接影响小于加重环境污染的间接影响。

（4）我国产业结构演进在有力地促进经济增长同时，也对环境污染产生了重要影响。研究显示，我国产业结构演进对加重环境污染的影响程度呈持续下降趋势，虽然下降幅度极为有限，但均匀下降的特征十分明显，表明我国产业结构的演进方向有利于环境污染的减轻。

（5）二氧化碳本身从毒性角度对人体和环境基本无害，甚至对植物生长有利，因而通常不被作为环境污染物。但二氧化碳排放过多会导致温室效应加剧，引发全球生态灾难，因而又被作为威胁人类生存的最重要有害排放物。我国是世界上二氧化碳排放量最大的国家，承担了巨大的减排压力。考察我国产业结构演进是否有利于二氧化碳排放的减少极为重要。

（6）各种燃料燃烧产生的二氧化碳构成了二氧化碳排放的主要来源，全球90%以上的二氧化碳排放量是燃料二氧化碳。我国燃料二氧化碳排放总量大、全球占比高、并且增速快。在气体、液体和固体燃料排放的二氧化碳中，我国固体燃料（主要是煤炭）排放的二氧化碳占比远远高于其他国家，这是我国燃料二氧化碳排放总量过大、增速过高的主要原因。

（7）我国三次产业发展过程中排放的二氧化碳占全球比重大，并且增长速度高。二氧化碳排放的产业结构不同对二氧化碳排放量的增长影响不同，通常第三产业排放量越接近第二产业（甚至超过第二产业）表明二氧化碳排放的产业结构越合理、越有利于减少二氧化碳的排放量，第二产业排放占比下降、第三产业排放占比上升的结构变动方向是排放结构向高级化演进的表现。我国第二产业排放二氧化碳量占二氧化碳排放总量的80%以上，而且比重还在上升，这与世界上主要经济体的排放结构和结构变动趋势有较大差异。我国二氧化碳排放的产业结构属于典型的重排放结构类型，并且结构变动趋势更加不利于二氧化碳排放量的减少。

（8）二氧化碳排放量的变化主要受到经济规模因素、产业结构因素和技术进步因素的影响。全球发达国家产业结构变动和技术进步都减少了二氧化碳排放量，并且部分国家产业结构变动和技术进步减少的二氧化碳排放量已经超过经济规模扩张增加的二氧化碳排放量，二氧化碳排放的绝对量出现了下降。我国二氧化碳排放量增长的主要原因是经济规模的过快增长，虽然我国技术进步速度很快，减少了大量二氧化碳排放，但是我国产业结构的变动不但没有使二氧化碳排放量减少，反而大量增加了二氧化碳排放量。不但如此，产业结构变动方向也大大减缓了我国二氧化碳排放强度的下降。

## 二、结构调整策略

减轻环境污染虽然重要，但我国社会目前所处的发展阶段，要求促进经济增长和减轻环境污染同样重要，不能将减轻环境污染作为经济结构调整的唯一目标，促进经济增长同样是经济结构调整要实现的目标。理想的结构调整策略是能够同时实现两个目标；次优的结构调整策略是只能实现其中的一个目标、但不会使另一个目标恶化；对于实现其中一个目标而使另一个目标严重受损的结构调整方案最好不用，维持现有的结构状态可能是在特定发展阶段最优的选择。

（1）按现有的三次产业结构演进方向加快调整步伐。我国三次产业结构的演进方向极大助推了经济的高速增长，同时也使环境污染朝着减轻趋势发展，这表明我国三次产业结构调整可以同时实现经济增长和减轻环境污染两个目标，只是结构调整对减轻环境污染的影响程度有限，加快三次产业结构演进速度可以更明显的减轻环境污染。在保持第二产业规模适度扩张的基础上，力促第三产业快速增长，与全球三次产业结构特征相比，我国第三产业还有巨大的上升空间。

（2）严格控制第一产业外延式的规模扩张。我国第一产业对环境污染的影响越来越显现出来，外延式的规模扩张会对环境造成越来越大的破坏。此外，第一产业的产出效率相对较低，控制第一产业外延式的规模扩张并不会明显降低经济增长速度。第一产业必须走集约化高效生产道路，在第一产业生产效率没有明显提高的情况下，不宜通过增加生产要素投入方式继续扩大生产规模。

（3）保持第二产业适度扩张，加快其内部结构调整。我国三次产业结构演进对二氧化碳减排极其不利，这主要是因为第二产业规模扩张造成了过多的二氧化碳排放。我国第二产业发展对经济增长及第三产业发展的作用仍然很大，为减少二氧化碳排放而盲目控制其发展规模，对经济增长会有很大损害。现阶段不宜从总量上控制第二产业发展，但可以对第二产业内部进行相应的调整，加快第二产业中与第三产业相关度较高的部门发展，控制只是增加经济总量的部门发展规模（如钢铁、有色金属等行业的规模扩张）。我国二氧化碳排放量的减少可能需要一个较长的过程，短时间内三次产业结构调整的空间不大，依靠结构调整减排的作用极为有限，减少二氧化碳排放更多地需要依靠减排技术的进步。

# 第三章

# 工业行业结构变动与环境污染

从环境的演变历史来看，环境污染问题的凸显是在工业化以后，所有关于环境问题的研究文献均显示工业发展是环境污染的最主要原因。但是工业内部结构（简称工业结构）的不同，对环境的污染程度是不同的，某种类型工业结构对环境污染的影响一般称之为工业结构性环境污染。工业结构性环境污染是工业发展过程中一个普遍现象，对此进行研究可以剖析影响环境污染最主要因素的内部构成与环境污染之间的关系，最终可以确定产生环境污染最主要的工业结构要素，为工业结构调整找到一条减轻环境污染之路。

工业结构的分类方法很多，按照不同的划分依据可以有不同的工业结构类型，比如有工业行业结构、工业组织结构、工业所有制结构、工业规模结构、工业效益结构、工业技术结构、工业霍夫曼结构、工业就业结构等等。工业内部由不同的基本行业部门组成，所谓工业基本行业是指从事同类生产的工业企业的总和，这里所指同类生产的分类标准有：产品的经济用途相同、生产产品使用的原材料相同、生产产品的工艺过程相同等。只要其中的一条标准相同，就可以分为同一个工业行业部门。由不同工业行业部门在工业中的比例就构成了工业基本行业结构（在以后的分析中我们简称为"工业行业结构"）。在所有类型工业结构的划分中，工业行业结构最为重要、使用的也最普遍，它是其他类型工业结构划分的基础。一般来说，工业结构的狭义概念就是指工业行业结构。本章主要研究工业行业及工业行业结构变动对环境污染的影响。

# 第一节　工业行业结构和环境污染状况

## 一、工业行业结构状况及变动特征

工业行业的划分方式在各国都不相同，在不同的统计资料和研究文献中工业行业的划分方式也不相同，因此工业行业结构所包含的行业内容差异很大。为了便于进行对比研究以及从更广泛意义上的行业政策指导，同时也为其他类型工业结构的研究提供最为基础的行业分析资料，我们采取中国国家统计局对工业的行业划分标准。但中国国家统计局在不同时期对工业行业的划分并不完全相同，随着工业的发展，会将一些相对重要的工业行业单独划分出来，也会将一些重要性降低的行业归并到相近行业之中，这使得我国工业大类行业的数目有些年份多、有些年份少。为了便于对比分析，我们将对比期的工业行业数目调整一致，即按对比期最小工业行业数目进行归并，最终我们确定的工业大类行业数目为 37 个。

考察结构特征的方法很多，最精确的方法是进行数据解读，最直观的方法是通过图形来形象地表现结构，图表方法是反映结构特征的极重要方式。从众多个工业行业角度研究工业行业结构以及变动特征，最大的困难在于如何进行简单明了的表现。由于工业所包含的行业众多，结构就变得极其复杂，对每一个行业进行说明会使工业行业结构的整体特征表现不突出，不加以说明则难以表现每个行业在结构中的地位及变动趋势，对于将要进行的工业各行业对环境影响的分析带来困难。为了解决这一矛盾，我们对于工业各行业细节主要用图表形式反映，而对行业结构整体特征则加以总结和分析。

对于我国工业行业结构特征的刻画，我们一方面从静态的行业构成进行反映；另一方面从动态的行业构成变动进行反映。选取 1990 年、2000 年和 2014 年三个时间点来分析全国工业行业结构状况，时间点之间的差异即行业结构变动状况。各行业占工业总体的比重就是工业行业结构，计算比重的指标有多种选择，可以是工业总产值、工业增加值、销售产值、营业收入、从业者人数、总资产等等，根据不同的研究目的进行选择。国内研究工业行业结构多采用工业总产值和工业增加值指标，国外有很多研究使用营业收入和从业者人数指标。我们对我国工业各行业统计数据进行了仔细对比和分析，发现绝大多数指标的计算办法和统计口径在不同时期都有一些变化，这使得数据的可对比性变差。另外很多指标没有进行连续性统计，使指标的使用遇到很大障碍。相对而言，我国工业各行业的主营业务收入计算方法和计算口径没有发生太大的变化，并且进行了连续统计，同时主营业务收入与国内研究中常用的工业总产值极为接近。考虑到主营业务的具体含义，参考国外的相关研究（国外在研究行业或企业发展速度、发展规模时常用营业收入指标反映)以及我们的研究目的，最终我们确定用主营业务收入来表现工业总体及各行业发展状况，并以此来计算各行业比重。

　　首先计算出每个工业行业的主营业务收入占工业主营业务总收入的比重，然后对各工业行业的比重按从大到小的顺序进行位次排序，比重最大的行业排在第1位，比重最小的行业排在第37位，我们计算了1990年、2000年和2014年的工业各行业占比以及排序。表3-1反映了三个时间点的工业行业结构状况。表3-1中的工业大类行业的排列顺序是按照《中国统计年鉴(2014)》中的行业排列顺序进行的排列，所有数据均为规模以上工业企业数据。

表3-1　　1990年、2000年和2014年全国工业各行业比重及排序表

| 工业行业 | 1990年 | | 2000年 | | 2014年 | |
|---|---|---|---|---|---|---|
| | 比重(%) | 排序 | 比重(%) | 排序 | 比重(%) | 排序 |
| 煤炭开采和洗选业 | 2.87 | 14 | 1.44 | 24 | 2.74 | 15 |
| 石油和天然气开采业 | 1.68 | 24 | 3.46 | 11 | 1.03 | 25 |
| 黑色金属矿采选业 | 0.19 | 37 | 0.18 | 36 | 0.85 | 26 |
| 有色金属矿采选业 | 0.57 | 30 | 0.45 | 31 | 0.57 | 33 |
| 非金属矿采选业 | 0.43 | 33 | 0.38 | 33 | 0.48 | 34 |
| 其他采矿业 | 0.72 | 28 | 0.13 | 37 | 0.00 | 37 |
| 农副食品加工业 | 5.36 | 5 | 4.13 | 9 | 5.76 | 6 |
| 食品制造业 | 2.43 | 16 | 1.61 | 22 | 1.85 | 19 |
| 饮料制造业 | 2.24 | 17 | 1.96 | 18 | 1.48 | 20 |

续表

| 工业行业 | 1990 年 | | 2000 年 | | 2014 年 | |
|---|---|---|---|---|---|---|
| | 比重（%） | 排序 | 比重（%） | 排序 | 比重（%） | 排序 |
| 烟草制品业 | 3.10 | 12 | 1.70 | 21 | 0.81 | 27 |
| 纺织业 | 11.58 | 1 | 5.72 | 6 | 3.47 | 12 |
| 纺织服装、鞋、帽制造业 | 2.06 | 19 | 2.53 | 15 | 1.91 | 18 |
| 皮革、毛皮、羽毛（绒）及其制品业 | 1.03 | 25 | 1.47 | 23 | 1.26 | 22 |
| 木材加工及木、竹、棕、草制品业 | 0.54 | 31 | 0.74 | 28 | 1.20 | 24 |
| 家具制造业 | 0.41 | 34 | 0.41 | 32 | 0.66 | 29 |
| 造纸及纸制品业 | 2.00 | 20 | 1.79 | 20 | 1.22 | 23 |
| 印刷业和记录媒介的复制 | 0.86 | 27 | 0.70 | 30 | 0.61 | 32 |
| 文教体育用品制造业 | 0.49 | 32 | 0.70 | 29 | 1.35 | 21 |
| 石油加工、炼焦及核燃料加工业 | 2.92 | 13 | 5.43 | 7 | 3.72 | 11 |
| 化学原料及化学制品制造业 | 7.99 | 2 | 6.44 | 3 | 7.52 | 3 |
| 医药制造业 | 1.91 | 21 | 1.93 | 19 | 2.11 | 17 |
| 化学纤维制造业 | 1.72 | 23 | 1.42 | 25 | 0.65 | 30 |
| 橡胶和塑料制品业 | 3.26 | 10 | 3.01 | 13 | 2.71 | 16 |
| 非金属矿物制造业 | 4.69 | 7 | 4.00 | 10 | 5.20 | 7 |
| 黑色金属冶炼及压延加工业 | 6.99 | 4 | 5.81 | 5 | 6.73 | 4 |
| 有色金属冶炼及压延加工业 | 2.07 | 18 | 2.48 | 16 | 4.64 | 9 |
| 金属制品业 | 2.68 | 15 | 2.82 | 14 | 3.29 | 13 |
| 通用设备制造业 | 7.05 | 3 | 3.37 | 12 | 4.26 | 10 |
| 专用设备制造业 | 1.80 | 22 | 2.38 | 17 | 3.15 | 14 |
| 交通运输设备制造业 | 3.97 | 9 | 6.21 | 4 | 7.78 | 1 |
| 电气机械及器材制造业 | 4.10 | 8 | 5.38 | 8 | 6.06 | 5 |
| 通信设备、计算机及其他电子设备制造业 | 3.11 | 11 | 8.75 | 1 | 7.74 | 2 |
| 仪器仪表及文化、办公用机械制造业 | 0.60 | 29 | 1.01 | 27 | 0.76 | 28 |
| 其他制造业 | 0.94 | 26 | 1.31 | 26 | 0.64 | 31 |
| 电力、热力的生产和供应业 | 4.95 | 6 | 8.10 | 2 | 5.16 | 8 |
| 燃气生产和供应业 | 0.40 | 35 | 0.28 | 35 | 0.47 | 35 |
| 水的生产和供应业 | 0.26 | 36 | 0.37 | 34 | 0.16 | 36 |

表3-1的解读非常简单，例如，煤炭开采和洗选业，1990年该行业在
我国工业中的比重为2.87%，其地位排在全国37个工业行业的第14位；
2000年该行业比重下降到1.44%，排在全国所有工业行业的第24位；2014
年比重又上升到2.74%，排在第24位。这表明就煤炭开采和洗选业来说，
1990年该行业在全国工业中的比重属于平均水平、地位属于中等；但到2000
年该行业在全国工业中的地位大幅度下滑到第24位，属于中等偏低的水平；
2014年该行业在全国工业中的地位又大幅度上升，但该行业在全国工业中的
占比和地位都没有恢复到1990年的水平。煤炭开采和洗选业的比重和位次的
大幅度变化，至少从一个行业的角度表明了我国工业行业结构在1990~2014
年发生了剧烈变动。

表3-1中每一个工业行业在全部工业中的地位、特点和变化都表现得非
常清晰，在此我们不再一一说明。

从工业行业整体结构在各个时期的表现来看，我国工业行业结构有以下
突出特点：

（1）我国工业行业中原料业和制造业占主体。原料行业一共包括8个行
业（化学原料及化学制品制造业；黑色金属冶炼及压延加工业；非金属矿物
制造业；电力、热力的生产和供应业；有色金属冶炼及压延加工业；石油加
工、炼焦及核燃料加工业；金属制品业；燃气生产和供应业）。制造业包括
了7个行业（交通运输设备制造业；通信设备、计算机及其他电子设备制造
业；电气机械及器材制造业；通用设备制造业；专用设备制造业；仪器仪表
及文化、办公用机械制造业；其他制造业）。2014年我国工业中，原料业占
比36.74%，制造业占比30.38%，是两个占比最大的行业，并且占比最高的
前十个行业中有5个原料业、4个制造业。2010年工业行业占比最高的前十
个行业中有5个原料业、3个制造业，原料业占比为35.36%，制造业占比为
28.42%；1990年占比最高前十个行业有4个原料业、3个制造业，原料业占
比32.69%，制造业占比为21.58%。从1990~2014年，我国工业行业结构
中，制造业和原料业始终占据着主体地位，并且制造业和原料业的比重还在
不断上升。

（2）工业行业结构中的各行业发展不均衡。假如工业中各行业发展的完
全均衡，那么各行业的产值比重应该相等，37个行业平均每个行业的比重应

该为 2.7%，大于 2.7% 的行业数越多，工业行业结构中各行业发展的就越均衡。2014 年在工业的 37 个行业中，产值比重大于 2.7% 的行业数有 16 个，未到工业行业总数的一半，2000 年和 1990 年占比大于 2.7% 的行业数都只有 14 个。从比重最高行业和最低行业的差额也可以反映出结构的均衡性，2014 年最高行业和最低行业占比差额为 7.78 个百分点，2000 年为 8.62 个百分点，1990 年为 11.39 个百分点，最高和最低行业的占比差距在明显缩小。能够较为准确反映整体均衡型的指标是所有工业行业占比的均方差，均方差越小表明整体越均衡。2014 年工业所有行业占比的均方差为 2.37%，2000 年为 2.33%，1990 年为 2.52%，三个时间点的均方差都接近了全部行业占比平均值，表明工业行业结构的不均衡性特点还是比较明显，但从 1990~2014 年的结构变化来看，工业行业结构还是朝着均衡方向发展。工业行业结构不均衡并不等于说工业行业结构不好，在全球经济合作越来越密切的情况下，一国的工业行业结构不均衡是一种常见的现象。但是工业行业结构中原料行业比重过大所表现出的不均衡对一国工业发展是不利的。

（3）工业行业结构的升级趋势不明显。较低等级的工业行业结构主要表现为对自然资源依赖较大的采掘行业占比较高，因此工业行业结构升级表现为采掘行业的占比下降。2014 年我国工业行业中采掘业占比为 5.67%，2000 年和 1990 年分别为 6.05% 和 6.47%，虽然从趋势上看，采掘业占比在不断下降，但下降的幅度极为有限。1990~2014 采掘业占比一共才下降了 0.8 个百分点。从整个工业行业的结构上来看，我国工业仍属于重化工业类型。

图 3-1 是全国工业行业结构状况更形象的表达。为了更清晰反映工业行业结构特征，我们将 2014 年和 2000 年工业行业占比同时绘制在图中，并且工业行业排序按 2014 年各行业占全部工业比重大小由高到低进行排列。图中越靠上面的行业是 2014 年在全国工业行业结构中占比重越大的工业行业，2000 年的比重数据作为对比参照。

图 3-1 中显示，2014 年全国重点行业主要集中在原料业和制造业中，特别是能够显示工业技术水平较高的交通运输设备制造业和通信设备、计算机及其他电子设备制造业成为我国工业中占比最大的两个行业，表明我国工业行业结构的总体重心在向产业链下游靠近；相比而言，代表工业低端水平的采掘工业和燃气供应、水供应等基础行业占比相对较低；农产品加工业出

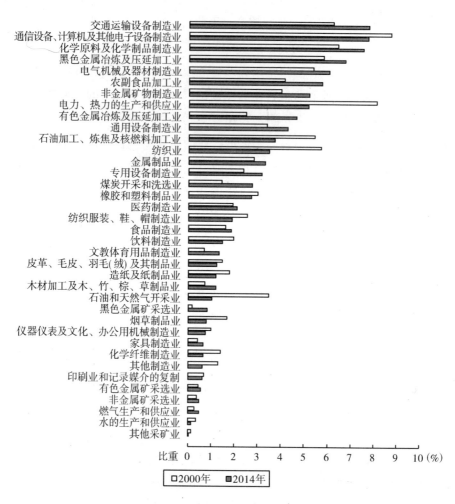

图 3-1　2014 年和 2000 年全国工业各行业比重对比

现两极分化，部分大宗农产品加工业占比较高。全国工业行业结构不均衡，比重大的重点行业只集中在少数行业，行业占比排序显示的占比递减速度较快。

　　如果两个时期的结构差异较小，那么图 3-1 中两个时期的比重结构图形就应该比较接近，如果图形结构差异比较大，就表明两个时期的工业行业结构出现较大变化。图 3-1 中黑色柱线代表的是 2004 年工业行业占比，并且从高到低排序，白色柱线代表着相同行业 2000 年的占比。白色柱线形成的图形显然与黑色柱线图形有很大差异，这表明 2014 年和 2000 年相比我国工业行业结构发生了很大的变化。

分析工业结构的变动状况较好的办法是从工业结构中各行业比重的变动方向和变动幅度来考察。考察两个时期工业行业结构的变动情况，可以用两个时期各个工业行业比重的差额来反映，如果差额是正数，表明朝上升方向变动，如果是负数，表明朝下降方向变动，差额数值的大小表明变动的幅度；用两个时期各个工业行业排位的差额可以反映各行业在工业中地位变化，如果排位差额是正数，表明行业的位次提高、地位上升，如果是负数，表明行业位次后移、地位下降，差额数值大小表明位次上升或下降的幅度。

我们用 2014 年、2000 年和 1990 年三个时间点的全国工业行业占比，计算 2014 年比 1990 年、2014 年比 2000 年、2000 年比 1990 年三个时期的工业行业结构变动情况，见表 3－2。

表 3－2 　　　　　　　　全国工业各行业比重及排序变动表

| 工业行业 | 2000 年比 1990 年 | | 2014 年比 2000 年 | | 2014 年比 1990 年 | |
|---|---|---|---|---|---|---|
| | 比重增减百分点 | 排序升降位数 | 比重增减百分点 | 排序升降位数 | 比重增减百分点 | 排序升降位数 |
| 煤炭开采和洗选业 | － 1.42 | － 10 | 1.30 | 9 | － 0.12 | － 1 |
| 石油和天然气开采业 | 1.78 | 13 | － 2.43 | － 14 | － 0.65 | － 1 |
| 黑色金属矿采选业 | － 0.01 | 1 | 0.66 | 10 | 0.66 | 11 |
| 有色金属矿采选业 | － 0.13 | － 1 | 0.12 | － 2 | － 0.00 | － 3 |
| 非金属矿采选业 | － 0.05 | 0 | 0.09 | － 1 | 0.04 | － 1 |
| 其他采矿业 | － 0.60 | － 9 | － 0.13 | 0 | － 0.72 | － 9 |
| 农副食品加工业 | － 1.23 | － 4 | 1.63 | 3 | 0.40 | － 1 |
| 食品制造业 | － 0.82 | － 6 | 0.24 | 3 | － 0.59 | － 3 |
| 饮料制造业 | － 0.28 | － 1 | － 0.48 | － 2 | － 0.76 | － 3 |
| 烟草制品业 | － 1.39 | － 9 | － 0.89 | － 6 | － 2.28 | － 15 |
| 纺织业 | － 5.86 | － 5 | － 2.25 | － 6 | － 8.11 | － 11 |
| 纺织服装、鞋、帽制造业 | 0.48 | 4 | － 0.63 | － 3 | － 0.15 | 1 |
| 皮革、毛皮、羽毛（绒）及其制品业 | 0.44 | 2 | － 0.21 | 1 | 0.22 | 3 |
| 木材加工及木、竹、棕、草制品业 | 0.20 | 3 | 0.46 | 4 | 0.66 | 7 |
| 家具制造业 | 0.00 | 2 | 0.25 | 3 | 0.25 | 5 |
| 造纸及纸制品业 | － 0.21 | 0 | － 0.56 | － 3 | － 0.77 | － 3 |

续表

| 工业行业 | 2000 年比 1990 年 | | 2014 年比 2000 年 | | 2014 年比 1990 年 | |
|---|---|---|---|---|---|---|
| | 比重增减百分点 | 排序升降位数 | 比重增减百分点 | 排序升降位数 | 比重增减百分点 | 排序升降位数 |
| 印刷业和记录媒介的复制 | -0.17 | -3 | -0.09 | -2 | -0.25 | -5 |
| 文教体育用品制造业 | 0.21 | 3 | 0.65 | 8 | 0.86 | 11 |
| 石油加工、炼焦及核燃料加工业 | 2.52 | 6 | -1.71 | -4 | 0.80 | 2 |
| 化学原料及化学制品制造业 | -1.54 | -1 | 1.08 | 0 | -0.46 | -1 |
| 医药制造业 | 0.02 | 2 | 0.18 | 2 | 0.20 | 4 |
| 化学纤维制造业 | -0.31 | -2 | -0.77 | -5 | -1.08 | -7 |
| 橡胶和塑料制品业 | -0.25 | -3 | -0.30 | -3 | -0.56 | -6 |
| 非金属矿物制造业 | -0.70 | -3 | 1.20 | 3 | 0.50 | 0 |
| 黑色金属冶炼及压延加工业 | -1.19 | -1 | 0.92 | 1 | -0.27 | 0 |
| 有色金属冶炼及压延加工业 | 0.41 | 2 | 2.16 | 7 | 2.57 | 9 |
| 金属制品业 | 0.13 | 1 | 0.48 | 1 | 0.61 | 2 |
| 通用设备制造业 | -3.67 | -9 | 0.88 | 2 | -2.79 | -7 |
| 专用设备制造业 | 0.58 | 5 | 0.77 | 3 | 1.35 | 8 |
| 交通运输设备制造业 | 2.24 | 5 | 1.57 | 3 | 3.81 | 8 |
| 电气机械及器材制造业 | 1.28 | 0 | 0.68 | 3 | 1.97 | 3 |
| 通信设备、计算机及其他电子设备制造业 | 5.64 | 10 | -1.01 | -1 | 4.62 | 9 |
| 仪器仪表及文化、办公用机械制造业 | 0.41 | 2 | -0.25 | -1 | 0.15 | 1 |
| 其他制造业 | 0.36 | 0 | -0.66 | -5 | -0.30 | -5 |
| 电力、热力的生产和供应业 | 3.15 | 4 | -2.94 | -6 | 0.22 | -2 |
| 燃气生产和供应业 | -0.12 | 0 | 0.19 | 0 | 0.08 | 0 |
| 水的生产和供应业 | 0.10 | 2 | -0.21 | -2 | -0.11 | 0 |

由于我们重点要考查 2014 年比 2000 年的工业行业结构变动情况（主要是为了研究这段时间工业行业结构变动对环境污染产生什么影响），因而把 1990～2014 年以 2000 年为界划分成两个时期，把这两个时期的结构变动用图形展现可以更为清晰的观察。图 3-2 表现了全国和工业结构在 2000～2014 年和 1990～2000 年两个时期的变动状况。

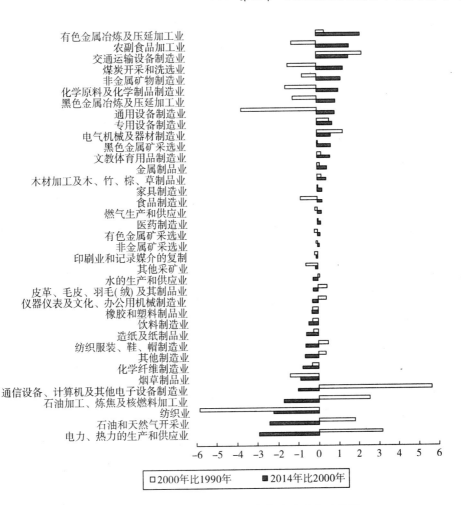

图 3 – 2　2000 ~ 2014 年全国工业各行业比重变动状况

图 3 – 2 中纵轴的右边表明工业各行业在工业中的比重是增加的（正向变动），左边表明工业各行业在工业中的比重是减少的（负向变动）；条形图的长短表明比重变动的幅度，越长变动的幅度越大；图 3 – 2 中的行业排序是按照 2000 ~ 2014 年全国工业结构中行业比重变动幅度的大小、由正向变动幅度最大到负向变动幅度最大的顺序排列。图 3 – 2 中越靠上面的工业行业，2014年比 2000 年比重正向变动幅度越大，越靠下面的行业，比重负向变动幅度越大。图 3 – 2 中黑色条形图代表的是 2014 年比 2000 年各工业行业比重变动情况，白色条形图代表的是 1990 年比 2000 年各工业行业比重变动情况。

需要注意的是，图形能直观的表达出各工业行业在工业中的影响力增减，比重增加得越多，行业影响力增加得越多，比重减少得越多，行业影响力下降得越多。但是图形并不能准确表现行业地位的升降，能够表现行业地位的是行业在工业结构中的排位，排位越靠前地位越高。行业比重增加，并不能肯定行业排位会上升，因此确定行业地位的变化需要从表 3 – 2 的行业位次变化中加以确定。只有将表 3 – 2 和图 3 – 2 结合起来才能得到更多的结构变动信息。

以有色金属冶炼及压延加工业为例，从图 3 – 2 来看，该行业 2000 ~ 2014 年间在所有行业中比重上升的最多，1990 ~ 2000 年间该行业工业占比也在上升，但上升幅度并不大，1990 ~ 2014 年间该行业工业占比是上述两个时期工业占比之和，由于两个时期都是上升的，所以 1990 ~ 2014 年该行业工业占比总体上是上升的。对比表 3 – 2 来看，该行业随着工业占比的上升，在工业中的位次也在上升，2000 年比 1990 年位次上升了 2 位，2014 年比 2000 年位次又大幅度上升了 7 位，这表明该行业在工业中的影响力在增大、地位上升。

再比如，有色金属矿采选业，2000 ~ 2014 年比重上升了 0.12 个百分点，位次却退后了 2 位，行业地位下降；1990 ~ 2000 年间该行业比重下降了 0.13 个百分点，位次也相应下降了 2 位；如果考察 1990 ~ 2014 年，该行业比重基本没有太大变化，但位次却下降了 3 位，这说明其他行业的发展快于该行业。

通过对表 3 – 2 和图 3 – 2 的总结和分析，我国工业行业结构变动有如下特征。

（1）2000 年之前工业行业结构变动程度大于 2000 年之后。用 37 个行业的比重变动绝对值的平均数代表总体变动幅度。1990 ~ 2000 年，全国工业各行业总体变动幅度为 1.08 个百分点，2000 ~ 2014 年总体变动幅度为 0.84 个百分点，说明 2000 年之前结构变动的幅度大于 2000 年之后。考虑到 1990 ~ 2000 年有 10 年时间，而 2000 ~ 2014 年有 14 年时间，因此 2000 年之前的结构变动速度大于 2000 年之后。1990 ~ 2000 年间比重变动最大行业的变动幅度为 5.86 个百分点，变动最小行业没有变动；2000 ~ 2014 年间比重变动最大行业的变动幅度为 2.94 个百分点，变动最小行业的变动幅度为 0.09 个百分点；2000 年之后和之前相比，工业行业结构总体变动幅度变小，并且极端行业的变动幅度也变小，表明 2000 年以后工业行业结构变得比较平稳，各行业变动的差异缩小。为了准确的测量工业行业结构变动的均衡性，我们求出各行业比重变动绝对值的方差，方差的值越大表明工业各行业变动的均衡性越差。1990～2000 年工业行业结构变动的方差为 2.09 个百分点，1990～2000 年变动的方差为 0.53 个百分点，显然 2000 年之前工业行业结构的大幅度变动主要是由少数行业巨大变动引起的，而 2000 年之后工业各行业的变动较为均匀，整个工业行业结构因此变动幅度减小。

（2）工业行业结构变动的主要行业。1990～2000 年间，行业比重变动幅度在 1% 以上的有 13 个行业，其中 2 个采掘业（石油和天然气开采业；煤炭开采和洗选业），4 个原料业（电力、热力的生产和供应业；石油加工、炼焦及核燃料加工业；石油和天然气开采业；黑色金属冶炼及压延加工业），4 个制造业（通信设备、计算机及其他电子设备制造业；通用设备制造业；交通运输设备制造业；电气机械及器材制造业），3 个轻工业（纺织业；烟草制品业；农副食品加工业）；2000～2014 年间，行业比重变动幅度在 1% 以上的有 11 个行业，其中有 2 个采掘业（石油和天然气开采业；煤炭开采和洗选业），5 个原料业（电力、热力的生产和供应业；有色金属冶炼及压延加工业；石油加工、炼焦及核燃料加工业；非金属矿物制造业；化学原料及化学制品制造业），2 个制造业（交通运输设备制造业；通信设备、计算机及其他电子设备制造业）；2 个轻工业（纺织业；农副食品加工业）。2000 年之前和 2000 年之后占比变动比较大的行业主要集中在原料业和制造业上，这两个行业的比重在上升。

（3）工业行业结构变动的方向。1990～2000 年间，工业行业结构变动中，影响力增强（比重增加）的行业有 17 个，上升最多的是通信设备、计算机及其他电子设备制造业；行业影响力下降（比重减少）的行业有 19 个，纺织业下降最大；影响力没有变化（比重基本未变）的行业有 1 个；行业地位上升（位次上升）的有 19 个行业，石油和天然气开采业上升最多；行业地位下降的有 15 个行业，下降最多的是煤炭开采和洗选业；有 3 个行业排位没有变化。2000～2014 年间，影响力增强的行业有 20 个，有色金属冶炼及压延加工业上升最多；有 17 个行业影响力下降，电力、热力的生产和供应业下降最大；行业地位上升（位次上升）的有 17 个行业，上升最多的是黑色金属矿采选业；行业地位下降的有 17 个行业，石油和天然气开采业下降最

多；有 3 个行业排位没有变化。从整体来看，2000 年之前和之后，原料业和
制造业的影响力、行业地位都出现上升趋势，轻工业影响力和行业地位都有
下降趋势，采掘业的影响力和行业地位则出现大幅波动。

我国在 1990 ~ 2014 年间工业内部结构发生了巨大的变化，原料业和制造
业比重在不断上升，采掘业和轻工业比重相应下降，工业行业结构重心向制
造业移动的特征较为明显。相对而言，2000 年以后的行业结构变动慢于 2000
年之前，行业结构变动的更加平稳、均衡。

## 二、工业各行业的环境污染状况

工业各行业对环境污染的种类很多，我们主要考察八个方面的工业污染
物排放情况，包括废气排放量、二氧化硫排放量、烟粉尘排放量、废水排放
量、化学需氧量排放量、氨氮排放量、固体废物产生量和固体废物排放量。
我国工业总体污染物排放资料相对完整，但工业分行业污染物排放资料极不
完整，统计口径变化较大。2004 年环境污染普查以后，工业分行业污染物排
放资料的统计质量相对较好。根据我们获取的资料，对工业各行业环境污染
的分析时间确定在 2004 ~ 2013 年期间，并且以规模以上工业企业污染排放资
料为分析基础。

由于我们要分析工业 37 个行业对 8 种主要污染物的排放情况，数据过
多、结构极其复杂，难以对其变动特点进行把握和总结。为了能够更为清晰
的显示工业各行业对各种污染物的排放情况，我们将 37 个行业进行归并，降
低行业数目。按照通常的归并方法，把 37 个工业行业归类成 5 个行业，分别
是：采掘业（煤炭开采和洗选业、石油和天然气开采业、黑色金属矿采选
业、有色金属矿采选业、非金属矿采选业、其他采矿业）；原料业（黑色金
属冶炼及压延加工业、有色金属冶炼及压延加工业、石油加工、炼焦及核燃
料加工业、化学原料及化学制品制造业、非金属矿物制造业、金属制品业、
电力、热力的生产和供应业、燃气生产和供应业）；制造业（通用设备制造
业、专用设备制造业、交通运输设备制造业、电气机械及器材制造业、通信
设备、计算机及其他电子设备制造业、仪器仪表及文化、办公用机械制造业、
其他制造业）；轻工业（纺织服装、鞋、帽制造业、食品制造业、饮料制造

业、烟草制品业、农副食品加工业、纺织业、皮革、毛皮、羽毛（绒）及其制品业、家具制造业、木材加工及木、竹、棕、草制品业、造纸及纸制品业、印刷业和记录媒介的复制、文教体育用品制造业、医药制造业、化学纤维制造业、橡胶和塑料制品业）；水的生产和供应业。

我们计算了 2004－2013 年五类工业行业对八种污染物排放的增长情况（见表 3－3）。

表 3－3　　　2004～2013 年工业分行业污染物排放量年均增长速度　　　单位：%

| 污染物 | 工业总计 | 采掘业 | 原料业 | 制造业 | 轻工业 | 水的生产和供应业 |
|---|---|---|---|---|---|---|
| 废气排放量 | 12.22 | 4.44 | 12.66 | 11.98 | 7.82 | －13.12 |
| 二氧化硫排放量 | －0.37 | －4.49 | －0.33 | －5.02 | 0.67 | －50.87 |
| 烟粉尘排放量 | －4.93 | 1.17 | －5.41 | －5.57 | －2.47 | －30.07 |
| 废水排放量 | 10.66 | 19.56 | 14.33 | 0.79 | 2.53 | －58.11 |
| 化学需氧量排放量 | －4.98 | －0.70 | －5.74 | －3.05 | －5.16 | －56.08 |
| 氨氮排放量 | －5.82 | 2.78 | －7.84 | －4.24 | －3.28 | －39.84 |
| 固体废物产生量 | 12.51 | 15.11 | 11.10 | 4.68 | 4.32 | －23.09 |
| 固体废物排放量 | －25.32 | －22.92 | －29.81 | －25.63 | －28.13 | －29.75 |

2013 年比 2004 年，我国全部工业行业产生的八种工业污染物中，有三种污染物排放量呈上升趋势，五种污染物排放量呈下降趋势。排放量上升的有：废气排放量、废水排放量和固体废物产生量，三种污染物排放量的年增速都达到了 10% 以上；排放量下降的有：二氧化硫排放量、烟粉尘排放量、化学需氧量排放量、氨氮排放量和固体废物排放量，其中固体废物排放量的年均下降速度最快，达到年均下降 25.32%。随着工业的发展，工业经济实力不断增强，顺应社会对高质量环境的要求以及更为严格的环境规制，工业对污染物排放加大了技术和设施的投入，取得了明显的效果，大多数污染物的排放得到了控制。

工业各行业的污染物排放变动还是有较大的差异，水的生产和供应业产生的所有种类污染物排放量都出现了大幅度的下降，除了固体废物排放量下降速度略低于原料业外，其他污染物排放量下降速度都远远快于其他行业，这一行业污染物减排的成绩最大。除了水的生产和供应业外，从各种污染物排放量变动角度，对比采掘业、原料业、制造业和轻工业的排放量变动情况可以发现，在废气排放中，原料业的增长速度最快，采掘业的增长速度最慢；二氧化硫排放中只有轻工业出现上升，其他行业均呈下降，其中制造业的降速最快，原料业只有微弱下降；烟粉尘排放中只有采掘业是增长的，其他行业均是下降的，制造业和原料业下降速度较快，轻工业下降速度相对较慢；各行业废水排放量都呈上升趋势，采掘业上升速度最快，制造业只有较小的上升；化学需氧量各行业都呈下降趋势，原料业下降速度最快，采掘业下降速度最慢；氨氮排放只有采掘业出现上升，原料业的下降速度最快；各行业固体废物产生量都有较大增长，其中采掘业年均增长速度最快，轻工业年均增长速度相对较慢；各行业固体废物排放量都有大幅度的下降，下降速度最快的是原料业，即便下降速度最慢的采掘业年均下降速度也达到了22.92%。

从36个行业来看（不包括水的生产和供应业，该行业所有污染物排放均是下降的，并且下降速度几乎都是最快的），金属制品业在废气、二氧化硫、化学需氧量、氨氮和固体废物产生量上都呈高速增长，是所有行业中增速最快的行业；仪器仪表及文化、办公用机械制造业在废气、二氧化硫、废水、固体废物产生量上都呈现较大幅度的下降，是所有行业中降速最快的行业；烟粉尘排放量增长最快是其他制造业，下降速度最快是其他采矿业；废水排放量增长最快是黑色金属矿采选业；化学需氧量排放下降速度最快是燃气生产和供应业；氨氮排放量下降速度最快是燃气生产和供应业；固体废物排放量下降速度最快的是专用设备制造业，下降速度最小的是非金属矿采选业。由此可见，污染物排放量大幅度增减行业也主要集中在原料业、制造业和采掘业。

某行业污染物排放量增长快并不代表该行业在污染物排放总量中占比高，如果某行业污染物排放量基数很小，即便是增长速度很快，该行业也不是工业污染的主体。通过对比工业各行业污染物排放量占全部工业污染物排放总量的比重，可以确定工业污染的主要行业。

表3-4反映的是归并后的工业五类行业，2004年和2013年各种污染物排放量占工业总排放量的占比情况。

表 3 – 4　　　　　工业分行业污染物排放量占工业总排放量的比重　　　单位:%

| 污染物 | 工业总计 | 采掘业 | 原料业 | 制造业 | 轻工业 | 水的生产和供应业 |
|---|---|---|---|---|---|---|
| 废气排放量 | 2004 | 2.22 | 87.99 | 2.93 | 6.84 | 0.02 |
| | 2013 | 1.16 | 91.19 | 2.88 | 4.77 | 0.00 |
| 二氧化硫排放量 | 2004 | 1.91 | 88.03 | 1.38 | 8.64 | 0.04 |
| | 2013 | 1.31 | 88.31 | 0.90 | 9.49 | 0.00 |
| 烟粉尘排放量 | 2004 | 3.18 | 88.87 | 1.47 | 6.46 | 0.02 |
| | 2013 | 5.57 | 84.91 | 1.38 | 8.14 | 0.00 |
| 废水排放量 | 2004 | 7.46 | 46.80 | 5.29 | 39.81 | 0.64 |
| | 2013 | 14.95 | 62.74 | 2.28 | 20.03 | 0.00 |
| 化学需氧量排放量 | 2004 | 4.98 | 22.42 | 3.30 | 68.98 | 0.33 |
| | 2013 | 7.40 | 20.86 | 3.95 | 67.80 | 0.00 |
| 氨氮排放量 | 2004 | 1.72 | 62.53 | 3.26 | 32.24 | 0.25 |
| | 2013 | 3.79 | 51.43 | 3.78 | 40.99 | 0.00 |
| 固体废物产生量 | 2004 | 38.58 | 55.65 | 0.85 | 4.89 | 0.03 |
| | 2013 | 47.41 | 49.66 | 0.45 | 2.47 | 0.00 |
| 固体废物排放量 | 2004 | 54.43 | 36.50 | 1.39 | 7.67 | 0.02 |
| | 2013 | 72.33 | 20.89 | 1.34 | 5.43 | 0.01 |

　　工业污染物排放量的行业结构显示,原料行业除了在化学需氧量排放和固体废物排放方面占比不是最大以外,其他污染物排放量占比都是最大的。尤其是废气排放量,2013 年工业废气排放总量的 91.19% 来自原料行业,由此可见原料业是工业污染的最主要部门。更需要注意的是,原料业废气、二氧化硫和废水排放量的占比还在进一步提高;轻工业基本上属于工业的第二大污染行业,对空气和水的污染都很大,工业全行业化学需氧量排放的 68% 左右来自于轻工业,氨氮和废水排放量仅次于原料业;采掘业主要在固体废物产生量和排放量方面占比较高,尤其是固体废物排放量占工业固体废物排放量的一半以上;制造业是我国工业产值的第二大行业(仅次于原料业),但其各种污染物排放量相对较低;水的生产和供应业在所有污染物排放量上都是最低的。

　　2013 年和 2004 年相比,原料业在废气、二氧化硫和废水排放量上比重上升;采掘业除了在废气、二氧化硫排放量上比重下降外,其他污染物排放量的比重都有所上升;轻工业在二氧化硫和烟粉尘排放量上比重上升;制造业仅仅在化学需氧量和氨氮排放量上比重有轻微的上升。总体来看，工业污染物排放的行业结构虽然有变化，但大的结构格局没有变化。

污染物排放强度是用污染物排放数量除营业收入，指每单位营业收入所排放的污染物数量。排放强度越高，产出效率越低，污染能力越大。某个行业污染物排放总量少，并不代表该行业污染能力就小。排放强度是公认的反映产出效率和污染能力的指标。我们将全部工业的污染物排放强度以及采掘业、原料业、制造业和轻工业的污染物排放强度计算出来进行对比，考察行业之间污染能力的差异，见表3-5。

表3-5　　　　　　　　　工业分行业污染物排放强度

| 污染物排放强度 | 年份 | 工业总计 | 采掘业 | 原料业 | 制造业 | 轻工业 |
|---|---|---|---|---|---|---|
| 废气排放强度（标立方米/万元） | 2004 | 11924 | 4892 | 1042 | 4594 | 38113 |
| | 2013 | 6516 | 1198 | 427 | 2053 | 21306 |
| 二氧化硫排放强度（千克/万元） | 2004 | 8.78 | 3.1 | 1.04 | 3.72 | 27.35 |
| | 2013 | 1.64 | 0.34 | 0.23 | 0.87 | 4.81 |
| 烟粉尘排放强度（千克/万元） | 2004 | 8.11 | 4.77 | 0.94 | 2.5 | 26.06 |
| | 2013 | 1 | 0.88 | 0.15 | 0.4 | 2.88 |
| 废水排放强度（吨/万元） | 2004 | 9.95 | 13.72 | 5.05 | 11.73 | 13.73 |
| | 2013 | 4.79 | 11.34 | 1.26 | 3.08 | 10.12 |
| 化学需氧量排放强度（千克/万元） | 2004 | 2.27 | 2.09 | 1.89 | 3.55 | 1.24 |
| | 2013 | 0.28 | 0.32 | 0.29 | 0.34 | 0.18 |
| 氨氮排放强度（千克/万元） | 2004 | 0.19 | 0.06 | 0.11 | 0.4 | 0.09 |
| | 2013 | 0.02 | 0.01 | 0.02 | 0.04 | 0.01 |
| 固体废物产生强度（千克/万元） | 2004 | 544.81 | 3887.46 | 46.57 | 182 | 1007.06 |
| | 2013 | 304.7 | 2285.53 | 12.64 | 110.64 | 460.95 |
| 固体废物排放强度（千克/万元） | 2004 | 7.9 | 79.55 | 1.29 | 3.28 | 8.08 |
| | 2013 | 0.11 | 1.27 | 0.01 | 0.04 | 0.06 |

从2013年各行业的各种污染物排放强度来看，轻工业的废气排放强度、二氧化硫排放强度和烟粉尘排放强度都远远高于其他行业，其中废气排放强度是工业平均排放强度的3.27倍；废水排放强度、化学需氧量排放强度、固体废物产生强度和固体废物排放强度最高的都是采掘业，其中固体废物产生强度达到了工业平均排放强度的7.5倍；氨氮排放强度最高的是制造业；原

料行业的污染物排放强度相对比较低，废气排放强度、二氧化硫排放强度、烟粉尘排放强度、废水排放强度、固体废物产生强度和固体废物排放强度都是最低的；轻工业的化学需氧量排放强度和氨氮排放强度在工业全行业中最低。总的来说，轻工业对空气的污染能力较强，对水的污染能力相对较低；采掘业对水和土地的污染能力较强，而原料业对空气、水和土地的污染能力相对都较低。

2013 年比 2004 年，所有行业对所有污染物排放的强度都有大幅度下降，尤其是所有行业的固体废物排放强度都下降了 99% 左右，工业整体减排效果十分明显。

# 第二节　工业各行业发展对环境污染的影响

某行业环境污染物排放强度大，只说明该行业环境污染能力高，但并不能确定该行业对环境污染的影响极大。如果该行业发展出现了下降，反而减少了对环境污染的影响；如果该行业发展速度低于其他行业，其对环境污染的影响程度相对其他行业也降低了。另外，行业除了直接对环境污染产生影响以外，还会通过其他行业对环境污染产生间接影响，某行业本身对环境污染的直接影响小，但如果与环境污染影响大的行业关系密切，其对环境污染的间接影响也会很大，从而该行业对环境污染的总影响不会很小。因此考察工业各行业对环境污染产生的影响，不能仅仅从单个行业对环境的直接污染影响来判断，必须能够反映行业发展与环境污染变动之间的综合关系。回归分析方法和通径分析方法都能够较好的综合反映行业发展对环境污染产生的影响，但是这两种方法对相关资料的要求较高。

我国反映工业总体状况的统计资料相对完整、系统，但工业分行业统计资料（不管是行业发展资料、还是污染物排放资料）极不系统、完整，统计数据之间的逻辑联系较差、非线性特征明显，因此采用对数据要求较高的定量化研究方法并不合适。在众多揭示数据间关系的研究方法中，灰色关联度分析法对数据质量要求相对不高，可以利用较少数据较为综合反映数据之间的宏观关系。但需要明确的是，灰色关联度分析法所反映的现象间关联程度是一种相对关系，用该方法分析工业各行业对环境污染的关联程度并不是各个行业对环境污染的绝对影响程度，而是某个行业相对于其他行业与环境污染的密切程度。行业对环境污染的影响方式是多方面的，行业的规模变动、技术水平变动、在工业中的份额变动、与其他行业的相关度、通过其他行业的作用等都可以对环境污染产生影响。灰色关联度分析法是通过各行业整体变动形态与环境污染变动形态的相似程度来判断行业与环境污染之间的关联关系，至于行业通过哪些方式、如何作用于环境污染属于"灰色"部分，无法得到清晰的反映。因此一个行业对环境污染的"灰色关联度"大小并不是由单一因素决定的，而是由所有因素共同作用综合决定的。如果要了解一个行业为什么与环境污染有如此"关联度"，还需要更进一步具体分析，灰色关度联分析无法完成这一任务。另外，由于用较不完整资料进行分析，分析的精度并不很高，但灰色关度联分析对于大规模的、宏观复杂系统的形态和趋势把握还是可以满足需要的。

## 一、灰色关联度分析法

灰色系统理论提出了对各个子系统进行灰色关联度分析的概念。对一般抽象系统，如社会系统、经济系统、工业系统、农业系统、生态系统、城市系统、教育系统等都包含有许多种影响因素，多种因素共同作用的结果决定了系统的发展态势。我们常常希望知道在众多的影响因素中，哪些是主要因素，哪些是次要因素，哪些因素对系统发展影响大，哪些因素对系统发展影响小；哪些因素对系统发展起推动作用须强化发展，哪些因素对系统发展起阻碍作用需加以抑制等都是系统分析中的重要问题。我们意图通过一定的方法，去寻求系统中各个因素之间的数值关系。灰色关联度分析的意义是指在系统发展过程中，如果两个因素变化的态势是一致的，即同步变化程度较高，则可以认为两者关联较大；反之，则两者关联度较小。因此，灰色关联度分析对于一个系统发展变化态势提供了量化的度量，非常适合动态（dynamic）的历程分析。

所谓灰色系统是指信息不完全和不确知的系统。通常人们习惯用颜色的深浅来表征系统信息的完备程度。一般来说，把内部特征已知的信息系统称之为白色系统，把完全未知的系统称之为黑色系统，而把黑白交织的系统称之为灰色系统。实际上，在我们所处的客观世界中，完全已知和完全未知的事物很少，而黑白相参、相互交织的灰色系统在客观世界中大量存在。灰色系统理论是由著名学者邓聚龙先生在灰箱概念的基础上提出来的，它是一种独特的系统分析方法，用于解决灰色系统的随机性问题，研究灰色系统的建模、预测、控制、决策等方面的理论与方法。该理论应用十分广泛，渗透到自然科学和社会科学的各个领域，并取得了大量成果。灰色关联度分析方法对样本量的多少和样本有无规律都同样适用，灰色关联度分析的基本思想是根据序列曲线几何形状的相似程度来判断其联系是否紧密。曲线越接近，相应序列之间的关联度就越大，反之就越小。

灰色关联度分析方法研究的基本对象是数据列，分为母数列和子数列。通常称母数列为参考数据列，子数列为比较数据列。

设：$X_0(k)$ 为母数列；$X_i(k)$ 为子数列；$k = 1, 2, \cdots, n$；$i = 1, 2, \cdots, m$

**1. 原始数据标准化（无量纲化）**

由于系统中各因素列中的数据，可能因计算单位的不同，不便于比较，或在比较时难以得到正确的结论。因此在进行灰色关联度分析时，都要进行标准化（无量纲化）的数据处理。

用各数列中的最大值进行标准化，可将各数据标准化成 1 以内的数据。（当然也可以采用其他的数据标准化方法进行标准化）

$$y_0 = \frac{x_0}{\max(x_0)}$$

$$y_i = \frac{x_i}{\max(x_i)}$$

**2. 数列差**

$$\Delta_i(k) = |y_0(k) - y_i(k)|$$

$$\Delta_i(k) = \Delta_i(1), \Delta_i(2), \cdots, \Delta_i(n)$$

**3. 关联系数**

第 i 数列与母数列在 k 个对比点的关联系数为 $\xi_i(k)$。

$$\xi_i(k) = \frac{\min\limits_{i}\min\limits_{k}\Delta_i(k) + \zeta \max\limits_{i}\max\limits_{k}\Delta_i(k)}{\Delta_i(k) + \zeta \max\limits_{i}\max\limits_{k}\Delta_i(k)}$$

其中，$\zeta$ 为分辨系数，$0 < \zeta < 1$，通常设为 $0.5$。

**4. 关联度**

第 $i$ 数列与母数列的关联度为 $\gamma_i$，

$$r_i = \frac{1}{n}\sum_{k=1}^{n}\xi_i(k)$$

其中，$\gamma_i$ 值越大关联关系越强，$\gamma_i$ 值越小关联关系越弱。

传统灰色关联度分析的最大缺点在于，关联度只能反映两个数据序列之间的关联密切程度，不能反映两个数据序列相互关系的影响方向。但通过改进可以弥补这一缺点。

## 二、工业各行业对环境影响的灰色关联度分析

我们主要分析我国工业各行业对环境污染产生的胁迫，至于对污染物的处理属于环保内容，目前一般又将环保产业作为第四产业，在我们的分析中暂不考虑。因此，我们选取我国工业各行业环境污染的八个方面（废气排放量、二氧化硫排放量、烟粉尘排放量、废水排放量、化学需氧量排放量、氨氮排放量、固体废物排放量、固体废物产生量）作为母数列，将工业各行业作为子数列，分别研究工业各行业与各种环境污染物之间的关联程度，以反映工业各行业发展对各种环境污染物排放量的影响程度。最后我们将各行业对环境污染各方面的影响程度进行简单平均，得到各行业对环境污染的综合影响。对于环境污染物中的工业固体废物，我们选择了固体废物产生量和固体废物排放量两个指标，事实上就污染物来说，不管是产生量、还是排放量都是固体废物。一般认为产生量和排放量之间就是处理量，处理过的固体废物对环境就没有危害了，这是不正确的认识，绝大部分的工业固体废物处理方法是放置在指定场所，这部分固体废物在长期会产生相当大的危害，而固体废物的排放短期就会对环境产生危害。真正要改善环境，固体废物排放量要减少，产生量也要减少。

　　我们分析所用资料的时间跨度从 2000~2014 年，所分析的工业行业是进行归并后的 37 个。灰色关联度分析方法得到的"关联度"没有关联方向，但同样反映关联关系的相关分析方法却可以判断关联方向。相关分析需要的资料要求较高，在其计算的两个数列的相关系数不能通过相关检验时，相关系数的正负符号仍能代表两个数列的关联方向，是正相关还是负相关。

　　首先对我国 37 个工业行业与 8 种环境污染物做相关分析，得到的结果不能通过相关检验，但相关系数的方向却可以利用。我们用 37 个工业行业的营业额与每一种环境污染物排放量做灰色关联分析，得到 37 个行业有关 8 种工业污染物的关联度指标。每个行业对每种污染物的影响程度可以用关联度来反映，但是每个行业对每种污染的影响方向却无法得到体现。我们可以用相关分析得到的相关系数方向标注到相应的关联度上，就得到了带有方向的关联度指标。比如有色金属矿采选业与工业氨氮排放量的相关系数是负的，表明有色金属矿采选业的发展，有利于整体工业氨氮排放量的减少。通过灰色关联度分析得到有色金属矿采选业与工业氨氮排放量的关联度为 0.58，把相关系数的负号加到关联度上就使得关联方向得到确定。这样 -0.58 就表示，色金属矿采选业的发展相对于其他工业行业有利于整体工业氨氮排放量减少的影响程度为 0.58。

　　衡量工业各行业对环境污染的综合影响是将各行业对每种环境污染物的关联度加权平均，即：

　　某行业对环境污染的综合关联度 $= \sum$ 该行业对每种污染的关联度 × 该种污染的权重

　　各种环境污染物的权重是以各种污染物对环境的危害程度来确定的，污染物对环境的危害基本可以等价于对人类自身的危害。各种污染物对人类的危害可能不同，但是具体哪一种污染物的危害更大一些，我们很难确定。这就造成了各种污染的权重难以确定，目前并没有统一的污染物权重标准。我们假定，各种污染物对人类而言危害是一样的，即并不能肯定地说废水污染对人类的危害就大于废气污染对人类的危害。因此，在计算行业对环境污染的综合关联度时，我们将 8 种工业污染的权重视为相同，这样综合关联度就是每种污染物关联度的简单平均。

　　表 3-6 是我们计算的全国经过并整理后的 37 个工业行业对 8 种主要工业

污染物的关联度和综合关联度。资料从 2000~2014 年；所有原始数据标准化方法为：原始数据/原始数据中的最大值；分辨系数取 0.5。

表 3-6　　　　　工业各行业与主要工业污染物的关联度及综合关联度

| 行　业 | 废气 | 二氧化硫 | 烟粉尘 | 废水 | 化学需氧量 | 氨氮 | 固废产生量 | 固废排放量 | 综合关联度 |
|---|---|---|---|---|---|---|---|---|---|
| 煤炭开采和洗选业 | 0.778 | 0.570 | -0.531 | 0.544 | -0.524 | -0.551 | 0.748 | -0.501 | 0.066 |
| 石油和天然气开采业 | 0.863 | 0.681 | -0.588 | 0.642 | -0.603 | -0.583 | 0.848 | -0.531 | 0.091 |
| 黑色金属矿采选业 | 0.729 | 0.543 | -0.512 | 0.515 | -0.511 | -0.563 | 0.688 | -0.508 | 0.048 |
| 有色金属矿采选业 | 0.783 | 0.554 | -0.540 | 0.526 | -0.538 | -0.578 | 0.734 | -0.524 | 0.052 |
| 非金属矿采选业 | 0.744 | 0.540 | -0.541 | -0.505 | -0.529 | -0.578 | 0.684 | -0.526 | -0.089 |
| 其他采矿业 | -0.471 | -0.464 | 0.588 | -0.468 | 0.609 | 0.674 | -0.453 | 0.663 | 0.085 |
| 农副食品加工业 | 0.752 | 0.540 | -0.547 | 0.505 | -0.530 | -0.585 | 0.692 | -0.527 | 0.037 |
| 食品制造业 | 0.751 | 0.542 | -0.555 | 0.508 | -0.538 | -0.593 | 0.692 | -0.534 | 0.034 |
| 饮料制造业 | 0.782 | 0.553 | -0.552 | 0.516 | -0.539 | -0.593 | 0.718 | -0.534 | 0.044 |
| 烟草制品业 | 0.883 | 0.593 | -0.583 | 0.550 | -0.583 | -0.616 | 0.822 | -0.558 | 0.063 |
| 纺织业 | 0.905 | 0.610 | -0.571 | 0.563 | -0.575 | -0.589 | 0.844 | -0.543 | 0.081 |
| 纺织服装、鞋、帽制造业 | 0.798 | 0.556 | -0.572 | 0.519 | -0.560 | -0.601 | 0.734 | -0.541 | 0.042 |
| 皮革、毛皮等制品业 | 0.789 | 0.554 | -0.570 | 0.518 | -0.556 | -0.609 | 0.726 | -0.547 | 0.038 |
| 木材加工及木、竹等制品业 | 0.730 | 0.532 | -0.548 | -0.498 | -0.529 | -0.582 | 0.673 | -0.526 | -0.093 |
| 家具制造业 | 0.761 | 0.549 | -0.557 | 0.513 | -0.549 | -0.589 | 0.703 | -0.529 | 0.038 |
| 造纸及纸制品业 | 0.889 | 0.601 | -0.559 | 0.564 | -0.563 | -0.579 | 0.846 | -0.534 | 0.083 |
| 印刷业和记录媒介的复制 | 0.740 | 0.533 | -0.588 | 0.493 | -0.562 | -0.622 | 0.685 | -0.551 | 0.016 |
| 文教体育用品制造业 | 0.640 | -0.484 | -0.492 | -0.451 | -0.480 | -0.563 | 0.590 | -0.569 | -0.226 |
| 石油加工、炼焦等加工业 | 0.873 | 0.590 | -0.556 | 0.556 | -0.553 | -0.582 | 0.835 | -0.534 | 0.079 |
| 化学原料及制品制造业 | 0.771 | 0.551 | -0.550 | 0.515 | -0.539 | -0.591 | 0.710 | -0.531 | 0.042 |
| 医药制造业 | 0.731 | 0.529 | -0.555 | -0.497 | -0.533 | -0.599 | 0.674 | -0.546 | -0.099 |
| 化学纤维制造业 | 0.902 | 0.603 | -0.573 | 0.570 | -0.572 | -0.588 | 0.869 | -0.544 | 0.083 |
| 橡胶和塑料制品业 | 0.816 | 0.571 | -0.561 | 0.531 | -0.559 | -0.588 | 0.752 | -0.532 | 0.054 |
| 非金属矿物制品业 | 0.738 | 0.537 | -0.550 | 0.503 | -0.532 | -0.587 | 0.681 | -0.531 | 0.032 |
| 黑色金属冶炼及压延业 | 0.853 | 0.591 | -0.564 | 0.555 | -0.564 | -0.568 | 0.822 | -0.524 | 0.075 |
| 有色金属冶炼及压延业 | 0.752 | 0.546 | -0.547 | 0.510 | -0.535 | -0.591 | 0.694 | -0.531 | 0.037 |
| 金属制品业 | 0.754 | 0.541 | -0.560 | 0.506 | -0.541 | -0.597 | 0.694 | -0.534 | 0.033 |
| 通用设备制造业 | 0.830 | 0.589 | -0.553 | 0.546 | -0.550 | -0.566 | 0.770 | -0.515 | 0.069 |
| 专用设备制造业 | 0.773 | 0.556 | -0.544 | 0.518 | -0.542 | -0.578 | 0.712 | -0.520 | 0.047 |
| 交通运输设备制造业 | 0.774 | 0.556 | -0.548 | 0.518 | -0.546 | -0.587 | 0.714 | -0.527 | 0.044 |
| 电气机械及器材制造业 | 0.790 | 0.563 | -0.552 | 0.524 | -0.551 | -0.583 | 0.729 | -0.526 | 0.049 |
| 通信设备、计算机等制造业 | 0.858 | 0.585 | -0.579 | 0.544 | -0.578 | -0.605 | 0.793 | -0.553 | 0.058 |

续表

| 行　业 | 废气 | 二氧化硫 | 烟粉尘 | 废水 | 化学需氧量 | 氨氮 | 固废产生量 | 固废排放量 | 综合关联度 |
|---|---|---|---|---|---|---|---|---|---|
| 仪器仪表及文化用机械业 | 0.906 | 0.618 | -0.575 | 0.570 | -0.579 | -0.582 | 0.845 | -0.536 | 0.083 |
| 工艺品及其他制造业 | 0.787 | 0.594 | -0.598 | 0.540 | -0.585 | -0.592 | 0.743 | -0.533 | 0.044 |
| 电力、热力生产和供应业 | 0.900 | 0.597 | -0.566 | 0.561 | -0.573 | -0.590 | 0.847 | -0.544 | 0.079 |
| 燃气生产和供应业 | 0.691 | 0.517 | -0.558 | -0.479 | -0.534 | -0.598 | 0.639 | -0.545 | -0.108 |
| 水的生产和供应业 | 0.871 | 0.595 | -0.597 | 0.552 | -0.597 | -0.621 | 0.820 | -0.564 | 0.057 |

关联度为正数，表明行业发展对工业污染物排放量的正向影响，即行业发展增加了环境污染物的排放量（使环境污染加重）；关联度为负数，表明行业发展对工业污染物排放量的反向影响，即行业发展减少了环境污染物的排放量（使环境污染减轻）；行业关联度的数值越大，表明行业发展对环境污染的压力越大。

计算结果中，工业各行业对各种污染物排放量的关联度在 0.5 以上的就表明行业发展对污染物的排放量变化有明显的影响，达不到高度影响。环境库茨涅茨曲线理论认为，经济增长对环境产生两方面影响：恶化环境和改善环境，这两种影响程度相差不多时，经济增长与环境污染变化的相关度降低，这就是所谓的环境污染与经济增长的"脱钩现象"。因此关联度不高也表明行业发展对环境污染的正反两方面作用处在均衡之中。

综合关联度数值过低纯粹是因为所选择的综合方法造成的，某个行业对某种污染物排放量是正向影响、对另一种污染物排放量是反向影响时，即便是该行业对两种污染物的排放影响都很大，两者综合时关联度也会很小。因此，对于综合关联度不能以数值绝对量的大小判断行业对环境污染影响的高与低，而只能以行业间的数值比较来区分行业之间对环境污染影响的差异。例如，A 行业和 B 行业的综合关联度如果都为正数且 A 行业综合关联度大于 B 行业，说明 A 行业对环境污染加重的影响比 B 行业大；如果 A 行业综合关联度为正数，而 B 行业为负数且 A 行业综合关联度的绝对值小于 B 行业综合关联度的绝对值，表明 A 行业对环境污染加重的影响程度小于 B 行业对环境污染减轻的影响程度。

工业各行业对环境污染影响的计算结果与我们的经验估计基本吻合，例如，造纸及纸制品业对废气排放量和固体废物产生量的增加都有很大影响，对二氧化硫排放和废水排放量的增加有非常显著的影响，而对于烟粉尘、化学需氧量、氨氮和固体废物排放量的减少都产生了较好的影响，但造纸及纸制品业对加重环境污染的影响相比工业其他行业还是比较大。通过对灰色关联度的计算结果分析，我国工业各行业对环境污染的影响表现出以下特点。

（1）废气排放方面。37个工业行业中有36个行业对废气排放都是正向影响，并且关联度都很高，表明大部分行业的发展都会很大程度的增加废气排放量。与其他污染物相比，大部分行业对废气排放的正向影响程度都是最高的。对废气排放正向影响最大的前五个行业分别是：仪器仪表及文化、办公用机械制造业；纺织业；化学纤维制造业；电力、热力的生产和供应业、造纸及纸制品业。其中3个行业属于轻工业，这与我们在上一节内容中分析的轻工业废气排放强度大正好吻合。相对而言，燃气生产和供应业、文教体育用品制造业对废气排放的正向影响较小；其他采矿业对废气排放有反向影响。

（2）二氧化硫排放方面。有35个行业对二氧化硫排放都是正向影响，关联度在0.50~0.68之间，这表明大部分行业对二氧化硫排放都有显著影响。对二氧化硫排放正向影响最大的前五个行业分别是：石油和天然气开采业；仪器仪表及文化、办公用机械制造业；纺织业；化学纤维制造业；造纸及纸制品业，这五个行业对二氧化硫排放的关联度都在0.6以上，其中有三个行业属于轻工业，说明轻工业发展对加重空气污染的影响还是很明显的。其他采矿业和文教体育用品制造业虽然对二氧化硫排放的影响都不是很明显，但却都呈现反向影响。

（3）烟粉尘排放方面。只有1个行业（其他采矿业）对烟粉尘排放是正向影响，并且影响程度较为明显；有36行业都是反向影响，其中35个行业的关联度绝对值在0.5~0.6的显著影响之间，这表明大多数行业发展都十分注意减少烟粉尘的排放，行业发展对烟粉尘排放的减少起到了积极作用。对烟粉尘排放反向影响最大的前五个行业分别是工艺品及其他制造业；水的生产和供应业；印刷业和记录媒介的复制；石油和天然气开采业；烟草制品业。从全部工业行业来看，轻工业和制造业对烟粉尘排放减少的影响比较显著。

（4）废水排放方面。有31个行业对废水排放是正向影响，其中只有石油和天然气开采业的关联度在0.6以上，其他产生正向影响的行业关联度都在0.6以下，这表明大部分行业对废水排放增加的影响都不是很显著。排在正向影响前五位的行业，除了石油和天然气开采业以外，还有化学纤维制造业；仪器仪表及文化、办公用机械制造业；造纸及纸制品业；纺织业。显然，轻工业对废水排放增加的影响大于其他行业。有6个工业行业对废水排放是反向影响，其中非金属矿采选业的关联度达到了 - 0.505，其发展明显有助于废水排放的减少。

（5）化学需氧量排放方面。只有其他采矿业对化学需氧量排放是正向影响，并且影响程度较为显著；有36行业都是反向影响，影响程度与对烟粉尘排放的影响程度极为类似，只是大多数行业（有30个行业）对减轻化学需氧量排放的影响程度比对减轻烟粉尘排放的影响稍稍小一些。

（6）氨氮排放方面。工业各行业对氨氮排放的影响与对化学需氧量排放的影响几乎是一样的，正向影响和反向影响的行业相同。在影响程度上，其他采矿业对氨氮排放的正向影响大于对化学需氧量排放的正向影响，石油和天然气开采业对氨氮排放的反向影响小于对化学需氧量排放的反向影响，其他行业对氨氮排放的反向影响均略大于对化学需氧量排放的反向影响。

（7）固体废物产生方面。工业全行业只有其他采矿业对固体废物产生量有反向影响，并且影响程度不明显。有36个工业行业对固体废物产生量有正向影响，其中正向关联度达到0.8以上的有10个行业、0.7～0.8之间的有14各行业、0.6～0.7之间的有11个行业，绝大多数行业发展都会很大程度的增加固体废物产生量。对固体废物产生正向影响最大的前五个行业分别是：化学纤维制造业；石油和天然气开采业；电力、热力生产和供应业；造纸及纸制品业；仪器仪表及文化用机械业，这五个行业分属于轻工业、采掘业、原料业、制造业。对于我国工业整体来说，产生大量的固体废物和排放过多的废气是工业发展的两大顽症。

（8）固体废物排放方面。与对固体废物产生量的影响相反，工业全行业只有其他采矿业对固体废物排放量有正向影响，并且影响程度极为显著。其他36个行业对固体废物排放量都产生反向影响，但影响程度并不很大，关联度绝对值都在0.50～0.57之间。工业固体废物随意排放的大量减少，一方面是由于工业发展、实力增强，使大多数工业企业都有能力将固体废物妥善放置或加工利用；另一方面是社会对环境质量改善的要求导致政府对固体废物排放有严格的管制。固体废物属于显性环境污染物，管制的成本较低、效果较大。

（9）工业各行业对环境污染的综合影响方面。由于综合方法问题，工业各行业对环境污染的综合影响程度不能以综合关联度数值的大小来判断，只能是行业间的相互比较。从综合关联度来看，全部工业行业中有 32 个行业对环境污染是正向影响，正向影响程度最大的前五个行业分别是：石油和天然气开采业；其他采矿业；化学纤维制造业；仪器仪表及文化用机械业；造纸及纸制品业。有 5 个行业对环境污染是反向影响，反向影响程度从高到低排列的行业分别是：文教体育用品制造业；燃气生产和供应业；医药制造业；木材加工及木、竹等制品业；非金属矿采选业。

为了更形象直观地反映工业各行业对环境污染的综合影响程度，我们将各行业的综合关联度由高到低排列绘制成图，如图 3 - 3 所示。

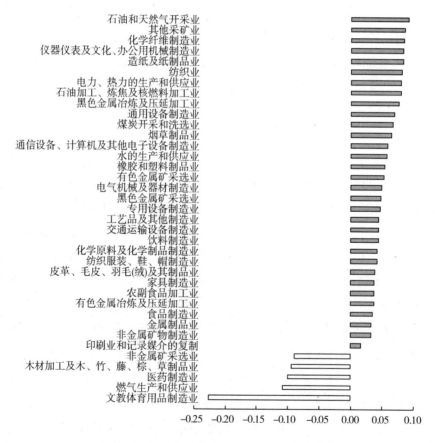

图 3 - 3　工业各行业对环境污染的综合关联度

　　图中纵轴的右边表明工业行业对环境污染的正向影响（加重环境污染），左边表明对环境污染的反向影响（减轻环境污染）。工业各行业由上到下的排列顺序是按对环境污染的综合关联度由高到低排列的，纵轴右边越靠上面的行业，对环境污染的正向影响程度越高，越靠下面的行业，对环境污染的正向影响程度越低；纵轴左边越靠上面的行业，对环境污染的反向影响程度越小，越靠下面的行业，对环境污染的反向影响程度越高。

　　直观地看，工业各行业对环境污染综合影响的差异还是比较大的。对环境污染加重行业来说，行业间影响程度也有很大的差距，正向影响最大行业的影响程度比正向影响最小行业高出了4.71倍；部分行业对环境污染减轻的影响程度明显较高，例如，文教体育用品制造业（反向影响最高的行业）对减轻环境污染的影响程度比石油和天然气开采业（正向影响最高的行业）对加重环境污染的影响程度高出1.48倍。

　　关联度的绝对值就代表行业对污染物排放的正向或反向影响程度（行业对环境污染的影响程度），我们计算了各个行业对各种污染物的关联度和综合关联度的绝对值，并计算了绝对值的平均数、均方差、变异系数和极差，用以判断工业各行业对各种污染物排放以及综合环境污染影响程度的差异。见表3-7。

表3-7　　　　　　　　　　工业行业对环境污染影响程度的差异对比

| 污染物 | 平均影响程度 | 影响程度极差 | 影响程度均方差 | 影响程度变异系数 |
|---|---|---|---|---|
| 废气排放 | 0.788 | 0.435 | 0.085 | 10.760 |
| 二氧化硫排放 | 0.563 | 0.217 | 0.039 | 6.915 |
| 烟粉尘排放 | 0.559 | 0.106 | 0.021 | 3.846 |
| 废水排放 | 0.527 | 0.191 | 0.034 | 6.543 |
| 化学需氧量排放 | 0.552 | 0.128 | 0.026 | 4.733 |
| 氨氮排放 | 0.590 | 0.122 | 0.021 | 3.519 |
| 固废产生量 | 0.736 | 0.416 | 0.084 | 11.422 |
| 固废排放量 | 0.538 | 0.163 | 0.025 | 4.700 |
| 综合环境污染 | 0.065 | 0.210 | 0.035 | 54.675 |

　　从平均影响程度来看，各行业对废气排放的影响程度最高，除了一个行

业外其他行业都是正向影响。这也印证了我国二氧化碳排放量高增长的原因（废气中的主要构成物质是二氧化碳），工业各行业的发展在很大程度上都加重了废气排放；平均影响程度最小的是废水排放，而且大多数行业对废水排放产生正向影响，部分产生反向影响的行业对减少废水排放的影响程度更小，但不管怎么说，工业整体发展对废水排放的"脱钩现象"已经显现出来。

从影响程度的极差来看，对废气排放影响程度的行业差距最大，而对烟粉尘排放影响程度的行业差异最小。从影响程度的均方差来看，各行业对废气排放和固体废物产生量的影响程度平均差异最大，而对烟粉尘排放和氨氮排放影响程度的平均差异最小。但是由于各行业对各种污染物排放的平均影响程度（对比基数）并不相同，因此对比影响程度的极差和均方差意义并不是太大。影响程度变异系数是去除了对比基数的各行业对环境污染影响程度的平均差异，因此更具有对比意义。

从影响程度的变异系数来看，对于单个污染物排放的影响，各行业对废气排放和固体废物产生量影响程度的平均差异远大于其他污染物，这表明在这两种污染物排放方面，各行业的影响程度存在很大差异；而在氨氮和二氧化硫排放方面，各行业的影响程度较为均衡。和单个污染物相比，各行业综合关联度的变异系数远远超过单个污染物的变异系数，这表明工业各行业对环境污染的综合影响程度存在着巨大差异。

# 第三节　工业行业结构变动的环境污染影响分析

工业各行业对环境污染的影响程度不同以及工业各行业在工业结构中的比重不同，导致工业行业的不同结构对环境污染的影响也不相同。考察各个时期不同工业行业结构下的环境污染影响程度，可以把握工业行业结构变动对环境污染的影响趋势。

## 一、工业行业结构变动的环境影响分析方法

工业各行业的环境污染影响系数是指工业各行业对环境污染的影响程度，

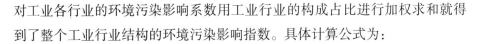 

对工业各行业的环境污染影响系数用工业行业的构成占比进行加权求和就得到了整个工业行业结构的环境污染影响指数。具体计算公式为：

$$ISE_t = \sum_{i=1}^{37} E_i \times IS_{it}$$

其中，$ISE_t$ 为 t 时期工业行业结构的环境污染影响指数；$E_i$ 为 i 行业的环境污染影响系数；$IS_{it}$ 为 t 时期 i 行业的营业额占工业总营业额的比重。

如果对环境污染正向影响大的行业在整个工业中的比重上升，那么工业行业结构的环境污染影响指数就会变大，工业行业的结构变动加大了对环境污染的影响程度。计算出每一个时期工业行业结构的环境污染影响指数，就可以比较明确地显示出工业行业结构的调整对环境污染影响的方向和程度。

## 二、工业行业结构变动的环境影响测定

通过本章第二节灰色关联度的分析，我们大致确定了工业各行业对环境污染的影响方向和影响程度，因此可以用工业各行业与环境污染的综合关联度代表各行业的环境污染影响系数。利用 2000～2014 年全国工业行业结构比重，我们计算了相关年份我国工业行业结构的环境污染影响指数。见表 3－8。

表 3－8　　　　　　　　　工业行业结构的环境污染影响指数

| 年　份 | 2000 | 2001 | 2002 | 2003 | 2004 | 2005 | 2006 | 2007 |
|---|---|---|---|---|---|---|---|---|
| 环境污染影响指数 | 0.0510 | 0.0505 | 0.0502 | 0.0509 | 0.0522 | 0.0521 | 0.0518 | 0.0512 |
| 年　份 | 2008 | 2009 | 2010 | 2011 | 2012 | 2013 | 2014 | 2015 |
| 环境污染影响指数 | 0.0508 | 0.0494 | 0.0493 | 0.0492 | 0.0462 | 0.0451 | 0.0437 | — |

工业行业结构变动的确对环境污染产生了影响，从 2000～2014 年，全国工业行业结构变动使环境污染减轻了 14.28%，这说明这一时期全国工业行业结构调整总体上有助于改善环境质量。在这一时期，只有 2003 年和 2004 年工业行业结构变动加重了对环境污染，其他年份结构调整都不同程度地降低了对环境污染的影响，其中 2014 年工业行业结构调整对改善环境污染的作用最大。

为了更为直观地反映工业行业结构变动对环境污染的影响趋势，我们将

全国工业行业结构环境污染影响指数按时间顺序绘制成散点图，并配合趋势线以便于观察。见图 3 - 4。

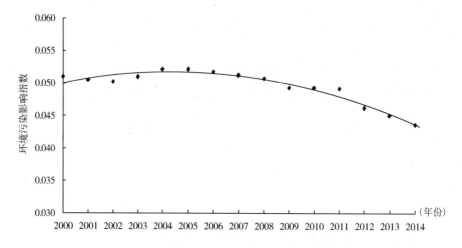

**图 3 - 4　工业行业结构的环境污染影响指数变动**

图 3 - 4 中各个点表示各个年份的结构环境污染影响指数，虚线是根据点的分布状况拟合的趋势线。

图 3 - 4 中显示，2002～2004 年工业行业结构调整较大程度的加重了环境污染；2004～2009 年行业结构调整使环境污染平稳下降；2009～2011 年行业结构调整基本没有对环境污染变动产生影响；2011 年之后，行业结构调整对减轻环境污染的作用明显加快。

用趋势线对散点进行拟合可以更为清楚的显示行业结构变动对环境污染的影响趋势，我们用二次方程进行拟合得到了很好的拟合效果。以时间变量为 x（2000 年为 1，2014 年为 15）；以工业行业结构的环境污染影响指数为 y，二次方程为：

$$y = -9E - 05x^2 + 0.353x - 354.3$$
$$拟合度\ R^2 = 0.946$$

从图形上看方程的曲线与散点的拟合程度非常高，这表明变量按趋势线变动的可能性应该非常大。二次方程显示的曲线类型为倒 U 形，目前我国工业行业结构变动对环境污染的影响正处在倒 U 形曲线右方，这表明我国工业行业结构变动方向正在使环境污染朝着减轻的趋势发展。

# 第四节　主要结论及结构调整策略

## 一、主要结论

工业是造成环境污染的最主要部门，工业中的各个行业对环境污染影响是不同的，各行业在工业中的构成比例也不相同，因而不同工业行业结构对环境污染的影响也不相同。我国工业行业结构在不断变化，伴随结构变化的环境污染也在发生着变化。

（1）我国工业各行业发展并不均衡，工业行业结构中原料业和制造业占主体。1990～2014年间我国工业行业结构发生了巨大变化，原料业和制造业的比重在不断上升，采掘业和轻工业比重相应下降，工业行业结构重心向制造业移动的特征较为明显。相对而言，2000年以后的行业结构变动慢于2000年之前，工业行业结构朝着更加平稳、均衡的方向变动。从整个工业的行业结构上看，目前我国工业仍属于重化工业类型。

（2）2000年以后，我国全部工业行业主要产生的8种工业污染物中，排放量上升的污染物有：废气、废水和固体废物产生量，三种污染物的年均增速都达到了10%以上；排放量下降的污染物有：二氧化硫、烟粉尘、化学需氧量、氨氮和固体废物排放量，其中固体废物排放量的年均下降速度最快。随着工业发展，工业经济实力不断增强，顺应社会对高质量环境的要求以及更为严格的环境管制，工业对污染物排放加大了技术和设施投入，取得了明显效果，大多数污染物排放得到了控制。

（3）工业各行业污染物排放变动存在较大差异，废气排放：各行业均呈上升，原料业增速最快，采掘业最慢；二氧化硫排放：轻工业上升，其他行业均下降；烟粉尘排放：采掘业增长，其他行业均下降；废水排放：各行业都有上升，采掘业增速最高，制造业最小；化学需氧量排放：各行业都出现下降，原料业降速最快，采掘业降速最慢；氨氮排放：只有采掘业上升，原料业降速最快；固体废物产生量：各行业都有较大增长，采掘业增速最快，轻工业增速较慢；固体废物排放：各行业均大幅度下降，原料业降速最快，采掘业最慢。

（4）我国工业污染物排放的行业结构显示，原料业是工业污染的最主要部门，轻工业基本上属于工业的第二大污染行业，采掘业主要在固体废物方面占比较高，制造业各种污染物排放量都相对较低。

（5）从工业各行业的污染物排放强度看，轻工业的废气、二氧化硫和烟粉尘排放强度都远高于其他行业；采掘业的废水、化学需氧量、固体废物产生和固体废物排放的强度都是最高的；原料业的各种污染物排放强度相对都较低。动态来看，所有工业行业对所有污染物的排放强度都呈现大幅度下降，我国整体工业污染物减排效果十分明显。

（6）工业各行业除自身排放污染物直接造成环境污染外，还通过关联行业对环境污染产生间接影响，因此工业各行业对环境污染的影响，就是各行业发展对环境污染产生的综合影响。我国37个工业基本行业中，有32个行业对环境污染是正向影响（其发展使环境污染加重）；有5个行业对环境污染是反向影响（其发展使环境污染减轻）。工业各行业对环境污染的综合影响程度存在着巨大差异。

（7）我国工业行业结构变动对环境污染产生了重要影响。研究显示，我国工业行业结构变动对环境污染的影响趋势呈倒U形曲线特征，目前我国工业行业结构变动方向有助于环境质量的改善。

## 二、结构调整策略

（1）加快制造业发展速度，控制采掘业发展规模。我国工业行业结构变动表现出的显著特征是制造业和原料业的比重在不断上升，这种行业结构变动趋势促进了我国工业的快速发展，同时也减轻了工业对环境的污染程度，因此应加速这种结构的调整步伐。在工业污染物排放中，控制工业废水排放量过快增长是减轻工业环境污染的关键，控制采掘业发展规模不但可以有效控制废水排放量，还有助于减缓工业固体废物产生量的过快增长。

（2）有序发展原料工业。原料工业不但在工业中具有重要地位，在整个国民经济中的地位也很突出。原料工业中的很多产品属于终端产品，随着人民生活水平的提高，部分原料行业必须加快发展，为减轻环境污染而控制原料行业发展会严重影响国民经济的整体发展。原料行业本身对各种环境污染物的排放强度都相对较低，但在我国与原料行业相关联的部门太多，尤其是采掘业与原料行业高度相关，原料行业的规模扩张会极大地带动一些高污染部门的发展，这使得原料部门对环境污染的整体影响较大。对于原料行业不能简单地控制其发展规模，为降低原料行业对环境污染的影响程度，一方面要积极发展为人民生活直接提供终端产品的原料生产部门，控制离终端市场较远、主要为国外提供廉价原料产品的生产部门；另一方面积极利用国际市场，降低原料行业对国内采掘业的依赖。

（3）加强轻工业的技术改造，降低轻工业的环境污染物排放强度。轻工业直接连接着终端市场，随着人民生活水平的不断提高，轻工业不可能发展太慢；我国作为一个人口大国对轻工产品的需求不可能过分依赖国外进口；我国的很多轻工业产品在国际上具有很强的竞争力，控制轻工业发展规模势必失去已有的国际市场份额。因此，即便是为降低环境污染不大力促进轻工业发展，也至少要保持轻工业现有的发展速度。长期以来，一种普遍的看法认为轻工业对环境污染的影响较小，所以将更多的资金和技术投入到重化工业污染物排放的控制之中。今后要十分重视轻工业的环境污染问题，加大资金和技术的投入力度，降低轻工业的污染物排放强度，这一方面是为了降低整个工业的环境污染水平；另一方面也是为了保持我国轻工产品的国际竞争力。我国轻工产品之所以在国际市场上具有较强的竞争力，其中一个重要原因是我国轻工产品成本中没有完全包含进环境成本。随着全球环保意识越来越强，通过绿色壁垒阻止高污染轻工产品进入本国市场将越来越被普遍使用。以我国轻工产业目前的环境污染强度，如果加进环境成本，我国轻工产品的国际竞争力将会大大削弱。因此，即便是不为降低整个工业的环境污染水平，仅仅从轻工业自身未来发展需要，轻工业也必须加大技术投入降低环境污染强度。

# 第四章

# 工业其他类型结构变动与
# 环境污染

    全面了解一个事物应该从多个角度进行考察，工业是产生环境污染的主要部门，仅通过工业基本行业一个方面了解工业结构变动对环境污染的影响，对于全面透彻的理解工业结构变动对环境污染的作用是远远不够的。我们还存在着诸如：是大型工业企业对环境污染的影响程度大，还是小型工业企业对环境污染的影响程度大；是经济效益高的行业对环境污染的影响程度大，还是经济效益低的行业对环境污染的影响程度大；是吸收就业多的行业对环境污染的影响程度大，还是吸收就业少的行业对环境污染的影响程度大；是技术水平相对较高行业对环境污染的影响程度大，还是技术水平相对较低行业对环境污染的影响程度大；等等的疑问。通过对不同类型工业结构的环境影响分析，可以更多地了解工业发展过程中对环境污染的信息，这对于科学制定工业结构调整策略极为重要。

    根据我们所能够掌握的资料，以及社会对工业结构一些主要的关注点，我们拟对工业企业的规模水平、工业行业的收益水平、技术水平、出口能力、利税贡献、吸纳就业能力、竞争力水平、劳动效率等八个重要方面进行结构分析。大多数工业结构的划分是依据某个划分标准将工业各基本行业进行归并，例如，著名的工业霍夫曼结构，依据工业各基本行业提供的是生活资料还是生产资料将工业各基本行业归并为轻工业和重工业，然后进行对比的一种工业结构。事实上霍夫曼结构仍然是一种行业结构，只不过是按不同标准划分的另一种行业结构罢了。考虑到我们主要研究的是宏观经济和中观经济问题，主要是为工业行业发展政策制定提供决策依据，因此，我们对各种类型工业结构的划分如同大多数工业结构的划分方式一样，主要是以工业基本行业的归并作为划分的基础。例如，工业行业竞争力结构是以一定的竞争力水平作为划分依据，将工业各基本行业归并为竞争力较高行业、竞争力一般行业和竞争力较低行业，所划分的这三类行业的营业收入比就代表工业行业竞争力结构。

不同类型工业行业结构的划分标准确定，本身就是一项极具挑战性工作。在我们将要研究的各种类型工业行业结构中，除工业企业规模结构有国家统一的划分标准外，其他类型的工业行业结构并无统一划分标准，这给我们的研究带来了巨大困难。由于我们主要研究的是我国工业结构问题，因此结构划分标准主要以我国工业各行业的相对差异作为确定依据。例如，在我国工业行业技术结构中的技术水平较高行业，只是相对于我国其他工业行业而言该行业是技术水平是较高的，但它并不代表技术的绝对水平。将各个工业基本行业划分为不同的类型，是依据工业各个行业相关指标的数值高低进行判断的，而工业各基本行业相关指标在不同时期是有差异的，为了消除工业基本行业相关指标在不同时期的差异，同时又使相关判断指标能够代表工业基本行业的最新状况，我们用工业基本行业近六年相关指标的平均数（2009～2014年）作为对工业基本行业进行归类的判断依据。除工业企业规模结构按国家标准以企业作为归并基础外，其他类型工业行业结构均按我国各工业基本行业相关指标的相对标准以工业基本行业（我国37个行业，见第三章）作为归并的基础。在对工业基本行业进行分类以后，以营业收入对划入同一类型的工业基本行业进行归并，最后以新划分的不同类型行业的营业收入比重表现工业行业结构。

在对各种类型工业行业结构进行定量化描述的基础上，我们主要研究各种类型工业行业结构对环境污染的影响。由于工业分行业资料和环境污染资料的完整性、系统性不足，我们仍采用灰色关联度分析方法进行研究，具体方法详见第三章第二节，本章在使用灰色关联度分析方法计算变量间的关联系数时，分辨系数均取0.5；利用的相关数据资料均从2000～2014年；原始数据标准化方法：原始数据/原始数据中的最大值。采用各工业行业与各种污染物排放的相关系数确定行业对环境污染的影响方向，以相关系数正负号改进关联系数。

# 第一节  工业企业规模结构与环境污染

　　构成工业的最基本单元是各种类型的工业企业，工业基本行业划分实际上是按某一分类标准对工业企业归并形成各类工业行业。工业企业的一个重要特征是规模大小不一样，分析工业企业规模结构变动对环境污染的影响是结构影响环境研究中的一个重要内容。企业规模大小的划分标准各国并不相同，我国目前主要按营业收入、资产总额的多少进行归类，将工业企业划分为大、中、小型三类规模。不同类型工业企业规模不是对工业基本行业进行的归类，而是直接以工业企业为对象进行归类。

## 一、工业企业规模结构的特征

　　工业企业规模结构是以大、中、小不同类型工业企业的营业收入占工业总营业收入的比重来反映。不同规模的工业企业对经济、社会、环境的影响是不同的，比如，大规模企业的研发能力较强、小规模企业吸收就业的能力较强，因此，不同规模的企业在工业中的构成比例是产业政策中一个重要的关注点。表4-1反映了全国2000年和2014年工业企业规模结构状况以及各种规模工业企业的增长状况。

表4-1　　　　　按企业规模划分的工业结构比重及营业额变动状况　　　　单位:%

| 企业类型 | 营业收入比重 | | | 营业收入2014年比2003年 | |
|---|---|---|---|---|---|
| | 2000年 | 2003年 | 2014年 | 增长幅度 | 年均增长速度 |
| 大型工业企业 | 47.24 | 36.71 | 39.45 | 731.07 | 16.33 |
| 中型工业企业 | 12.32 | 32.94 | 24.23 | 468.90 | 13.22 |
| 小型工业企业 | 40.44 | 30.36 | 36.31 | 824.97 | 17.22 |

　　从2000~2014年，我国工业企业规模结构都表现为两头大、中间小的结构类型，大型和小型工业企业的比重大，中型企业相对较弱。从数据可以发现，2003年以前大型工业企业在整个工业中占比非常高，2001年大型工业企

业占比达到 49.48%，到 2003 年又出现了大幅度下降，这种结构变动并不是工业发展自发形成的，而是企业规模划分标准发生了变化，因此 2003 年之前和之后的结构不具有对比性。为了分析的准确性，我们只对 2003 年以后的工业企业规模结构进行分析。

2003 年我国工业企业规模结构表现为大型企业占比最大、中型企业次之、小型企业占比最小，但结构分布还是相对均衡。随后，我国发展战略一方面支持大型企业（特别是国有大型企业）发展，一方面鼓励小企业发展（特别是民营企业发展），大型企业和小型企业都得到了快速增长。2014 年比 2003 年，大型企业增长了 7.31 倍，小型企业更是增长了 8.25 倍，而中型企业只增长了 4.69 倍。到 2014 年，大型企业和小型企业占比都有提高，其中小型企业大幅度提高了 5.96 个百分点，而中型企业由于增长速度相对较低，在工业中的地位明显下降，工业占比下降了 8.7 个百分点。2014 年我国工业企业规模结构已不再均衡。

图 4-1 是通过图形表现的我国企业工业规模结构从 2000 年到 2014 年的动态变动状况。

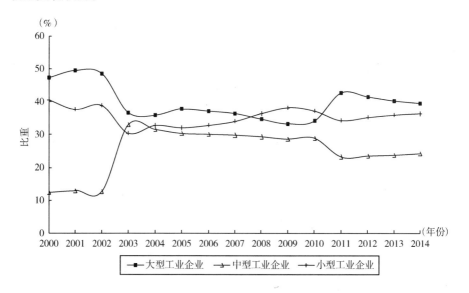

图 4-1　工业规模结构状况变动状况（2000~2014 年）

图 4-1 中 2003 年以前的结构变动仅作为参考。2003~2014 年，我国工业企业规模结构类型发生了多次变化，小型企业占比在 2004 年就超过了

中型企业，将工业企业规模结构类型从"大、中、小"转变成"大、小、中"，但这时的中型和小型企业占比基本接近；2008 年小型企业占比超过了大型企业，将工业企业规模结构类型转变为"小、大、中"，而仅仅过了三年，小型企业占比又被大型企业超越，规模结构类型再一次回到"大、小、中"。

从变动趋势看，小型企业在工业中的地位总体上不断上升，每一次占比短暂下降后，又会出现较长时期的上升态势；大型企业在工业结构的表现与小企业刚好相反，每一次占比短暂上升后，又会出现较长时期的下降态势，但大型企业占比仍然有所提高；中型企业在工业中的地位总体上呈不断下降态势，2011 年以后占比有很小幅度的上升，但中型企业与小型企业占比的差距在不断扩大。

总的来看，我国工业企业规模结构目前仍表现为大型化特征，但 2011 年以后大型企业的增长速度远不如小型企业，大型企业在工业中的地位有比较快的下降，我国工业企业规模结构从大型化特征向小型化特征演变的趋势比较明显。

## 二、各种规模工业企业发展对环境污染的影响

在环境污染物方面，我们以我国工业废气排放量、二氧化硫排放量、烟粉尘排放量、废水排放量、化学需氧量排放量、氨氮排放量、固体废物产生量和固体废物排放量等 8 个方面作为工业对环境污染的代表；用大、中、小型工业企业的营业收入与 8 个环境污染方面的排放量和产生量分别作灰色关联度分析。以各种规模工业企业与相关环境污染物排放的关联度来反映不同规模工业企业对环境污染各个方面的影响程度，最后我们将不同规模工业企业对环境污染 8 个方面的影响程度进行简单平均，得到不同规模工业企业对环境污染的综合关联度，以综合关联度来反映不同规模工业企业对环境污染的综合影响程度。关联度的计算和解读方法与第三章相同。表 4-2 计算的是大、中、小型工业企业对 8 种主要工业污染物的关联度和综合关联度。

表 4 - 2　　　　　　　大、中、小型工业企业与主要工业污染物的
关联度及综合关联度

| 企业类型 | 废气 | 二氧化硫 | 烟粉尘 | 废水 | 化学需氧量 | 氨氮 | 固废产生量 | 固废排放量 | 综合关联度 |
|---|---|---|---|---|---|---|---|---|---|
| 大型工业企业 | 0.624 | -0.671 | -0.673 | -0.648 | -0.631 | -0.635 | 0.642 | -0.635 | -0.328 |
| 中型工业企业 | 0.732 | -0.705 | -0.708 | -0.666 | -0.696 | -0.618 | 0.750 | -0.618 | -0.316 |
| 小型工业企业 | 0.628 | -0.673 | -0.691 | -0.641 | -0.664 | -0.620 | 0.646 | -0.620 | -0.329 |

关联度显示，我国大、中、小型工业企业对环境污染物排放量的影响方向和影响程度各不相同。中型工业企业对废气排放量和固体废物产生量的增加影响最大，对二氧化硫、烟粉尘、废水和化学需氧量排放量的减少影响也最大，而对氨氮和固体废物排放量的减少影响最小；大型工业企业对废气排放量和固体废物产生量的增加影响较小，对氨氮和固体废物排放量的减少影响最大，对二氧化硫、化学需氧量和烟粉尘排放量以及固废产生量的减少影响最小；小型工业企业对废水排放量减少的影响最小，对固体废物产生和废气排放都产生正向影响（其发展增加了污染物的排放量），而对二氧化硫、烟粉尘、废水、化学需氧量、氨氮和固体废物排放都产生反向影响（其发展有助于减少污染物的排放量），小型企业对环境污染物不管是产生正向影响还是反向影响，其影响程度大都介于大型企业和中型企业之间。

我国各类企业增长数据和主要环境污染物排放量数据显示，在我国大中小型企业高速增长的同时，绝大多数环境污染物排放量在下降，这表明在工业发展对环境污染产生的两方面影响中，改善环境质量的影响已经略微超过了增加环境污染的影响。综合关联度反映出了企业发展与环境污染之间的反向变动关系。数据显示，我国大中小型企业发展对环境综合污染均呈反向影响，这表明不同规模企业的发展对减轻环境污染均是有利的，其中小型企业对减轻环境污染的影响程度最大，而中型企业反向影响程度相对最小。

### 三、工业企业规模结构变动对环境污染影响分析

用大、中、小型工业企业与环境污染的综合关联度来代表不同规模工业企业对环境污染的影响系数。利用 2003～2014 年我国大、中、小型工业企

的结构比重，我们计算了相关年份我国工业企业规模结构的环境污染影响指数（具体方法见第三章第三节，本章以下各节有关结构变动对环境污染的影响指数计算均按第三章第三节所用方法）。表4-3计算的是分年度我国工业企业规模结构的环境影响指数。

表4-3　　　　　　　工业企业规模结构的环境污染影响指数

| 年　份 | 2003 | 2004 | 2005 | 2006 | 2007 | 2008 |
|---|---|---|---|---|---|---|
| 环境污染影响指数 | -0.3247 | -0.3249 | -0.3250 | -0.3251 | -0.3251 | -0.3252 |
| 年　份 | 2009 | 2010 | 2011 | 2012 | 2013 | 2014 |
| 环境污染影响指数 | -0.3253 | -0.3253 | -0.3259 | -0.3259 | -0.3259 | -0.3258 |

各年数据反映，工业企业规模结构变化虽然对环境污染都有减轻的影响，但影响程度的变化却很小。2014年比2003年因规模结构变化使环境污染程度只减轻了0.34%，这种影响的变化非常微弱。

为了更直观地反映工业企业规模结构变动对环境污染的影响程度，我们将工业企业规模结构的环境污染影响指数按时间顺序绘制成散点图，并配合趋势线以便于观察，见图4-2。

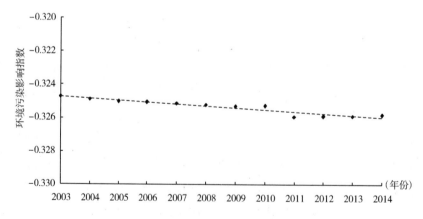

图4-2　工业企业规模结构的环境污染影响指数变动趋势

图4-2中各点表示相应各个年份的结构环境污染影响指数，虚线是根据点的分布状况拟合的趋势线。工业企业规模结构变动对减轻环境污染的影响程度总体趋势是微弱的上升。从2003～2014年，结构变动对环境污染的影响程度的表现得极其平稳，近乎一条水平线。只是在2010～2011年间影响程度

有比较明显的上升，对比这段时间的规模结构变化可以发现，这段时间正是
对环境污染减轻有较大影响的小型和大型企业占比有比较大上升的时期，这
表明小型企业和大型企业在工业中的比重上升更有利于环境污染的减轻。

　　图 4 - 2 中的趋势线为线性方程，y 为环境污染影响指数，x 为时间序列。
线性方程的具体形式为：$y = 0.00001x - 0.099$；拟合度 $R^2 = 0.892$。回归方程
的拟合程度比较高，方程可以较好地反映我国工业企业规模结构变动对环境
污染影响程度的变动趋势。根据线性方程判断，我国工业企业规模结构变动
方向仍然会微弱地有利于环境污染的减轻。

# 第二节　工业行业收益结构与环境污染

　　收益代表投资所能够带来的回报，某个行业收益越高，其吸引的投资就
会越多，行业发展的就会越快。事实上，从市场对资源的配置来看，工业行
业结构变动的主要推动力量，就是各工业行业收益的不同推动了投资变化从
而引起行业发展上的差异。收益高低不同的行业对工业发展的促进作用不同，
同时也对环境污染的影响产生差异，从收益角度考察工业行业结构主要是为
了解市场自发力量对工业行业结构的影响，从而延伸到市场自发配置资源对
环境污染的影响。

## 一、工业行业收益结构及其特征

　　代表收益的指标有很多，能够较好比较行业间或企业间收益差异、并且
使用较为普遍的指标是净资产收益率（ROE）。我们也采用净资产收益率来
区分不同行业的收益差别，工业各行业净资产收益率是用行业产生的利润除
以行业净资产。

　　工业行业收益结构反映收益（净资产收益率）不同行业之间的比例关
系。我们将 37 个工业基本行业按收益较高行业、收益一般行业和收益较低行
业三种类型进行归并，最终对三类不同收益水平的行业总体进行结构分析。
首先，计算我国 37 个工业行业每年的净资产收益率，从 2009 ~ 2014 年共六

年的净资产收益率；其次，对六年的净资产收益率进行简单平均，计算出工业各行业六年间的平均净资产收益率；最后，将工业各行业按平均净资产收益率从高到低进行排序。这里关键的问题是以什么标准将净资产收益率划分为较高、一般、较低三种类型。我们计算的 2009～2014 年间我国工业全行业平均净资产收益率为 18.27%，这一全行业平均收益率就代表着一般收益水平。通常数据结构中，平均数 20% 左右的数据都应该属于同一类，因而我们将净资产收益率高于 22.46% 的工业行业作为收益较高行业，将净资产收益率低于 14.97% 的工业行业作为收益较低行业，净资产收益率介于 14.97%～22.46% 的工业行业作为收益一般行业。需要注意的是，这种划分不是很精确，只是为了进行研究上的方便，当然完全可以有其他的划分方法。表 4－4 是根据我国 37 个工业行业的净资产收益率近六年（2009～2014 年）平均值将各工业行业进行的归类。

表 4－4　　　　　　　　　不同收益水平的工业行业分类　　　　　　　　单位:%

| 收益较高行业 | 收益一般行业 | 收益较低行业 |
| --- | --- | --- |
| 皮革、毛皮、羽毛（绒）及其制品业27.63；木材加工及木、竹、藤、棕、草制品业27.34；农副食品加工业26.97；食品制造业26.55；非金属矿采选业25.60；饮料制造业24.80；交通运输设备制造业23.89；纺织服装、鞋、帽制造业22.98 | 工艺品及其他制造业22.39；非金属矿物制造业21.82；其他采矿业21.45；家具制造业21.42；煤炭开采和洗选业20.54；医药制造业20.47；文教体育用品制造业20.47；电气机械及器材制造业20.13；纺织业19.95；橡胶和塑料制品业19.83；金属制品业19.78；通用设备制造业19.72；仪器仪表及文化、办公用机械制造业19.27；印刷业和记录媒介的复制18.89；烟草制品业18.65；专用设备制造业18.40；化学原料及化学制品制造业18.08；燃气生产和供应业17.42；有色金属冶炼及压延加工业16.57；通信设备、计算机及其他电子设备制造业16.03；造纸及纸制品业15.05 | 化学纤维制造业14.81；黑色金属冶炼及压延加工业10.21；石油加工、炼焦及核燃料加工业9.38；电力、热力的生产和供应业8.25；水的生产和供应业2.72 |

注：表中每个工业行业后的数值为各行业净资产收益率（2009～2014 年平均值）。

对分类后工业各行业的营业收入进行归并，得到收益较高行业、收益一般行业和收益较低行业的工业营业总收入，三类行业营业总收入在工业总营业收入中的比重就反映了我国工业行业收益结构。表 4－5 是我国 2000 年和 2014 年工业行业收益结构状况以及不同收益工业行业的增长状况。

表4-5          按收益水平划分的工业行业结构比重及营业额变动状况          单位:%

| 行业类型 | 营业收入比重 | | 营业收入2014年比2000年 | |
|---|---|---|---|---|
| | 2000年 | 2014年 | 增长幅度 | 年均增长速度 |
| 收益较高行业 | 23.13 | 24.30 | 1282.11 | 20.63 |
| 收益一般行业 | 55.74 | 59.31 | 1299.84 | 20.74 |
| 收益较低行业 | 21.13 | 16.38 | 920.13 | 18.04 |

　　2000年我国工业行业收益结构表现为收益一般行业占比重最大，占整个工业的一半以上。收益较好行业比重排第二，但收益较低行业与之较为接近。到2014年，我国工业行业收益结构的最大变化是工业行业收益整体提高，收益较高行业和收益一般行业在工业中的占比都有提高，其中收益一般行业占比上升幅度最大，其行业占比接近60%，而收益较低行业在工业中的份额急剧下降。随着市场化的推进，收益较低行业在市场中获得的投资相对增长较慢，行业地位下降是一个很正常的现象。我国收益较低行业在工业中比重下降，也说明我国市场化进程在不断加深，市场对资源配置的作用越来越大。

　　从收益水平不同行业的增长状况看，收益较高行业和收益一般行业的增长年均增长速度都达到了20%以上，相对而言收益较低行业年均增长速度慢于收益较高和一般行业，这也是收益较低行业占比下降的重要原因。图4-3表现了我国工业行业收益结构2000～2014年的动态变化情况。

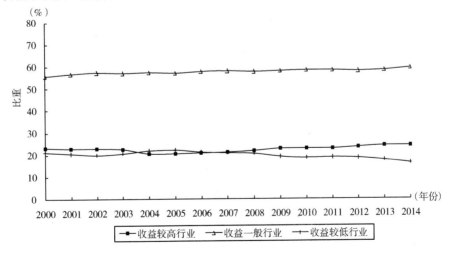

图4-3  工业行业收益结构变动（2000～2014年）

图 4-3 中显示，2000~2014 年我国工业行业收益结构变动比较平稳，未出现结构大幅度变动情况。2004 年以前收益较高行业占比高于收益较低行业，2004~2007 年期间收益较低行业占比超过了收益较高行业，2007 年以后两个行业占比开始出现分化走势，收益较低行业占比持续走低，与收益较高行业占比的差距越来越大。从整个时期来看，收益一般行业在工业中的占比呈持续上升趋势，收益较低行业呈持续下降趋势，而收益较好行业占比在保持平稳中有微小的上升。

## 二、不同收益工业行业发展对环境污染的影响

首先用三种收益不同类型工业行业的营业收入与八个环境污染方面的排放量分别作灰色关联度分析和相关分析，求出不同收益工业行业与各环境污染物排放量的关联度（带影响方向的关联度）；然后对单项污染物关联度进行简单平均，求出不同收益工业行业对环境污染总体影响的综合关联度。表 4-6 计算的是我国不同收益工业行业对八种主要工业污染物排放量（产生量）的关联度和对环境污染的综合关联度。

表 4-6　　　　　工业不同收益行业与主要工业污染物的
关联度及综合关联度

| 企业类型 | 废气 | 二氧化硫 | 烟粉尘 | 废水 | 化学需氧量 | 氨氮 | 固废产生量 | 固废排放量 | 综合关联度 |
|---|---|---|---|---|---|---|---|---|---|
| 收益较高行业 | 0.495 | 0.540 | -0.561 | 0.539 | -0.534 | -0.603 | 0.459 | -0.537 | -0.025 |
| 收益一般行业 | 0.514 | 0.551 | -0.565 | 0.549 | -0.543 | -0.601 | 0.478 | -0.538 | -0.020 |
| 收益较低行业 | 0.661 | 0.583 | -0.575 | 0.585 | -0.554 | -0.590 | 0.663 | -0.541 | 0.029 |

数据显示，三种收益水平工业行业对固体废物产生、废水排放、二氧化硫排放和废气排放都产生正向影响。其中，收益较低行业对污染物排放增加的影响程度最大，并且影响都比较显著；收益较高行业对污染物排放增加的影响程度最小，其中对固体废物产生量和废气排放量增加的影响并不显著；收益一般行业对污染物排放增加的影响程度介于收益较低和较高行业之间，

除对固体废物产生量增加的影响不显著外，对其他污染物排放的正向影响都比较明显。

三种收益水平工业行业对烟粉尘排放、化学需氧量排放、氨氮排放和固体废物排放都产生反向影响。其中，收益较低行业对烟粉尘排放、化学需氧量排放和固体废物排放量减少的影响程度最大，而对氨氮排放量减少的影响程度最小；收益较高行业对氨氮排放量减少的影响程度最大，对烟粉尘排放、化学需氧量排放和固体废物排放量减少的影响程度最小。

三种收益水平工业行业对各种污染物排放的影响，不管是正向影响、还是反向影响，除了对固体废物产生量和废气排放量增加的影响程度有较大差异外，对其他污染物排放的影响程度都相差不大。总体来看，收益较高行业和收益一般行业都出现对环境污染减轻的综合影响，其中收益较高行业对环境污染减轻的综合影响程度最大，而收益较低行业对环境污染的综合影响仍然是正向的，这表明收益较低行业发展不利于环境污染的减轻。

## 三、工业行业收益结构变动对环境污染影响分析

用全国工业中收益较高行业、收益一般行业和收益较低行业对环境污染的综合关联度来代表不同收益水平工业行业对环境污染的影响系数。利用2000～2014年全国不同收益类型工业行业营业收入在工业营业总收入中的比重，我们计算了相关年份全国工业行业收益结构的环境污染影响指数。见表4－7。

表4－7　　　　　　　　工业行业收益结构的环境污染影响指数

| 年　份 | 2000 | 2001 | 2002 | 2003 | 2004 | 2005 | 2006 | 2007 |
|---|---|---|---|---|---|---|---|---|
| 环境污染影响指数 | －0.0106 | －0.0109 | －0.0112 | －0.0108 | －0.0101 | －0.0099 | －0.0104 | －0.0106 |

| 年　份 | 2008 | 2009 | 2010 | 2011 | 2012 | 2013 | 2014 |
|---|---|---|---|---|---|---|---|
| 环境污染影响指数 | －0.0108 | －0.0116 | －0.0118 | －0.0118 | －0.0119 | －0.0124 | －0.0130 |

数据显示，我国工业行业收益结构变化整体上对环境污染都产生了减轻的影响，并且这种减轻的影响程度十分明显。2014年比2000年因行业收益

结构变化使工业对环境污染程度减轻了22.32%，这在我国工业高速增长给环境带来巨大污染压力的情况下，结构调整对环境污染的减轻程度着实让我们看到了环境质量改善的希望。

从结构变动对环境污染影响的整个过程来看，影响程度的变化并不平稳。2000～2014年期间，有10年结构变动对环境污染减轻的影响程度上升了，有4年减轻环境污染的影响程度下降了，其中2002～2005年结构变动对减轻环境污染的影响程度连续较大幅度下降。

通过图4－4可以更直观地反映全国工业收益结构变动对环境污染的影响程度。图中各点表示相应各个年份的结构环境污染影响指数，虚线是根据点的分布状况拟合的趋势线。

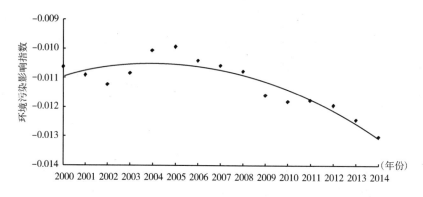

**图4－4　工业行业收益结构的环境污染影响指数变动趋势**

图4－4中清晰的显示。从2002～2005年，工业行业收益结构变动引起的环境污染出现了较大幅度连续上升的走势，2005年以后基本上呈持续下降趋势，其中2008～2009年下降的幅度比较大。对比工业行业收益结构变动可以发现，2002～2005年正是收益较低行业在工业中的占比有较大幅度上升（2005年比2002年上升了2.38个百分点）、收益较高行业占比有较大幅度下降（2005年比2002年下降了2.21个百分点）的阶段；而2005年以后，收益较低行业在工业中的占比持续走低、收益较高行业占比持续走高。因而，工业行业收益结构变动对环境污染影响的明显特征是：环境污染变动主要受收益较低行业和收益较高行业发展的影响，收益较低行业占比上升、收益较高行业占比下降对减轻环境污染不利。

用二次方程对工业行业收益结构的环境污染指数进行趋势拟合，获得了比较好的拟合效果。y 为环境污染影响指数，x 为时间序列，二次方程的具体形式为：

$$y = -3E - 05x^2 + 0.106x - 106.2$$
$$R^2 = 0.8759$$

拟合度在 0.8 以上，表明趋势线有较好的代表性，以此判断我国工业行业收益结构变动对环境污染影响的演变趋势应该有较高的可靠性。二次方程拟合的趋势线表现为倒 U 形特征，目前的工业行业收益结构变动对环境污染的影响正处于倒 U 形曲线的右侧。因而结合各方面判断：我国工业收益结构的演变方向使环境污染朝着减轻的趋势发展。

## 第三节　工业行业出口能力结构与环境污染

各工业行业出口能力是不同的，有些行业出口能力高，有些行业出口能力较低。通常有两种情况会使行业出口能力表现较高：一种情况是行业竞争力较强。行业在技术、管理、产品研发、生产成本等方面具有竞争优势，不但在国内市场有竞争优势，而且在竞争更激烈的国际市场也表现出了行业竞争优势，这类行业的发展水平比国内其他行业都要高；另一种情况是污染转嫁。国外发达国家由于环保门槛的提高，将在本国无法生存的高污染性行业转嫁到环保要求较低的发展中国家，这类行业本身发展水平并不高，只是由于本国承担了环境污染成本使行业出口能力表现较高。如果行业出口能力较高，并且对环境污染的影响较小，则基本属于有竞争优势的行业，是需要大力扶持的重点发展行业。如果行业出口能力较高，但对环境污染的影响很大，就属于污染转嫁行业，对这类行业的发展需要限制，否则整个社会的可持续发展会受到很大影响，对社会长期发展极其不利。

### 一、工业行业出口能力结构及其特征

工业行业出口能力结构反映的是出口能力不同行业在工业中的比例关系。

出口能力不同的行业对经济和环境的影响不同，出口能力不同的行业在工业中的比重也不同，因而不同的工业行业出口能力结构对应着不同的经济发展水平和环境污染水平。我们将 37 个工业基本行业按照出口能力较高行业、出口能力一般行业和出口能力较低行业三种类型进行归并，最终对三类不同出口能力的行业总体进行结构分析。以各工业行业的出口额占销售额比重（出口销售比重）作为分类依据，出口销售比重值大的行业属于出口能力较高的行业。

首先，计算我国 37 个工业行业每年的出口销售比重，从 2009 ~ 2014 年共六年的出口销售比重；其次，对六年的出口销售比重进行简单平均，计算出工业各行业六年间的平均出口销售比重；最后，将工业各行业按平均出口销售比重从高到低进行排序。

我们仍以工业全部行业平均出口销售比重为基础将工业基本行业划分为出口能力较高行业、一般行业和较低行业。计算的 2009 ~ 2014 年间我国工业全行业平均出口销售比重为 12.04%，这一全行业平均出口销售比重就代表着出口能力一般水平，高于或低于平均出口销售比重 20% 以内的行业都归为同一类出口能力行业。因而，我们将出口销售比重高于 14.45% 的工业行业作为出口能力较高行业。但是出口销售比重高于 9.63%、低于 14.45% 的行业只有四个，显然出口能力一般行业的数量太少，也不符合我们正常的判断，因此经过慎重考虑，我们将出口销售比重低于 1% 的工业行业作为出口能力较低行业，出口销售比重介于 1% ~ 14.45% 的工业行业作为出口能力一般行业。这种划分标准是根据一定时期内我国工业行业出口状况来确定的，并且带有较大的主观性，纯粹是为了进行结构研究的需要，因而并不是一种绝对的出口能力判断标准，更不是一种公认的分类标准。

表 4-8 是根据我国 37 个工业行业 2009 ~ 2014 年出口销售比重平均值将各工业行业进行的归类。

我国工业行业之间出口能力差别很大，出口能力最高行业出口额占销售收入的比重接近 60%；而出口能力最低行业出口销售占比只有 0.04%，两者相差了近 1360 倍。从我们的分类看，出口能力较高行业主要集中在计算机、通信、机械等制造业和服装业，出口能力一般行业主要集中在大多数的农副产品加工业、设备制造业和原料行业，出口能力较低行业基本上都属于采掘业等基础行业。这种分类结果与我们日常感受和大多数相关研究比较吻合。

表 4 – 8　　　　　　　　　不同出口能力的工业行业分类　　　　　　单位:%

| 出口能力较高行业 | 出口能力一般行业 | 出口能力较低行业 |
|---|---|---|
| 通信设备、计算机及其他电子设备制造业 59.67；文教体育用品制造业 39.13；皮革、毛皮、羽毛（绒）及其制品业 27.46；纺织服装、鞋、帽制造业 26.10；家具制造业 24.84；仪器仪表及文化、办公用机械制造业 23.73；电气机械及器材制造业 17.23；工艺品及其他制造业 15.16；橡胶和塑料制品业 14.90 | 纺织业 13.60；金属制品业 12.40；通用设备制造业 10.75；交通运输设备制造业 9.85；专用设备制造业 9.41；木材加工及木、竹、藤、棕、草制品业 7.80；印刷业和记录媒介的复制 7.56；医药制造业 7.07；化学纤维制造业 6.88；食品制造业 6.20；化学原料及化学制品制造业 5.85；农副食品加工业 5.34；造纸及纸制品业 5.10；非金属矿物制造业 4.16；有色金属冶炼及压延加工业 3.35；黑色金属冶炼及压延加工业 3.32；其他采矿业 3.05；水的生产和供应业 2.55；饮料制造业 1.88；石油加工、炼焦及核燃料加工业 1.28；燃气生产和供应业 1.00 | 非金属矿采选业 0.81；石油和天然气开采业 0.72；烟草制品业 0.44；煤炭开采和洗选业 0.34；有色金属矿采选业 0.26；电力、热力的生产和供应业 0.18；黑色金属矿采选业 0.04 |

注：表中每个行业后的数值为各行业的出口额占该行业销售额比重（2009～2014 年六年平均值）。

对分类后工业各行业的营业收入进行归并，得到出口能力较高行业、出口能力一般行业和出口能力较低行业的总营业收入，三类行业营业收入在工业总营业收入中的比重就反映了工业行业出口能力结构。表 4 – 9 是 2000 年和 2014 年我国工业行业出口能力结构状况以及出口能力不同行业的营业收入增长状况。

表 4 – 9　　按出口能力不同划分的工业行业结构比重及营业额变动状况　　　单位:%

| 行业类型 | 营业收入比重 | | 营业收入 2014 年比 2000 年 | |
|---|---|---|---|---|
| | 2000 年 | 2014 年 | 增长幅度 | 年均增长速度 |
| 出口能力较高行业 | 24.57 | 22.96 | 1129.24 | 19.63 |
| 出口能力一般行业 | 59.71 | 65.23 | 1337.11 | 20.97 |
| 出口能力较低行业 | 15.72 | 11.81 | 888.58 | 17.78 |

从 2000 年工业行业出口能力结构来看，出口能力一般行业在全国工业中的比重接近 60%，占比规模最大；出口能力较高行业在工业中的比重不到 25%；出口能力较低行业在工业中的比重最低，出口能力结构类型表现为中间大、两头小。到 2014 年，我国工业行业出口能力结构的类型没有变化，但出口能力不同行业在工业中的占比发生了较大的变化，主要的变动特征是出口能力一般行业的地位更为突出。和 2000 年相比，出口能力一般行业在工业

中的比重上升了 5.25 个百分点，占全部工业份额超过了 65%，其主体地位进一步得到了加强；而同期出口能力较高行业和出口能力较低行业在工业中的份额都有较大幅度下降，尤其是出口能力较低行业下降幅度达到了 3.91 个百分点，出口能力较低行业在工业中的地位下降较快。图 4-5 动态地表现了出口能力不同行业在工业中的份额变动过程。

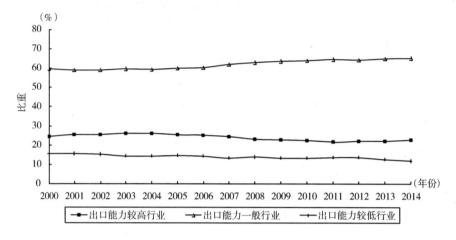

**图 4-5  工业行业出口能力结构变动（2000~2014 年）**

图 4-5 中显示，从 2000~2014 年，我国出口能力不同行业在工业中的占比格局没有发生变化，出口能力一般行业始终占到了工业比重的最大部分，而出口能力较低行业在工业中的占比始终最低。但是出口能力不同行业占比的发展趋势却不相同，出口能力较高行业在工业中的比重呈波浪形缓慢下降趋势，出口能力一般行业呈持续上升趋势，而出口能力较低行业则呈现持续下降态势，只是在 2011 年有一个极微小的上升。从发展趋势上看，出口能力较低行业占比与出口能力一般和较高行业的差距会进一步扩大。从出口能力不同行业的营业收入增长幅度看，出口能力一般行业增长幅度最大，2014 年比 2000 年增长了 13.37 倍，而出口能力较高和出口能力较低行业同期分别增长了 11.29 倍和 8.89 倍。从动态发展看，由于出口能力一般行业本身在工业中的份额就大，其增长速度又高于其他两个行业，因此行业之间的差距会继续拉大，工业行业出口能力结构会更加偏重于出口能力一般行业。

## 二、出口能力不同行业发展对环境污染的影响

用出口能力较高、一般和较低行业的营业收入与八个环境污染物排放量分别作灰色关联度分析，求出出口能力不同行业与各环境污染物排放量的关联度以及对环境污染总体影响的综合关联度，用以反映出口能力不同类型的工业行业对环境污染的影响程度。表4-10计算的是我国工业中出口能力不同行业对八种主要工业污染物的关联度和综合关联度。

表4-10　　　　　　　工业出口能力不同行业与主要工业污染物的

关联度及综合关联度

| 行业类型 | 废气 | 二氧化硫 | 烟粉尘 | 废水 | 化学需氧量 | 氨氮 | 固废产生量 | 固废排放量 | 综合关联度 |
|---|---|---|---|---|---|---|---|---|---|
| 出口能力较高行业 | 0.5218 | 0.5425 | -0.5578 | 0.5528 | -0.5528 | -0.6188 | 0.4967 | -0.5868 | -0.0253 |
| 出口能力一般行业 | 0.5076 | 0.5368 | -0.5434 | 0.5463 | -0.5387 | -0.6053 | 0.4761 | -0.5738 | -0.0243 |
| 出口能力较低行业 | 0.6097 | 0.5621 | -0.5481 | 0.5764 | -0.5406 | -0.5970 | 0.6315 | -0.5740 | 0.0150 |

出口能力不同的三类工业行业对固体废物产生、废水排放、二氧化硫排放和废气排放都产生正向影响。其中，出口能力较低行业对污染物排放增加的影响程度最大，并且影响都较为显著；出口能力一般行业对污染物排放量增加的影响程度最小，其中对固体废物产生量增加的影响并不显著；出口能力较高行业对污染物排放增加的影响程度介于出口能力较低和一般行业之间。出口能力不同的三类工业行业对烟粉尘排放、化学需氧量排放、氨氮排放和固体废物排放都产生反向影响。其中，出口能力较高行业对反向影响的污染物排放量减少的影响程度都是最大的；出口能力一般行业对烟粉尘排放、化学需氧量排放和固体废物排放量减少的影响程度最小；出口能力较低行业对氨氮排放量减少的影响程度最小。

从出口能力不同工业行业对环境污染的综合影响程度来看，出口能力较高行业和一般行业都出现对环境污染减轻的综合影响，出口能力较高行业对环境污染减轻的综合影响程度略大于出口能力一般行业，这表明在国际产业分工中，国外污染产业向我国"污染转嫁"的迹象并不明显。我国出口能力

较低行业对环境污染的综合影响仍然是正向的，出口能力较低行业的发展显然会加重环境污染。

## 三、工业行业出口能力结构变动对环境污染影响分析

用出口能力较高行业、出口能力一般行业和出口能力较低行业对环境污染的综合关联度来代表出口能力不同行业对环境污染的影响系数，利用 2000 ~ 2014 年我国出口能力不同类型工业行业在工业中的比重，计算相关年份工业行业出口能力结构的环境影响指数。见表 4 – 11。

表 4 – 11    工业行业出口能力结构的环境污染影响指数

| 年　份 | 2000 | 2001 | 2002 | 2003 | 2004 | 2005 | 2006 | 2007 |
|---|---|---|---|---|---|---|---|---|
| 环境污染影响指数 | – 0.0184 | – 0.0185 | – 0.0186 | – 0.0189 | – 0.0189 | – 0.0188 | – 0.0190 | – 0.0193 |
| 年　份 | 2008 | 2009 | 2010 | 2011 | 2012 | 2013 | 2014 | |
| 环境污染影响指数 | – 0.0191 | – 0.0193 | – 0.0193 | – 0.0192 | – 0.0192 | – 0.0196 | – 0.0199 | |

2000 ~ 2014 年，我国工业行业出口能力结构发生了明显变化，出口能力一般、较低和较高行业在工业中的比重都有较大变动，同时我国出口能力不同行业对环境污染的影响方向和影响程度又有明显差异，因此我国工业行业出口能力结构的变动对环境污染的影响程度也产生了显著变化。2014 年比 2000 年，由于工业行业出口能力结构的变动使工业发展对环境污染程度减轻了 8.27%，工业出口能力的行业结构调整对环境污染压力的减缓起到了比较明显的效果。

将每一年工业行业出口能力结构的环境影响指数按时间顺序绘制成散点图，更直观反映了工业行业出口能力结构变动对环境污染影响程度的动态变化。以趋势线配合，根据趋势线变动特征和趋势线方程特征可以判断结构变动对环境污染影响程度的变动趋势，见图 4 – 6。

图 4 – 6 中各点表示相应各个年份的结构环境污染影响指数，虚线是拟合的趋势线。图形显示，我国工业行业出口能力结构变动对环境污染减轻的影响比较明显，2000 年至 2014 年工业行业出口结构变动对环境污染减轻的影

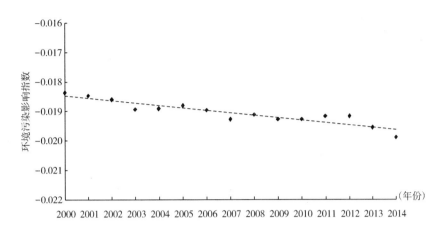

图4-6 工业行业出口能力结构的环境污染影响指数变动趋势

响呈现出典型的波浪形下降特点，每一次下降后都有一个小幅上升、然后再下降、再上升，虽然波动幅度较小，但上下起伏的波动形态十分明显。一次周期性波动的时间大概是七年，据此判断2014年以后应该会出现一个小幅度的回升。

用线性方程的趋势线进行回归拟合，就可以得到相对较好的拟合效果。y为环境污染影响指数，x为时间序列，线性方程的具体形式为：

$$y = -8E - 05x + 0.146$$

$$R^2 = 0.851$$

拟合度在0.8以上，表明趋势线有较好的代表性。线性方程的斜率为负，表明持续向下的变动态势。结合各方面判断，我国工业行业出口能力结构变动使环境污染朝着减轻方向并呈现周期性波动的趋势演进。

## 第四节 工业行业竞争力结构与环境污染

行业竞争力是指行业在满足市场需求、规模效益、产品研发、营销策略、技术工艺、组织管理、资源禀赋、政策保护度、持续获利等各个方面所体现的竞争能力。如果说行业出口能力更多体现了行业的国际竞争力，那么行业竞争力则体现的是一种综合能力。行业竞争力实质上是一个行业间比较的概念，具体来说：行业竞争力比较的内容就是行业竞争优势，而行业竞争优势最终体现于行业所提供产品的市场实现能力，即行业能够以比其他竞争对手更有效的方式持续生产出消费者愿意接受的产品，并由此获得满意经济收益的综合能力。通常行业竞争力越强，越有利于行业的持久发展，因此各个行业都在追求竞争力优势。竞争力强的行业并不一定对环境污染的影响就小，比如在人类经济发展过程中，工业竞争力要远强于农业，但工业对环境造成的破坏也远大于农业。竞争力不同的工业各行业对环境污染的影响不同，工业中不同竞争力行业的构成不一样，显然对环境污染的影响也不同。

## 一、工业行业竞争力结构及其特征

工业行业竞争力结构是指竞争力不同行业在工业中的比例关系。寻找能够恰当反映竞争力强弱的指标一直是行业竞争力评价研究的一个重要内容，在众多的反映指标中，行业毛利率［（主营业务收入－主营业务成本）/主营业务收入×100%］是从市场末端、能够较为综合反映行业竞争力的指标。我们将 37 个工业行业按毛利率高低不同划分为竞争力较强行业、竞争力一般行业和竞争力较弱行业，具体分类结果见表 4 – 12。

表 4 – 12　　　　　　　不同竞争力水平的工业行业分类　　　　　　　单位:%

| 竞争力较强行业 | 竞争力一般行业 | 竞争力较弱行业 |
|---|---|---|
| 烟草制品业 72.07；石油和天然气开采业 46.25；医药制造业 29.78；饮料制造业 27.16；水的生产和供应业 25.07；煤炭开采和洗选业 24.17；有色金属矿采选业 21.72；食品制造业 21.27；黑色金属矿采选业 21.11；非金属矿采选业 21.07；其他采矿业 20.90；仪器仪表及文化、办公用机械制造业 18.60 | 印刷业和记录媒介的复制 17.84；专用设备制造业 17.12；非金属矿物制造业 16.50；交通运输设备制造业 16.39；通用设备制造业 16.33；家具制造业 15.99；纺织服装、鞋帽制造业 15.68；燃气生产和供应业 15.40；电气机械及器材制造业 15.35；皮革、毛皮羽毛（绒）及其制品业 15.00；化学原料及化学制品制造业 14.95；木材加工及木、竹、藤、棕、草制品业 14.48；石油加工、炼焦及核燃料加工业 14.46；橡胶和塑料制品业 14.28；造纸及纸制品业 14.07；金属制品业 13.76；文教体育用品制造业 13.12 | 工艺品及其他制造业 12.18；纺织业 11.86；农副食品加工业 11.84；通信设备、计算机及其他电子设备制造业 11.16；电力、热力的生产和供应业 10.09；化学纤维制造业 9.36；有色金属冶炼及压延加工业 9.08；黑色金属冶炼及压延加工业 8.13 |

注：表中每个行业后的数值为各行业毛利率（2009～2014 年六年平均值）。

行业毛利率越高代表行业竞争力越强。表 4 - 12 中工业各行业的毛利率
是 2009 ~ 2014 年行业毛利率的平均值，我们计算的全国工业 2009 ~ 2014 年
平均毛利率为 15.46%，高于或低于平均毛利率 20% 以内的行业都归为同一
类竞争力行业。因此，将毛利率高于 18.55% 的行业划归为竞争力较强行业；
将毛利率在 12.37% ~ 18.55% 之间的行业划归为竞争力一般行业；将毛利率
低于 12.37% 的行业划归为竞争力较弱行业。

分类结果与我国的实际情况基本吻合。由于资源垄断和政策保护原因，
我国毛利率较高行业主要集中在烟草行业和采掘行业。而通信设备、计算机
及其他电子设备制造业虽然出口能力较强，但我国赚取的主要是加工费，因
而毛利率很低。

对分类后的工业各行业营业收入进行归并，得到竞争力较强行业、竞争
力一般行业和竞争力较弱行业的营业收入，三类竞争力不同行业的营业收入
在工业总营业收入中的比重就反映了全国工业行业竞争力结构。表 4 - 13 是
全国 2000 年和 2014 年工业行业竞争力结构状况以及不同竞争力行业的增长
情况。

表 4 - 13　　　按竞争力不同划分的工业行业结构比重及营业额变动状况　　　单位:%

| 行业类型 | 营业收入比重 | | 营业收入 2014 年比 2000 年 | |
|---|---|---|---|---|
| | 2000 年 | 2014 年 | 增长幅度 | 年均增长速度 |
| 竞争力较强行业 | 14.62 | 13.00 | 1069.78 | 19.20 |
| 竞争力一般行业 | 47.66 | 52.35 | 1344.88 | 21.02 |
| 竞争力较弱行业 | 37.71 | 34.65 | 1108.55 | 19.48 |

2014 年和 2000 年相比，我国工业行业竞争力结构类型没有发生变化，
一直都是竞争力一般行业占比最大，竞争力较弱行业次之，竞争力较强行业
占比最低。各行业占比发生了较为明显的变化，整个结构更加偏重于竞争力
一般行业比重的增加。图 4 - 7 是我国工业行业竞争力结构从 2000 ~ 2014 年
的动态演变状况。

2000 年，我国竞争力一般行业在工业中的占比不到 50%，竞争力较强行
业占比与之相差 33.04 个百分点。到 2014 年，竞争力一般行业在工业中的占

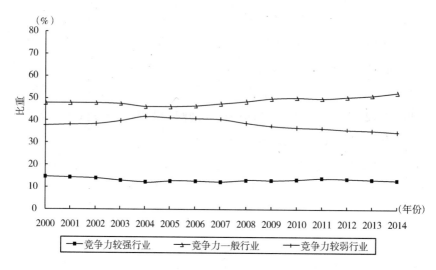

图 4 – 7　工业行业竞争力结构变动（2000 ~ 2014 年）

比上升到 52.35% ，而竞争力较强行业占比与之相差扩大到近 40 个百分点。这种结构变动对工业长期发展来说并不是一件坏事，因为我国竞争力较强行业并不是主要依靠新产品开发、技术工艺改进、组织管理科学等取得的竞争优势，而主要是依靠行政保护和对自然资源垄断性占有获得的，也就是说所谓竞争力较强行业不是市场竞争力较强，而是垄断力较强，因而竞争力较强行业在工业中的地位下降表明垄断力量的减弱。竞争力一般行业主要包括大部分制造业和轻工业，这部分行业在工业中的地位上升代表着市场竞争力较强行业发展的较快，这对我国工业提高整体市场竞争力是有利的。

　　从动态发展来看，2000 ~ 2014 年，竞争力一般行业增长了 13.45 倍，年均增长速度达到了 21.02% ，在三类行业中增长的最快；竞争力较强行业虽然增长速度最低，但与竞争力一般行业和较弱行业增长速度相差并不太大。2004 年之前，竞争力一般行业和较强行业发展速度明显慢于竞争力较弱行业，致使这两个行业在工业中的占比都出现了下降，而竞争力较弱行业在工业中的地位有明显上升；2004 年之后，三类行业的发展趋势与 2004 年之前完全不同，竞争力一般行业增速大幅度提高，竞争力较强行业增速变化不大，而竞争力较弱行业增速大幅下降。这种增长速度的变化，引起了结构变化，竞争力一般行业占比在 2004 年以后开始迅速提高，竞争力较强行业占比基本保持稳定，竞争力较弱行业占比由上升转为持续下降。从竞争力结构的变动趋势来看，竞争力一般行业在工业中的地位会越来越高。

## 二、竞争力不同行业发展对环境污染的影响

用三类竞争力不同工业行业的营业收入与八个环境污染方面的排放量和产生量分别作灰色关联度分析，求出三类工业行业与各环境污染方面的关联度以及对环境污染总体影响的综合关联度。表4-14计算的是全国竞争力不同的三类工业行业对八种主要工业污染物的关联度和综合关联度。

表4-14　　　　　　工业不同竞争力行业与主要工业污染物的
关联度及综合关联度

| 行业类型 | 废气 | 二氧化硫 | 烟粉尘 | 废水 | 化学需氧量 | 氨氮 | 固废产生量 | 固废排放量 | 综合关联度 |
|---|---|---|---|---|---|---|---|---|---|
| 竞争力较强行业 | 0.5376 | 0.5294 | -0.5601 | 0.5074 | -0.5466 | -0.5863 | 0.5467 | -0.5595 | -0.0164 |
| 竞争力一般行业 | 0.4819 | 0.5170 | -0.5667 | 0.4880 | -0.5505 | -0.5967 | 0.4906 | -0.5647 | -0.0377 |
| 竞争力较弱行业 | 0.5863 | 0.5460 | -0.5784 | 0.5139 | -0.5627 | -0.5963 | 0.5860 | -0.5705 | -0.0095 |

三类工业行业对主要工业污染物的关联度显示，竞争力不同的行业对固体废物产生、废水排放、二氧化硫排放和废气排放都产生正向影响，而对烟粉尘排放、氨氮排放、化学需氧量排放和固体废物排放都产生反向影响。竞争力较弱行业对固体废物产生、废水排放、二氧化硫排放和废气排放量的增加影响较大，对烟粉尘、化学需氧量和固体废物排放量的减少也产生较大的影响；竞争力一般行业对固体废物产生、废水排放、二氧化硫排放和废气排放量的增加影响相对较小，对氨氮排放量的减少有较大的影响；竞争力较强行业除了对化学需氧量和固体废物排放量减少的影响相对较小外，对其他污染物排放量不管是正向影响、还是反向影响的程度都介于竞争力较弱和一般行业之间。

从综合关联度来看，竞争力不同行业对环境综合污染均呈反向影响，其中竞争力一般行业对环境污染减轻的影响程度远高于其他两个行业，这表明环境污染的变动趋势主要受竞争力一般行业发展的影响，竞争力较弱行业与环境污染的关联度相对较小。

### 三、工业行业竞争力结构变动对环境污染影响分析

用工业中竞争力较高、一般和较低行业对环境污染的综合关联度来代表不同竞争力工业行业对环境污染的影响系数。利用2000～2014年全国竞争力不同行业在工业中的比重，我们计算了相关年份全国工业行业竞争力结构的环境污染影响指数。见表4-15。

表4-15　　　　　　　　工业行业竞争力结构的环境污染影响指数

| 年　份 | 2000 | 2001 | 2002 | 2003 | 2004 | 2005 | 2006 | 2007 |
|---|---|---|---|---|---|---|---|---|
| 环境污染影响指数 | -0.0239 | -0.0239 | -0.0239 | -0.0237 | -0.0233 | -0.0233 | -0.0235 | -0.0237 |

| 年　份 | 2008 | 2009 | 2010 | 2011 | 2012 | 2013 | 2014 | |
|---|---|---|---|---|---|---|---|---|
| 环境污染影响指数 | -0.0240 | -0.0244 | -0.0245 | -0.0245 | -0.0246 | -0.0248 | -0.0251 | |

工业行业竞争力结构的环境污染影响指数显示，我国工业行业竞争力结构的调整对减轻环境污染起到了明显的作用。2014年比2000年，由工业行业竞争力结构变动引起的环境污染减轻了5.06%，但是环境污染减轻的程度并不是持续下降的。

将环境污染指数绘制成散点图更便于观察结构变动对环境污染的动态影响（见图4-8）。

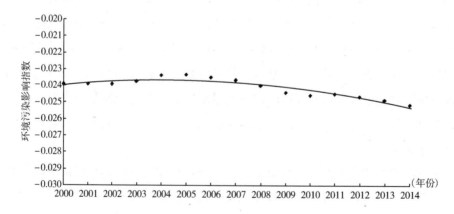

图4-8　工业行业竞争力结构的环境污染影响指数变动趋势

图 4 - 8 中各点表示各个年份的环境污染影响指数，虚线是根据点的分布状况拟合的趋势线。

工业行业竞争力结构变动虽然对环境污染减轻的影响程度总体上在加强，但这种减轻程度并不是持续增强。2000～2005 年，竞争力结构变动对减轻环境污染的作用显然在持续的减弱，这导致了环境污染程度有所上升；2005 年之后，竞争力结构变动对环境污染减轻的影响程度才开始不断得到加强，环境污染才真正朝着不断改善的方向发展。对比竞争力结构在不同时期变动特征可以发现，2005 年之前，对减轻环境污染有很大作用的竞争力一般行业增长速度有所减缓，在工业中的占比持续下降；而在 2005 年之后竞争力一般行业的增长速度大幅提高，在工业中的占比也因此而不断上升。这表明工业行业竞争力结构朝着竞争力一般行业占比不断上升的趋势发展，有利于环境污染的不断减轻。

用二次方程进行趋势拟合，就可以达到基本满意的拟合效果。以 y 为环境影响系数，x 为时间序列，二次方程的具体形式为：$y = -2E - 05x^2 + 0.067x - 67.20$；拟合度 $R^2 = 0.867$；二次方程系数为负，表明趋势线呈倒 U 形特征，结构变动对减轻环境污染的影响正处于倒 U 形曲线的右侧。据此判断，我国工业行业结构的演进趋势使环境污染得到不断的减轻。

# 第五节　工业行业技术结构与环境污染

一般认为，技术水平较高行业对环境污染的影响较低，而技术水平较低行业对环境污染的影响较高。如果技术水平较高行业在工业中的比重不断上升，有利于环境污染的减轻。本节我们对此展开研究。

## 一、工业行业技术结构及其特征

工业行业技术结构反映的是技术水平不同的行业在工业中的比例关系。我们将全国 37 个工业基本行业划分为技术水平较高行业、技术水平一般行业和技术水平较低行业三类。

对工业行业进行技术水平划分本身就是一项非常重要的研究课题，我们参考了国内外众多对工业行业进行技术水平评价的标准，例如，美国商务部主要用两项指标评价，科技人才集中度（每千名员工拥有的从事研究与发展活动的科学家和工程师）和研究与知识密集度（研究与发展经费占净销售额的比重）。经过对各种研究文献的比较、同时限于我们所能获取的工业分行业资料，我们选取了三项指标对工业各行业的技术水平进行判断，固定资产占总资产比重、R&D 经费占营业收入比重、新产品销售收入占营业收入比重。显然我们所判断的技术水平较高行业并不等于高科技行业。

首先计算我国 37 个工业行业三项指标的 2009～2014 年平均值，然后对三项指标进行指数化处理，最后对指数化的三项指标进行几何平均，所得数值为技术水平指数。行业技术水平指数越高，表明行业的技术水平越高。见表 4-16。

表 4-16　　　　　　　　工业各行业技术水平评价表

| 行　　业 | 技术水平指数 | 固定资产占总资产比重（％） | R&D 经费占营业收入比重（％） | 新产品销售收入占营业收入比重（％） |
|---|---|---|---|---|
| 工业总计 | 0.48 | 39.11 | 0.71 | 11.74 |
| 通信设备、计算机及其他电子设备制造业 | 0.71 | 26.19 | 1.44 | 28.17 |
| 交通运输设备制造业 | 0.69 | 26.48 | 1.24 | 29.78 |
| 医药制造业 | 0.63 | 31.13 | 1.46 | 16.33 |
| 化学纤维制造业 | 0.59 | 37.03 | 0.90 | 18.90 |
| 仪器仪表及文化、办公用机械制造业 | 0.59 | 22.87 | 1.51 | 17.50 |
| 电气机械及器材制造业 | 0.59 | 23.03 | 1.21 | 21.60 |
| 专用设备制造业 | 0.59 | 25.91 | 1.38 | 16.69 |
| 通用设备制造业 | 0.51 | 27.26 | 1.03 | 14.41 |
| 黑色金属冶炼及压延加工业 | 0.48 | 40.82 | 0.76 | 10.80 |
| 化学原料及化学制品制造业 | 0.48 | 42.00 | 0.75 | 10.15 |
| 造纸及纸制品业 | 0.40 | 42.71 | 0.52 | 8.84 |
| 有色金属冶炼及压延加工业 | 0.40 | 36.87 | 0.55 | 9.53 |
| 橡胶和塑料制品业 | 0.40 | 35.56 | 0.61 | 8.71 |
| 纺织业 | 0.35 | 36.75 | 0.38 | 9.28 |

续表

| 行　　业 | 技术水平指数 | 固定资产占总资产比重（％） | R&D 经费占营业收入比重（％） | 新产品销售收入占营业收入比重（％） |
|---|---|---|---|---|
| 饮料制造业 | 0.35 | 35.10 | 0.55 | 6.64 |
| 金属制品业 | 0.34 | 31.75 | 0.54 | 6.94 |
| 印刷业和记录媒介的复制 | 0.33 | 37.13 | 0.43 | 6.45 |
| 食品制造业 | 0.31 | 36.97 | 0.46 | 5.47 |
| 烟草制品业 | 0.29 | 19.30 | 0.23 | 16.82 |
| 文教体育用品制造业 | 0.29 | 29.24 | 0.40 | 6.40 |
| 非金属矿物制品业 | 0.27 | 43.07 | 0.36 | 4.03 |
| 煤炭开采和洗选业 | 0.27 | 38.96 | 0.47 | 3.17 |
| 纺织服装、鞋、帽制造业 | 0.25 | 28.40 | 0.26 | 6.09 |
| 家具制造业 | 0.24 | 31.49 | 0.25 | 5.05 |
| 石油加工、炼焦及核燃料加工业 | 0.23 | 43.54 | 0.19 | 4.67 |
| 皮革、毛皮、羽毛（绒）及其制品业 | 0.21 | 27.19 | 0.21 | 5.18 |
| 有色金属矿采选业 | 0.21 | 39.49 | 0.28 | 2.43 |
| 农副食品加工业 | 0.21 | 36.00 | 0.23 | 3.17 |
| 石油和天然气开采业 | 0.20 | 66.58 | 0.59 | 0.64 |
| 木材加工及木、竹、藤、棕、草制品业 | 0.20 | 41.69 | 0.18 | 2.91 |
| 工艺品及其他制造业 | 0.18 | 27.55 | 0.22 | 2.98 |
| 非金属矿采选业 | 0.13 | 39.91 | 0.15 | 1.10 |
| 水的生产和供应业 | 0.11 | 55.56 | 0.19 | 0.42 |
| 电力、热力的生产和供应业 | 0.08 | 66.11 | 0.09 | 0.29 |
| 燃气生产和供应业 | 0.07 | 44.30 | 0.06 | 0.33 |
| 黑色金属矿采选业 | 0.07 | 32.42 | 0.07 | 0.37 |
| 其他采矿业 | 0.00 | 55.17 | 0.00 | 0.00 |

　　表4－16中三项指标的指数化方法：每项指标的所有数值除以该指标中的最大值。表中行业排序是按照技术水平由高到低进行排列的。对技术水平指数以什么标准划分成高、中、低水平是一项困难的工作。我们认为，从理论上说技术水平最高的数值为1，如果某个行业在所有技术水平评价指标中都是最高的，那么该行业的技术水平指数就为1。如果将技术水平就分成高和低两类，技术水平指数在0.5以上就属于技术水平较高，在0.5以下就属于技术水平较低。以0.5作为中位数划分工业各行业，显然我国工业行业的

技术水平分布不符合正态分布，技术水平指数在0.5以下的行业数量太多。考虑到我国工业行业技术水平分布的这些特点，我们将0.5的技术水平指数分成一半（即技术水平指数为0.25），来对技术水平较低部分的工业行业再进行划分，技术水平指数在0.25以下的行业真正属于技术水平较低行业。

基于这种考虑，我们将技术水平指数在0.5以上的行业作为技术水平较高行业；技术水平指数在0.25~0.5的行业作为技术水平一般行业；技术水平指数在0.25以下的行业作为技术水平较低行业。分类结果是：包括通信设备、计算机及其他电子设备制造业、交通运输设备制造业等行业在内的8个行业为技术水平较高行业；黑色金属冶炼及压延加工业、化学原料及化学制品制造业等15个行业为技术水平一般行业；家具制造业、石油加工、炼焦及核燃料加工业等14个行业为技术水平较低行业。

对分类后工业各行业的营业收入进行归并，得到全国技术水平较高、一般和较低行业的营业收入，三技术水平不同行业的营业收入在工业总营业收入中的比重就反映了全国工业行业技术结构状况。表4-17反映了2000年和2014年工业行业技术结构状况以及不同技术水平工业行业的营业收入增长情况。

表4-17　　　　　　　按技术水平不同划分的工业行业结构比重及

营业额变动状况　　　　　　单位:%

| 行业类型 | 营业收入比重 | | 营业收入2014年比2000年 | |
|---|---|---|---|---|
| | 2000年 | 2014年 | 增长幅度 | 年均增长速度 |
| 技术水平较高行业 | 30.46 | 32.44 | 1301.08 | 20.75 |
| 技术水平一般行业 | 42.70 | 45.53 | 1302.73 | 20.76 |
| 技术水平较低行业 | 26.84 | 22.03 | 979.72 | 18.52 |

全国按技术水平划分的工业行业结构格局从2000~2014年一直没有发生变化，技术水平一般行业在工业中的占比一直都是最大的，技术水平较低行业占比始终最低，技术水平较高和较低行业与技术水平一般行业在工业中的地位有较大差距。2000年技术水平一般行业占比高出技术水平较高行业12.24个百分点、高出技术水平较低行业15.85个百分点，技术水平一般行业的主体地位非常突出，这反映了我国行业技术结构的实际情况。2014年和2000年相比，技术水平一般行业在工业中的比重进一步提高了2.83个百分

点，行业主体地位更加突出；技术水平较高行业在工业中的占比也有所提高，而技术水平较低行业的工业占比则出现了较大幅度的下降。这期间工业行业技术结构变动的突出特点是，技术水平较高和较低行业与技术水平一般行业在工业中的占比差距进一步扩大，工业技术结构朝着工业整体技术水平不断提高的方向演进。全国工业技术结构 2000～2014 年的动态变动过程，图 4－9 给出了直观地反映。

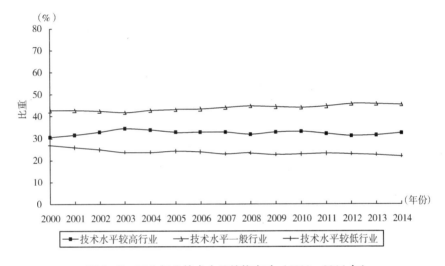

**图 4－9　工业行业技术水平结构变动（2000～2014 年）**

图 4－9 中显示，2003 年以前技术水平较高行业在工业中的占比上升较快，占比曾一度达到 34.40%，随后占比又出现波动性的下降；技术水平一般行业 2003 年以前占比出现微弱的下降，2003 年以后波动性的上升；技术水平较低行业占比基本上呈现持续下降态势，2003 年以前的下降幅度大于 2003 年以后的下降幅度。从不同技术水平行业的增长幅度看，技术水平较高和一般行业的增长幅度基本相同，2014 年比 2000 年技术水平较高和一般行业都增长了 13 倍；而技术水平较低行业虽然增长速度与技术水平较高和一般行业有一定差距，但也增长了近 10 倍。从增速来看，我国工业行业技术结构向更高技术等级的变动趋势比较明显。

我国技术水平一般行业不但贡献了工业营业总收入的最大份额，而且也拥有全部工业的大部分固定资产。2014 年，技术水平一般行业所拥有的固定资产占全部工业固定资产的 42.97%；而技术水平较低行业所拥有的固定资产份额高于技术水平较高行业。技术水平较高行业虽然在行业数量上只有 8 个，占全部 37 个工业行业的 21.62%，但在研发投入和新产品开发方面却占有绝对优势，2014 年技术水平较高行业研发经费支出占全部工业研发经费总支出的 57.7%，新产品销售收入占全部工业新产品销售总收入的 61.77%，技术水平较高行业在技术引领方面起着极为重要的作用。

## 二、不同技术水平工业行业发展对环境污染的影响

用不同技术水平工业行业的营业收入与八个环境污染物的排放量和产生量分别作灰色关联度分析，求出不同技术水平工业行业与各种环境污染物的关联度以及对环境污染总体影响的综合关联度。表 4 – 18 计算的是全国不同技术水平工业行业对八种主要工业污染物的关联度和综合关联度。

表 4 – 18　　　　　　工业不同技术水平行业与主要工业污染物的
关联度及综合关联度

| 行业类型 | 废气 | 二氧化硫 | 烟粉尘 | 废水 | 化学需氧量 | 氨氮 | 固废产生量 | 固废排放量 | 综合关联度 |
|---|---|---|---|---|---|---|---|---|---|
| 技术水平较高行业 | 0.4887 | 0.5201 | – 0.5984 | 0.5165 | – 0.5495 | – 0.6501 | 0.5025 | – 0.6141 | – 0.0480 |
| 技术水平一般行业 | 0.4929 | 0.5166 | – 0.5937 | 0.5126 | – 0.5452 | – 0.6465 | 0.4957 | – 0.6108 | – 0.0473 |
| 技术水平较低行业 | 0.5411 | 0.5291 | – 0.5960 | 0.5289 | – 0.5474 | – 0.6445 | 0.5442 | – 0.6125 | – 0.0321 |

数据显示，三种技术水平工业行业对废水排放、二氧化硫排放、固体废物产生和废气排放都产生正向影响。其中，技术水平较低行业对污染物排放量增加的影响程度最大；技术水平一般行业对固体废物产生、废水排放和二氧化硫排放量增加的影响程度最小；技术水平较高行业对废气排放量增加的影响程度最小，对其他污染物排放量增加的影响程度介于技术水平较低和较高行业之间，除对固体废物产生量增加的影响不显著外，对其他污染物排放的正向影响都比较明显。三种技术水平不同工业行业对固体废物排放、化学需氧量排放、烟粉尘排放和氨氮排放都产生反向影响。其中，技术水平较高行业对污染物排放量减少的影响程度最大；技术水平一般行业对固体废物排放、化学需氧量排放、烟粉尘排放量减少的影响程度最小；技术水平较低行

业对氨氮排放量减少的影响程度最小。

从综合关联度来看，三种技术水平工业行业都出现对环境污染减轻的综合影响，其中技术水平较高行业对环境污染减轻的综合影响程度最大，而技术水平较低行业对环境污染减轻的综合影响程度最小。

## 三、工业行业技术结构变动对环境污染影响分析

用全国工业中技术水平较高、一般和较低行业对环境污染的综合关联度来代表不同技术水平工业行业对环境污染的影响系数。利用 2000～2014 年全国不同技术水平类型工业行业营业收入在工业营业总收入中的比重，计算出相关年份全国工业行业技术结构的环境污染影响指数。见表 4－19。

表 4－19            工业行业技术水平结构的环境污染影响指数

| 年　份 | 2000 | 2001 | 2002 | 2003 | 2004 | 2005 | 2006 | 2007 |
|---|---|---|---|---|---|---|---|---|
| 环境污染影响指数 | － 0.0434 | － 0.0436 | － 0.0438 | － 0.0440 | － 0.0440 | － 0.0439 | － 0.0439 | － 0.0440 |
| 年　份 | 2008 | 2009 | 2010 | 2011 | 2012 | 2013 | 2014 | |
| 环境污染影响指数 | － 0.0440 | － 0.0441 | － 0.0441 | － 0.0440 | － 0.0440 | － 0.0441 | － 0.0442 | |

环境污染影响指数的各年数据显示，工业行业技术结构变化虽然对环境污染都有减轻的影响，但影响程度的变化却不大，2014 年比 2000 年因行业技术结构变化使环境污染程度只减轻了 1.71%，行业技术结构变化对环境污染减轻所起到的作用并不太大。

为了更直观地反映工业行业技术结构变动对环境污的影响程度变化，我们将全国工业行业技术结构的环境影响指数按时间顺序绘制成散点图，并配合趋势线以便于观察，见图 4－10。

图 4－10 中各点表示相应各个年份的结构环境影响指数，虚线是根据点的分布拟合的趋势线。

通过对环境污染影响指数的散点分布观察，全国工业行业技术结构变动使环境污染呈小幅度波浪形逐波下降态势。2000～2003 年结构变动对环境污染减轻的影响程度比较大，是环境污染下降最快的阶段；2003～2005 年结构变动对环境污染减轻的影响强度减弱，环境污染微幅上升；2005～2010 年结

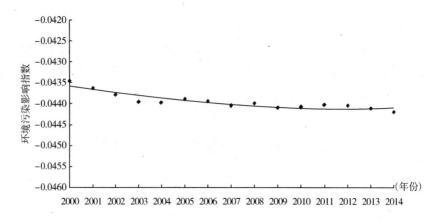

图 4 - 10    工业行业技术结构的环境污染影响指数变动趋势

构变动使环境污染总体趋势下降，在这期间只有一年（2008 年）环境污染有轻微上升；2010 ~ 2012 年环境污染有轻微上，2012 年以后结构变动对环境污染减轻的影响程度明显增大，环境污染又进入到新一轮下降阶段。对比工业行业技术结构变动特点我们可以发现，每当技术水平较高行业增长较快、在工业中的占比有较大提高时，环境污染就会有较大幅度下降；而每当技术水平较高行业增长速度放缓、在工业中的占比出现下降时，环境污染就会有比较明显的上升。由此看来，环境污染的变化主要受技术水平较高行业的影响。

我们用二次方程对环境污染指数进行拟合，得到了较为满意的拟合效果。y 为环境影响系数，x 为时间序列，二次方程的具体形式为：

$$y = 4E - 06x^2 - 0.015x + 15.82$$

$$R^2 = 0.856$$

结合二次方程判断，我国工业行业技术结构变动对环境污染影响呈 U 形变动特征，目前工业行业技术结构变动有利于环境污染的减轻，但影响程度较小。

# 第六节    工业行业利税贡献结构与环境污染

行业对社会做出的贡献可以从多方面考察，其中行业产生的利税总额多少是衡量行业对社会贡献的重要方面。通常利税大的行业对社会贡献大，尤

其是对政府财政的支持较大。因此，地方政府对于利税大的行业都有极强的
发展动力。如果某个行业不但利税大而且对环境污染较轻，发展该行业当然
是有利的；如果某个行业利税大但环境污染严重，发展该行业会对环境造成
巨大的污染压力，那么在行业发展政策中就应当慎重考虑。

## 一、工业行业利税贡献结构及其特征

工业行业利税贡献结构反映的是利税贡献不同的行业在工业中的比例关
系。我们将全国 37 个行业划分为利税贡献较大行业、利税贡献一般行业和利
税贡献较小行业三种类型，以各行业利税总额占工业全行业利税总额比重作
为分类依据。我们首先计算工业各行业利税总额 2000~2014 年的平均值，然
后计算各行业利税额占全部工业行业利税总额的比重（行业利税贡献比重）。

如果全国工业 37 个行业发展得很均衡、利税贡献相同，那么每个行业的
利税贡献比重就应该为 2.7%（100/37 = 2.7），达到这一利税贡献比重的行
业就属于利税贡献一般行业。而通常数据结构中，平均数 20% 左右的数据都
应该属于同一类。依此我们将利税贡献比重在 3.24% 以上的行业划归为利税
贡献较大行业；将利税贡献比重在 2.16%~2.14% 的行业划归为利税贡献一
般行业；将利税贡献比重在 2.16% 以下和利税贡献为负的行业划归为利税贡
献较小行业。具体分类结果见表 4-20。

表 4-20　　　　　　　　不同利税贡献的工业行业分类　　　　　　单位:%

| 利税贡献较大行业 | 利税贡献一般行业 | 利税贡献较小行业 |
|---|---|---|
| 交通运输设备制造业 8.65；化学原料及化学制品制造业 6:19；煤炭开采和洗选业 5.68；烟草制品业 5.59；石油和天然气开采业 5.50；非金属矿物制造业 5.20；电气机械及器材制造业 5.03；石油加工、炼焦及核燃料加工业 4.95；电力、热力的生产和供应业 4.92；通信设备、计算机及其他电子设备制造业 4.50；通用设备制造业 4.23；农副食品加工业 3.92；黑色金属冶炼及压延加工业 3.6 | 专用设备制造业 2.96；纺织业 2.86；医药制造业 2.63；有色金属冶炼及压延加工业 2.61；金属制品业 2.51；饮料制造业 2.31；橡胶和塑料制品业 2.25 | 食品制造 1.92；纺织服装、鞋、帽制造业 1.58；黑色金属矿采选业 1.46；造纸及纸制品业 1.15；皮革、毛皮、羽毛（绒）及其制品业 1.08；木材加工及木、竹、藤、棕、草制品业 1.01；有色金属矿采选业 0.86；仪器仪表及文化、办公用机械制造业 0.85；工艺品及其他制造业 0.66；文教体育用品制造业 0.61；非金属矿采选业 0.58；印刷业和记录媒介的复制 0.57；家具制造业 0.53；化学纤维制造业 0.44；燃气生产和供应业 0.42；水的生产和供应业 0.154；其他采矿业 0.003 |

注：表中每个行业后的数值为各行业利税贡献比重（2009~2014 年六年平均值）。

工业各行业的利税贡献差异极大，利税贡献最高的交通运输设备制造业（贡献了工业利税总额的 8.65%）比贡献最低的其他采矿业（贡献了工业利税总额的 0.003%）高出了三千多倍。利税贡献较大行业一共有 13 个，占工业 37 个行业数的 35.14%，但贡献的利税额却占工业利税总额的 68.01%；利税贡献较小行业一共有 17 个，贡献的利税额仅占工业利税总额的 13.87%，甚至比只有 7 各行业的利税贡献一般行业的利税占比还要低 4.26 个百分点。

对分类后工业各行业的营业收入进行归并，得到利税贡献较大、一般和较小行业的营业收入，三类行业营业收入在工业营业总收入中的比重就反映了全国工业行业利税贡献结构。

表 4-21 是全国 2000 年和 2014 年工业行业利税贡献结构状况以及不同利税贡献行业的营业收入增长情况。

表 4-21　　按利税贡献不同划分的工业行业结构比重及营业额变动状况　　单位:%

| 行业类型 | 营业收入比重 | | 营业收入 2014 年比 2000 年 | |
|---|---|---|---|---|
| | 2000 年 | 2014 年 | 增长幅度 | 年均增长速度 |
| 利税贡献较大行业 | 64.24 | 64.58 | 1222.51 | 20.25 |
| 利税贡献一般行业 | 20.29 | 20.89 | 1254.46 | 20.46 |
| 利税贡献较小行业 | 15.46 | 14.52 | 1135.38 | 19.67 |

对 2014 年和 2000 年工业行业利税贡献结构进行比较，可以发现利税贡献结构类型没有发生变化，三类行业在工业中的比重也几乎没有发生变化。为了从动态观察利税贡献结构是否有变化，我们将利税贡献结构分年度绘制出来。见图 4-11。

图 4-11 中显示，从 2000~2014 年，三类利税贡献不同行业在工业中的比重变化都极其微小。2004 年以前，利税贡献较大行业发展速度略快于利税贡献一般和较小行业，在工业中的占比有小幅度上升，利税贡献一般和较小行业在工业中的占比同步小幅度下降；2004 年以后，利税贡献结构变动方向发生了变化，利税贡献较大行业在工业中的占比极为缓慢的下降，而利税贡献一般和较小行业在工业中的占比都在缓慢上升，利税贡献一般行业上升的幅度略大于利税贡献较小行业。考虑到利税贡献较高行业包含了较多的采掘业和原料业，而采掘业和原料业在工业化后期增长相对缓慢，因而 2004 年以

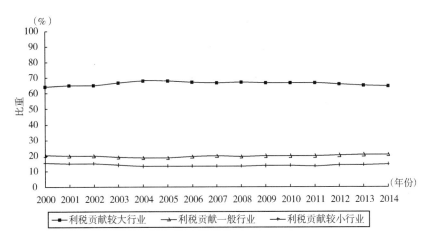

**图 4 - 11　工业行业利税贡献结构变动（2000～2014 年）**

后的结构变动方向仍然会延续。

2000～2014 年，利税贡献较大行业在工业中的占比年平均数为 66.23%，利税贡献一般行业年平均占比为 19.79%，利税贡献较小行业平均占比为 13.98%，显然利税贡献较大行业在工业中的主体地位相当突出并稳定。

## 二、利税贡献不同行业发展对环境污染的影响

用利税贡献较大、一般和较小三类行业的营业收入与八个环境污染方面的排放量和产生量分别作灰色关联度分析，求出不同利税贡献行业与各环境污染方面的关联度以及对环境污染总体影响的综合关联度，用以反映不同类型行业对环境污染的影响程度。表 4 - 22 计算的是全国工业中不同利税贡献行业对八种主要工业污染物的关联度和综合关联度。

表 4 - 22　　　　工业不同利税贡献行业与主要工业污染物的
关联度及综合关联度

| 行业类型 | 废气 | 二氧化硫 | 烟粉尘 | 废水 | 化学需氧量 | 氨氮 | 固废产生量 | 固废排放量 | 综合关联度 |
|---|---|---|---|---|---|---|---|---|---|
| 利税贡献较大行业 | 0.5648 | 0.5251 | - 0.5948 | 0.5491 | - 0.5616 | - 0.6107 | 0.5597 | - 0.6156 | - 0.0230 |
| 利税贡献一般行业 | 0.5051 | 0.5043 | - 0.5949 | 0.5306 | - 0.5584 | - 0.6202 | 0.5096 | - 0.6205 | - 0.0431 |
| 利税贡献较小行业 | 0.5022 | 0.5028 | - 0.5968 | 0.5294 | - 0.5589 | - 0.6229 | 0.5076 | - 0.6225 | - 0.0449 |

　　利税贡献不同的三类工业行业对固体废物产生、废水排放、二氧化硫排放和废气排放都产生正向影响。其中，利税贡献较大行业对污染物排放增加的影响程度都是最大的，并且影响程度显著高出利税贡献一般和较小行业，这与利税贡献较大行业包含太多的采掘业和原料业有密切关系；利税贡献较小行业对污染物排放量增加的影响程度都是最小的，而利税贡献一般行业对污染物排放增加的影响程度介于利税贡献较大和较小行业之间。

　　利税贡献不同的三类工业行业对烟粉尘排放、化学需氧量排放、氨氮排放和固体废物排放都产生反向影响（有利于减轻环境污染）。其中，利税贡献较小行业除了对化学需氧量排放减少的影响程度略低外，对其他三种污染物排放量减少的影响程度都是最大的；利税贡献较大行业与利税贡献较小行业正好相反，除了对化学需氧量排放减少的影响程度最大外，对其他三种污染物排放量减少的影响程度都是最小的。由此看来，在对单项环境污染物排放的影响方面，利税贡献较大行业对污染物排放增加的影响程度都比较大，而对污染物排放减少的影响程度都相对较小。

　　从利税贡献不同工业行业对环境污染的综合影响程度来看，利税贡献不同的三类工业行业对环境污染都有减轻的影响，也就是说，在工业发展对环境污染产生的两方面影响中，改善环境质量的影响略微超过了增加环境污染的影响。利税贡献较小行业对环境污染减轻的影响程度最大，而利税贡献较大行业对环境污染减轻的影响程度最小。从行业分类来看，利税贡献较小行业提供的产品大多离终端消费市场较近，受到的环境管制比较严，因而即便是财力并不雄厚，在减少污染物排放方面投入较多（这极有可能是这类行业利税贡献较小的重要原因），取得了较为明显效果，利税贡献一般行业的情况与利税贡献较小行业类似；利税贡献较大行业提供的产品大多离终端消费市场较远，环境管制难度较大，即便是获利较多、财力雄厚，但在减少污染物排放方面显然努力程度不够。

## 三、工业行业利税贡献结构变动对环境污染影响分析

　　用全国工业利税贡献较大行业、利税贡献一般行业和利税贡献较小行业对环境污染的综合关联度来代表不同利税贡献行业对环境污染的影响系数。

利用 2000 ~ 2014 年全国利税贡献不同类型工业行业营业收入在工业营业总收入中的比重，计算相关年份全国工业行业利税贡献结构的环境污染影响指数。见表 4 - 23。

表 4 - 23　　　　　　　工业行业利税贡献结构的环境污染影响指数

| 年　　份 | 2000 | 2001 | 2002 | 2003 | 2004 | 2005 | 2006 | 2007 |
|---|---|---|---|---|---|---|---|---|
| 环境污染影响指数 | - 0.0305 | - 0.0303 | - 0.0303 | - 0.0299 | - 0.0296 | - 0.0297 | - 0.0299 | - 0.0299 |
| 年　　份 | 2008 | 2009 | 2010 | 2011 | 2012 | 2013 | 2014 | |
| 环境污染影响指数 | - 0.0298 | - 0.0299 | - 0.0300 | - 0.0299 | - 0.0301 | - 0.0302 | - 0.0304 | |

如果单纯地对比 2014 年和 2000 年，利税贡献结构对环境污染的影响几乎相同，2014 年环境污染影响指数略微比 2000 年高出 0.28%。这种状况的出现与利税贡献结构变动是一致的。2014 年工业行业利税贡献结构与 2000 年相比也几乎没有变化，利税贡献较大行业在工业中的占比提高了 0.34 个百分点，利税贡献较小行业占比下降了 0.94 个百分点。而利税贡献较大行业对环境污染的减少作用远小于利税贡献较小行业，因而导致了环境污染减轻的程度有所减缓，只是因结构变动极其微小，环境污染的变动也极其微小。

2000 ~ 2004 年，利税贡献较大行业在工业中的占比呈连续上升态势，在 2014 年占比达到了最高，而利税贡献较小和一般行业的工业占比也有明显的连续下降态势。对比这一时期的环境污染指数变化可以发现，2000 ~ 2004 年也是利税贡献结构变动对环境污染减轻作用连续下降的时期，并且在 2004 年对环境污染减少的影响程度最低，这导致了环境污染水平上升到了最高点。其后随着利税贡献较大行业在工业中的占比不断下降，整个工业行业对环境污染减少的作用又逐渐增大，环境污染水平又呈现出下降趋势。由此可以看出，利税较大行业在工业中的比重上升，会减缓环境污染减轻的速度。

将每一年全国工业行业利税贡献结构的环境污染影响指数按时间顺序绘制成散点图，可以更直观地反映全国工业行业利税贡献结构变动对环境污染影响程度的变化。同时寻找到合适的趋势线相配合，根据趋势线的变动特征和趋势线方程特征可以判断结构变动对环境污染影响程度的变动趋势（见图 4 - 12）。图中各点表示相应各个年份的环境污染影响指数，虚线是根据点的分布状况拟合的趋势线。

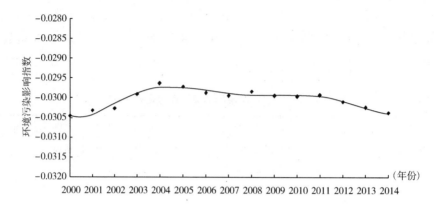

**图 4 – 12　工业行业利税贡献结构的环境污染影响指数变动趋势**

图 4 – 12 中更为清晰的显示出环境污染因结构变动影响所形成的先升后降的变动趋势。虽然从 2004 年起结构变动对减轻环境污染的作用就在逐波增强，但直到 2014 年也还未恢复到 2000 年的水平，但总的趋势是有利于环境污染的不断减轻。

用二次方程拟合，拟合度只有 0.788，表明二次方程的拟合效果并不太好；用三次方程拟合，拟合度为 0.825；用四次方程、五次方程拟合，拟合度提高的效果很小；直到使用六次方程拟合，拟合度达到了 0.931，拟合度有了很大的提高。设 y 为环境影响指数，x 为时间序列，六次方程的具体形式为：

$$y = 2E - 08x^6 + 1.206x^4 - 3228.x^3 + 5E + 06x^2 - 4E + 09x + 1E + 12$$
$$R^2 = 0.931$$

六次方程说明趋势线呈周期性波浪变动，而且波动的周期很短，方程中的系数表现出周期性波动的幅度较小。综合判断，我国工业利税贡献结构的变动使环境污染总体朝着减轻的方向发展，但减轻的程度十分有限，并且呈现出频繁小幅度上下波动的发展形态。

# 第七节　工业行业就业结构与环境污染

一个行业吸纳就业量的高低，是在制定行业发展政策中需要考虑的一个重要内容。在劳动力资源不足的情况下，对劳动力需求较少的行业就应重点发展；而在就业压力较大的情况下，扶持发展吸纳就业量大的行业成为必然的选择。吸纳就业量不同的行业可能对环境污染的影响程度不相同。在确定行业发展战略时，吸纳就业目标和环境保护目标之间常常出现冲突，例如，有些技术水平相对低下并且污染控制较差的行业吸纳了大量劳动力，但这类行业的发展却给环境带来了极大的危害。一般情况下，我们需要根据社会发展的不同阶段，选取对实现两个目标相对最有利的行业进行发展，而要实现这一点，首先要确定吸纳就业量不同行业对环境污染的影响程度。

## 一、工业行业就业结构及其特征

工业行业就业结构反映的是吸纳就业量不同的行业在工业中的比例关系。我们将全国工业 37 个行业按吸纳就业量的多少划分为吸纳就业较多行业、吸纳就业一般行业和吸纳就业较少行业，以各行业从业人员年平均人数占工业全部行业从业人员年平均人数的比重作为分类依据。我们首先计算了工业 37 个行业 2009～2014 年从业人员年平均人数的平均值，然后计算出各行业从业人数占全部工业行业从业人数的比重。

如果 37 个工业行业发展均衡、吸纳就业量相同，每个行业从业人数占全部工业从业人数的比重应该相同，即为 2.70%，将平均数 20% 左右归属为同一类行业。以此为划分依据，我们将从业人数占全部工业从业人数比重在 3.24% 以上的行业划归为吸纳就业较多行业；将比重在 2.16%～3.24% 之间的行业划归为吸纳就业一般行业；将比重低 2.16% 的行业划归为吸纳就业较少行业。具体分类结果见表 4-24。

吸纳就业较多的行业有 14 个，所吸纳的就业人数占工业全部从业人数的 72.17%，是全国工业吸纳就业的最主要力量；吸纳就业一般的行业有 2 个，所吸纳的就业人数占工业全部从业人数的 5.78%；吸纳就业较少的行业有 21 个，所吸纳的就业人数占工业全部从业人数的 21.96%。由此可见，不同工业行业之间，吸纳就业量的差异十分巨大。全国就业的行业集中度很高，少数行业发展的好坏就会对就业产生重大的影响。

表 4 - 24                    吸纳就业量不同的工业行业分类                    单位:%

| 吸纳就业较多行业 | 吸纳就业一般行业 | 吸纳就业较少行业 |
|---|---|---|
| 通信设备、计算机及其他电子设备制造业 8.34;电气机械及器材制造业 6.25;纺织业 6.22;交通运输设备制造业 6.02;煤炭开采和洗选业 5.94;非金属矿物制造业 5.73;通用设备制造业 5.29;化学原料及化学制品制造业 4.95;纺织服装、鞋、帽制造业 4.71;农副食品加工业 3.96;黑色金属冶炼及压延加工业 3.79;橡胶和塑料制品业 3.77;金属制品业 3.69;专用设备制造业 3.51 | 皮革、毛皮、羽毛(绒)及其制品业 2.95;电力、热力的生产和供应业 2.91 | 有色金属冶炼和压延加工 2.06;医药制造业 1.93;食品制造业 1.90;文教体育用品制造业 1.65;造纸及纸制品业 1.58;饮料制造业 1.45;木材加工及木、竹、藤、棕、草制品业 1.44;工艺品及其他制造业 1.31;仪器仪表及文化、办公用机械制造业 1.23;家具制造业 1.16;石油和天然气开采业 1.15;石油加工、炼焦及核燃料加工业 0.98;印刷业和记录媒介的复制 0.90;黑色金属矿采选业 0.69;非金属矿采选业 0.59;有色金属矿采选业 0.57;化学纤维制造业 0.48;水的生产和供应业 0.45;燃气生产和供应业 0.22;烟草制品业 0.22;其他采矿业 0.003 |

注:表中每个行业后的数值为各行业从业人数占全部工业从业人数比重(2009~2014年六年平均值)。

对按就业量进行分类后工业各行业的营业收入进行归并,得到吸纳就业较多、一般和较少行业的营业收入,三类吸纳就业量不同行业营业收入在工业总营业收入中的比重就反映了全国工业行业就业结构。表 4 - 25 是全国 2000 年和 2014 年工业行业就业结构状况以及吸纳就业量不同行业的营业收入增长情况。

表 4 - 25    按吸纳就业量不同划分的工业行业结构比重及营业额变动状况    单位:%

| 行业类型 | 营业收入比重 | | 营业收入 2014 年比 2000 年 | |
|---|---|---|---|---|
| | 2000 年 | 2014 年 | 增长幅度 | 年均增长速度 |
| 吸纳就业较多行业 | 62.00 | 68.26 | 1348.39 | 21.04 |
| 吸纳就业一般行业 | 9.58 | 6.41 | 780.65 | 16.81 |
| 吸纳就业较少行业 | 28.43 | 25.33 | 1072.21 | 19.22 |

2014 年和 2000 年相比,工业行业就业结构类型没有发生改变,吸纳就业较多行业在工业中始终占据主体地位,吸纳就业一般行业在工业中的占比始终排在最后;虽然结构类型没有发生变化,但不同吸纳就业量行业在工业中的占比却发生了明显变化。2014 年吸纳就业较多行业在工业中的占比与 2000 年相比提高了 2.26 个百分点,而吸纳就业一般和较少行业在工业中的

占比分别下降了 3.16 个和 3.1 个百分点。由此可见,吸纳就业较多行业在工业中的主体地位更加突出。图 4–13 表现了工业行业就业结构从 2000～2014年的动态变动状况。

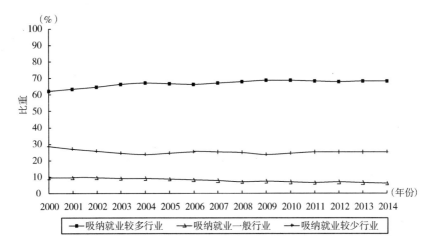

图 4–13　工业行业就业结构变动(2000～2014 年)

工业行业就业结构动态变化显示,2000～2004 年结构变化比较明显,吸纳就业较多行业在工业中占比持续较大幅度上升,而吸纳就业较少行业却表现为持续较大幅度下降,两个行业的差距在短时间迅速扩大,吸纳就业一般行业在此期间占比基本保持未变。在 2004 年之后,吸纳就业较多行业在工业中占比呈现波动性小幅上升态势;吸纳就业较少行业在工业中的占比虽有波动,但基本保持稳定;吸纳就业一般行业呈现持续下降态势。

2014 年比 2000 年,吸纳就业较多行业增长了 13.48 倍,年均增速达到了21.04%,在三类行业中增长最快;吸纳就业较少和一般行业分别增长了10.72 倍和 7.8 倍,与吸纳就业较多行业相比有明显差距,工业行业就业结构的这种变动方向显然有利于减轻全国就业压力。

## 二、吸纳就业量不同行业发展对环境污染的影响

用三类吸纳就业量不同工业行业的营业收入与八个环境污染方面的排放量和产生量分别作灰色关联度分析,求出三类工业行业与各环境污染方面的

关联度以及对环境污染总体影响的综合关联度。表4－26计算的是全国吸纳就业量不同工业行业对八种主要工业污染物的关联度和综合关联度。

表4－26　　　　工业吸纳就业量不同行业与主要工业污染物的
关联度及综合关联度

| 行业类型 | 废气 | 二氧化硫 | 烟粉尘 | 废水 | 化学需氧量 | 氨氮 | 固废产生量 | 固废排放量 | 综合关联度 |
|---|---|---|---|---|---|---|---|---|---|
| 吸纳就业较多行业 | 0.4923 | 0.5327 | − 0.5557 | 0.4887 | − 0.5490 | − 0.5717 | 0.4955 | − 0.5420 | − 0.0262 |
| 吸纳就业一般行业 | 0.6151 | 0.5538 | − 0.5730 | 0.5176 | − 0.5678 | − 0.5861 | 0.6172 | − 0.5601 | 0.0021 |
| 吸纳就业较少行业 | 0.4832 | 0.5292 | − 0.5556 | 0.4865 | − 0.5484 | − 0.5788 | 0.4881 | − 0.5482 | − 0.0305 |

行业发展与各种污染物的关联度显示，吸纳就业量不同的三类工业行业对废气排放、二氧化硫排放、固体废物产生和废水排放都产生正向影响。其中，吸纳就业一般行业对污染物排放量增加的影响程度最大，并且其影响程度都相对显著；吸纳就业较少行业对污染物排放量增加的影响程度最小；吸纳就业较多行业对污染物排放量增加的影响程度介于吸纳就业一般和较少行业之间；吸纳就业较多和较少行业除了对二氧化硫排放的正向影响程度稍显显著外，对其他污染物排放的正向影响程度都相对较弱。

三类吸纳就业量不同工业行业对固体废物排放、氨氮排放、化学需氧量排放和烟粉尘排放都产生反向影响。其中，吸纳就业一般行业对污染物排放量减少的影响程度最大；吸纳就业较少行业对烟粉尘和化学需氧量排放量减少的影响程度最小；吸纳就业较多行业对氨氮和固体废物排放量减少的影响程度最小。

从综合关联度来看，吸纳就业较多和较少行业对环境污染的综合影响都是反向的，表明这两个行业发展有利于环境污染的减轻。相对而言，吸纳就业较少行业对环境污染减轻的作用大于吸纳就业较多行业。吸纳就业一般行业对环境污染的综合影响是正向的，虽然影响程度相对较小，但行业发展显然不利于环境污染的减轻。

## 三、工业行业就业结构变动对环境污染影响分析

用全国工业中吸纳就业较多、一般和较少行业对环境污染的综合关联度

来代表吸纳就业量不同工业行业对环境污染的影响系数。利用 2000 ~ 2014 年全国吸纳就业量不同行业营业收入在工业营业总收入中的比重，计算相关年份全国工业就业结构的环境影响指数。见表 4 – 27。

表 4 – 27                   工业行业就业结构的环境污染影响指数

| 年　　份 | 2000 | 2001 | 2002 | 2003 | 2004 | 2005 | 2006 | 2007 |
|---|---|---|---|---|---|---|---|---|
| 环境污染影响指数 | – 0.0247 | – 0.0246 | – 0.0245 | – 0.0246 | – 0.0246 | – 0.0247 | – 0.0249 | – 0.0250 |
| 年　　份 | 2008 | 2009 | 2010 | 2011 | 2012 | 2013 | 2014 | |
| 环境污染影响指数 | – 0.0252 | – 0.0251 | – 0.0253 | – 0.0254 | – 0.0253 | – 0.0254 | – 0.0254 | |

2014 年比 2000 年，工业行业就业结构变动对环境污染减少起到了明显作用，因结构变动使环境污染减少了 3.08%，行业就业结构变动对环境污染减少的影响程度基本上呈持续增强态势。为了能够动态考察工业行业就业结构变动对环境污染的影响程度变化，将工业行业就业结构的环境污染影响指数按时间顺序绘制成散点图，并配合趋势线以便观察（见图 4 – 14）。

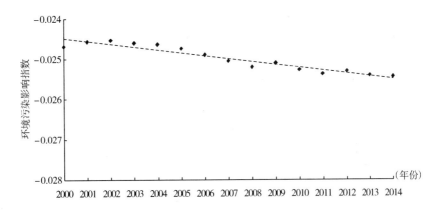

图 4 – 14    工业行业就业结构的环境污染影响指数变动趋势

图 4 – 14 中显示，工业行业就业结构变动对环境污染减少的影响程度持续增强，因结构变动使环境污染减少的总趋势十分明显。虽然在下降的过程中表现出一些波动，但这种波动与总体下降幅度相比极其微小，通过拟合方程可以确认这种波动对总变化趋势没有大的影响。

仅用线性方程拟合环境污染指数的变化，就可以得到高度吻合效果。设 y 为环境污染影响指数，x 为时间序列，线性方程的具体形式为：

$$y = -7E - 05x + 0.119$$
$$R^2 = 0.916$$

线形方程的高度拟合表明，工业行业就业结构变动使环境污染呈直线减少趋势，虽然减少的程度十分缓慢，但减少的趋势十分明显。我国目前的行业就业结构演变方向既有利于减轻就业压力，也有利于减轻环境污染压力。

# 第八节　工业行业劳动效率结构与环境污染

劳动效率的高低标志着每个劳动者为社会创造财富的多少，国民福利水平提高的最根本途径就是要提高劳动效率。工业经济发展的外延式增长是靠要素投入的增长，而内涵式增长则是劳动效率的增长。在经济发展到一定规模后，经济增长方式一定要发生转变，由外延式的增长转变到内涵式增长，否则靠要素投入的外延增长方式，一旦要素投入增长减缓，经济增长也随之下降，外延式增长是一种不可持续的增长方式。长期来看，工业发展过程中转变增长方式极为重要，工业增长应主要依靠劳动效率的提高。对工业行业按劳动效率不同进行划分，有利于通过对劳动效率不同行业在工业中的结构调整来转变工业经济增长方式。

## 一、工业行业劳动效率结构及其特征

工业行业劳动效率结构反映的是劳动效率不同行业在工业中的比例关系。衡量劳动效率的最具代表性指标是全员劳动生产率，工业行业全员劳动生产率是用行业营业收入（或行业总产值）除以行业平均从业人数。我们以工业各行业全员劳动生产率作为分类依据，将全国工业37个行业划分为劳动效率较高、劳动效率一般和劳动效率较低三种行业类型。

我们首先计算了全国工业各行业全员劳动生产率近六年（2009～2014年）的平均值，然后由高到低进行排序。对工业行业具体分类结果见表4-28。

表 4-28                 不同劳动效率的工业行业分类          单位：万元/人年

| 劳动效率较高行业 | 劳动效率一般行业 | 劳动效率较低行业 |
|---|---|---|
| 石油加工、炼焦及核燃料加工业 341.46；烟草制品业 325.10；有色金属冶炼及压延加工业 163.01；电力、热力的生产和供应业 159.56；黑色金属冶炼及压延加工业 158.70；燃气生产和供应业 137.66；化学纤维制造业 120.76；化学原料及化学制品制造业 117.74；农副食品加工业 109.21；石油和天然气开采业 101.50；交通运输设备制造业 100.56；黑色金属矿采选业 99.38 | 有色金属矿采选业 81.69；电气机械及器材制造业 78.96；饮料制造业 77.41；通信设备、计算机及其他电子设备制造业 76.45；医药制造业 75.17；造纸及纸制品业 73.52；通用设备制造业 72.54；食品制造业 71.77；专用设备制造业 71.67；其他采矿业 69.66；非金属矿物制品业 68.64；金属制品业 67.79 | 工艺品及其他制造业 64.65；非金属矿采选业 63.71；木材加工及木、竹、藤、棕、草制品业 63.23；橡胶和塑料制品业 61.28；仪器仪表及文化、办公用机械制造业 57.51；纺织业 52.66；印刷业和记录媒介的复制 49.93；家具制造业 44.42；煤炭开采和洗选业 40.66；文教体育用品制造业 35.60；皮革、毛皮、羽毛（绒）及其制品业 32.46；纺织服装、鞋、帽制造业 32.01；水的生产和供应业 29.16 |

注：表中每个行业后的数值为各行业全员劳动生产率（2009~2014 年六年平均值）。

计算结果显示，全国工业平均全员劳动生产率为 81.55 万元/人年，达到这一水平的行业为劳动效率一般行业，将达到工业全员劳动生产率平均值 20% 左右的行业归属为同一类。依此划分标准，将全员劳动生产率高于 97.86 万元以上的行业归为劳动效率较高行业；将全员劳动生产率在 65.24 万~97.86 万元之间的行业归为劳动效率一般行业；将全员劳动生产率低于 65.24 万元以下的行业归为劳动效率较低行业。

全国工业各行业的劳动效率表现出巨大差异，劳动效率最高的石油加工、炼焦及核燃料加工业全员劳动生产率达到了 341.46 万元，比最低的水的生产和供应业高出 10.71 倍。根据全国工业平均全员劳动生产率 81.55 万元计算，工业行业全员劳动生产率均方差为 67.95 万元，全员劳动生产率标准差系数为 0.83。从这两个指标来看，我国工业各行业间的劳动效率差距很大。从行业分布来看，即便是同属于采掘业、原料业、制造业和轻工业的行业之间也出现劳动效率的巨大差异，这的确是一个值得深入探讨的问题。

对分类后工业各行业的营业收入进行归并，得到劳动效率较高、一般和较低三类行业的营业收入，三类行业营业收入在工业营业总收入中的比重就反映了全国工业行业劳动效率结构。表 4-29 是全国 2000 年和 2014 年工业行业劳动效率结构状况以及不同劳动效率行业的营业收入增长情况。

表4-29    按劳动效率不同划分的工业行业结构比重及营业额变动状况    单位:%

| 行业类型 | 营业收入比重 | | 营业收入2014年比2000年 | |
|---|---|---|---|---|
| | 2000年 | 2014年 | 增长幅度 | 年均增长速度 |
| 劳动效率较高行业 | 45.66 | 45.23 | 1203.33 | 20.13 |
| 劳动效率一般行业 | 34.56 | 36.94 | 1306.22 | 20.78 |
| 劳动效率较低行业 | 19.78 | 17.82 | 1085.19 | 19.32 |

2014年比2000年,工业行业劳动效率结构类型没有发生变化,三类行业在工业中的占比顺序始终是:较高、一般、较低,三类行业在工业中的占比变化也不大。为了动态观察劳动效率结构是否有变化,我们将劳动效率结构分年度绘制出来。见图4-15。

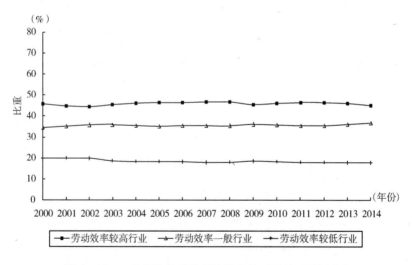

图4-15    工业行业劳动效率结构变动(2000~2014年)

从图4-15来看,劳动效率不同的三类行业在整个时期占比变化都非常小,占比最高和最低点相差在2.38个百分点(劳动效率一般行业所表现的占比最大变化)以内。三类行业的年均增长速度相差也不大,增长速度最高的劳动效率一般行业和增长速度最低的劳动效率较低行业相差1.47个百分点,三类行业基本上在同步发展。

判断三类行业占比变动趋势,可以通过各行业占比最高和最低点出现时间来观察。劳动效率较高行业占比最高时出现在2007年(占比为46.71%),占比最低时出现在2002年(占比为44.44%),因而劳动效率较高行业在工业中的占比呈现出稳定中的周期性变动趋势；劳动效率一般行业占比最高时出现在 2014 年（占比 36.94%），占比最低时出现在 2000 年（占比 34.56%），因而劳动效率一般行业的占比呈现缓慢上升趋势；劳动效率较低行业占比最高时出现在 2001 年（占比 19.87%），占比最低时出现在 2013 年（占比 17.78%），因而劳动效率较低行业的占比呈现缓慢下降趋势。由于三类行业在工业中的占比差距较大，三类行业占比变动又极其微小，因此我国工业行业劳动效率结构会在较长的时间里保持相对稳定。

## 二、劳动效率不同行业发展对环境污染的影响

用劳动效率较高、一般和较低三类行业的营业收入与八个环境污染方面的排放量和产生量分别作灰色关联度分析，求出劳动效率不同行业与各环境污染方面的关联度以及对环境污染总体影响的综合关联度，用以反映不同类型行业对环境污染的影响程度。表 4 – 30 计算的是全国工业中劳动效率不同行业对八种主要工业污染物的关联度和综合关联度。

表 4 – 30　　　　　工业劳动效率不同行业与主要工业污染物的
关联度及综合关联度

| 行业类型 | 废气 | 二氧化硫 | 烟粉尘 | 废水 | 化学需氧量 | 氨氮 | 固废产生量 | 固废排放量 | 综合关联度 |
|---|---|---|---|---|---|---|---|---|---|
| 劳动效率较高行业 | 0.5313 | 0.5250 | -0.5925 | 0.5374 | -0.5459 | -0.6308 | 0.5360 | -0.6156 | -0.0319 |
| 劳动效率一般行业 | 0.4864 | 0.5120 | -0.5963 | 0.5250 | -0.5486 | -0.6379 | 0.4967 | -0.6188 | -0.0477 |
| 劳动效率较低行业 | 0.5343 | 0.5267 | -0.5958 | 0.5369 | -0.5483 | -0.6324 | 0.5312 | -0.6164 | -0.0330 |

关联度显示，劳动效率不同的三类工业行业对固体废物产生、废水排放、二氧化硫排放和废气排放都产生正向影响。其中，劳动效率较低行业对废气和二氧化硫排放量增加的影响程度最大，劳动效率较高行业对废水排放和固体废物产生量增加的影响程度最大，而劳动效率一般行业对污染物排放量增加的影响程度都是最小的。三类行业对污染物排放量增加的影响程度差异很小，并且三类行业的这种影响程度都不十分显著。

劳动效率不同的三类工业行业对烟粉尘排放、化学需氧量排放、氨氮排

放和固体废物排放都产生了反向影响。其中，劳动效率一般行业对污染物排放量减少的影响程度最大，劳动效率较高行业对污染物排放量减少的影响程度最小，劳动效率较低行业对污染物排放量减少的影响程度介于劳动效率较高和一般行业之间。三类行业对污染物排放量减少的影响程度差异同样很小，但三类行业对污染物排放量减少的影响程度都非常显著。

从综合关联度来看，劳动效率不同的三类工业行业对环境污染都有减轻的影响，其中劳动效率一般行业对环境污染减轻的作用最大，劳动效率较高行业对环境污染减轻的作用最小。

## 三、工业行业劳动效率结构变动对环境污染影响分析

用全国工业中劳动效率较高行业、一般行业和较低行业对环境污染的综合关联度来代表劳动效率不同行业对环境污染的影响系数。利用 2000～2014 年全国劳动效率不同类型工业行业营业收入在工业营业总收入中的比重，计算相关年份全国工业行业劳动效率结构的环境污染影响指数。见表 4-31。

表 4-31　　　　　　　　工业行业劳动效率结构的环境污染影响指数

| 年　　份 | 2000 | 2001 | 2002 | 2003 | 2004 | 2005 | 2006 | 2007 |
|---|---|---|---|---|---|---|---|---|
| 环境污染影响指数 | -0.0376 | -0.0377 | -0.0378 | -0.0378 | -0.0377 | -0.0377 | -0.0377 | -0.0377 |
| 年　　份 | 2008 | 2009 | 2010 | 2011 | 2012 | 2013 | 2014 | |
| 环境污染影响指数 | -0.0377 | -0.0378 | -0.0377 | -0.0377 | -0.0377 | -0.0378 | -0.0379 | |

2014 年和 2000 年相比，工业行业劳动效率结构对环境污染的影响很小，因结构变动使环境污染仅减少了 0.94%。之所以出现这种情况，主要是因为工业行业劳动效率结构变化不大。从整个时期来看，结构变化对环境污染的影响程度变化也很小。

将每年全国工业行业劳动效率结构的环境污染影响指数按时间顺序绘制成散点图，可以直观反映全国工业行业劳动效率结构变动对环境污染影响程度的动态变化。见图 4-16。图中各点表示相应各个年份的环境污染影响指数，虚线是根据点的分布状况拟合的趋势线。

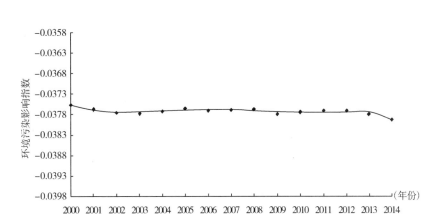

**图 4 – 16　工业行业劳动效率结构的环境污染影响指数变动趋势**

图 4 – 16 中显示，工业行业劳动效率结构变动对环境污染减轻的影响程度变化很小，环境污染变化趋势基本呈水平状态发展。但在变动过程中，频繁上下小幅度波动的比较明显，通过拟合方程可以确认小幅度频繁波动的特征。

环境污染指数的散点分布看似一条水平线，但用线性方程拟合，拟合度只有 0.348，拟合效果极差；用二次方程拟合，拟合度为 0.386；用三次、四次、五次，直到六次方程进行拟合，拟合度才达到 0.877。设 y 为环境影响指数，x 为时间序列，六次方程的具体形式为：

$$y = -4E - 09x^6 + 4E - 05x^5 - 0.216x^4 + 578.2x^3$$
$$- 86961x^2 + 7E + 08x - 2E + 11$$
$$R^2 = 0.877$$

六次方程说明趋势线呈周期性波浪变动，并且波动频繁，方程中的系数表现出周期性波动的幅度很小。

总的来说，我国按劳动效率不同划分的工业行业中，劳动效率一般（中等）行业的发展对减轻环境污染的作用最大，但由于我国工业行业劳动效率结构在较长时期内没有发生明显变化，因此劳动效率结构对环境污染变动没有产生明显的影响。

# 第九节 主要结论及结构调整策略

## 一、主要结论

工业发展对环境污染会产生加重和减轻两方面影响，工业总量增长会加重环境污染，而工业结构变动和环保技术进步会减轻环境污染。工业内部结构极其复杂，按照不同的标准划分，可以形成众多种工业结构类型。不同的工业结构类型对环境污染的影响不同，有些类型工业结构变动对环境污染影响较大，而有些类型工业结构变动对环境污染影响很小。

（1）工业企业规模结构反映大、中、小不同类型工业企业在工业中的比例关系。2000 年至 2014 年我国工业企业规模结构发生了很大变化，2014 年规模结构表现为大型和小型企业占比大，中型企业占比小的结构特征。我国小型企业对减轻环境污染的作用较大，中型企业对减轻环境污染的作用较小，工业企业规模结构变动对减轻环境污染的影响微乎其微。

（2）工业行业收益结构反映收益不同行业在工业中的比例关系。2000～2014 年我国工业行业收益结构有显著变化，2014 年收益结构表现为：收益一般行业占比接近 60%，收益较低行业占比小于收益较高行业。收益较高行业对减轻环境污染的作用较大，而收益较低行业的发展仍然会加重环境污染，工业行业收益结构的变动使环境污染得到了很大程度的减轻。

（3）工业行业出口能力结构反映出口能力不同行业在工业中的比例关系。2000～2014 年我国工业行业出口能力结构变化较大，2014 年结构特征表现为：出口能力一般行业占比超过 65%，出口能力较高行业占比超过出口能力较低行业接近一倍。出口能力较高行业对减轻环境污染的作用较大，而出口能力较低行业发展会加重环境污染，工业行业出口能力结构变动对环境污染减轻的作用十分明显。

（4）工业行业竞争力结构是指竞争力不同行业在工业中的比例关系。2014 年我国工业行业竞争力结构中，竞争力一般行业占比超过 50%，而竞争力较强行业占比最低、并且处于不断下降趋势。竞争力一般行业对减轻环境污染的作用远大于竞争力较强和较弱行业，我国竞争力结构在 2000～2014 年有很大变化，这种结构变化使环境污染得到持续的减轻。

（5）工业行业技术结构反映技术水平不同行业在工业中的比例关系。2014 年我国技术水平一般行业占比达到 45% 以上，是工业中的主体，技术较高行业占比接近整个工业的 1/3。技术水平较高行业对减轻环境污染的作用相对较大，而技术水平较低行业对减轻环境污染的作用相对较小。2000～2014 年我国工业行业技术结构整体朝着技术水平提高的方向演进，但这种结构变化对环境污染减轻所起到的作用并不太大。

（6）工业行业利税贡献结构是指利税贡献不同的行业在工业中的比例关系。2014 年我国利税贡献较大行业在工业中的占比接近 65%，利税贡献较小行业占比不到 15%。利税贡献较大行业对减轻环境污染作用较小，而利税贡献较小行业对减轻环境污染作用相对较大。我国工业行业利税贡献结构从 2000～2014 年有一个比较大的起伏变化，利税贡献较大行业在工业中的占比先上升、后下降。当利税贡献较大行业在工业中的比重上升时，环境污染呈现增加趋势，而当利税贡献较大行业占比下降时，环境污染减轻的速度会加快。

（7）工业行业就业结构反映吸纳就业量不同行业在工业中的比例关系。2014 年我国吸纳就业较多行业在工业中的占比高达 68% 以上，吸纳就业较少行业占比也超过 1/4。吸纳就业较少行业对减轻环境污染的作用较大，而吸纳就业一般行业的发展不利于环境污染的减轻。2000～2014 年我国工业行业就业结构朝着吸纳就业较多行业占比上升的方向演变，这种结构变动对环境污染减少起到了明显作用，我国目前工业行业就业结构演变方向既有利于减轻就业压力，也有利于减轻环境污染压力。

（8）工业行业劳动效率结构是指劳动效率不同行业在工业中的比例关系。2014 年我国劳动效率较高行业在工业中的占比超过 45%，劳动效率较低行业占比不到 18%。劳动效率一般行业对减轻环境污染的作用最大，劳动效率较高行业对减轻环境污染的作用相对较小。我国工业行业劳动效率结构从 2000～2014 年基本保持未变，因而对环境污染变动没有产生明显的影响。

## 二、结构调整策略

我国工业发展过程中减少污染物排放的效果比较明显，这充分体现在工业内部各类结构调整均有利于环境污染的减轻。这一方面是国家对工业生产实施较严格的环境规制所致，另一方面是工业发展到一定阶段有足够资金投入环境保护所致。既然工业内部各类结构调整已经有利于减轻整体工业对环境的污染，因此沿着目前工业内部结构演变方向、加快调整步伐会更加显著的降低工业发展对环境的污染水平。

（1）我国工业企业规模结构有很大变化，但几乎没有对环境污染产生影响，表明我国各类规模企业对环境污染的影响相差不大，因此重点发展哪类规模企业主要看对经济增长的影响。从全球企业在经济中的贡献来看，大型企业竞争力更强，对经济增长的贡献较大；小型企业发展活力更强，更有助于产业创新。鉴于此，我国工业企业规模结构调整方向应该朝两端发展，即加快大型企业和小型企业发展。

（2）收益较高工业行业在工业中的比重上升，这是市场的选择，而收益较高工业行业发展更有助于环境污染的减轻。因此，对于工业行业收益结构的演变趋势并不需要刻意进行人为的调整或改变，充分尊重市场的选择，由市场按优胜劣汰进行结构调整。

（3）我国出口能力较高行业对减轻环境污染的作用较大，因此在我国并未出现发达国家向我国"污染转移"。出口能力较高行业具有较高的技术水平、管理水平，其环保标准与发达国家更为接近，对促进经济社会发展和保护环境的作用更大。今后应该更加扩大开放，鼓励、支持出口能力较高行业快速发展。

（4）通常情况下，竞争力较强行业在市场竞争中会发展较快，但我国竞争力较强行业在工业中的比重最低。这是因为我国竞争力较强行业都属于行政或自然垄断行业，其竞争力的获得主要是行政保护的结果，正因为如此，竞争力较强行业环境保护的动力不足。在工业行业内部结构调整中，应尽量减少对行业的行政保护，缩减行政保护范围，力促竞争力一般工业行业发展壮大。

（5）我国技术水平较高行业对减轻环境污染的作用相对较大，但是由于种种原因，技术水平较高行业在工业中占比提升的幅度并不大，工业行业技术结构虽然朝着技术水平提高的方向演进，但演进的速度过慢。工业行业技术结构应加快调整步伐，消除地区保护主义，淘汰技术落后产业，加强知识产权保护，解除技术水平较高行业发展中的各种行政羁绊，让技术水平较高行业在市场中能够充分发展，并带动整个工业技术水平的提高。

（6）利税贡献较大行业本应更有能力减少环境污染物的排放，但我国利税贡献较大行业反而对减轻环境污染的贡献最小。这一方面可能是因为过重的税务负担使投入到环境保护方面的资金不足，另一方面可能是地方政府为了获取更多的税收对利税贡献较大行业的环境监管放松所致。今后应督促利税较高行业将更多的资金投入到环境保护之中，适当减轻利税较高行业的税收负担，对所有行业的环境监管一视同仁；对某些利税贡献较大、但环境污染严重的工业行业，要坚决控制其发展规模；对于利税贡献较小行业，不能因其利税贡献小而忽视其发展，应从多方面支持和鼓励其快速发展。

（7）我国吸纳就业较多工业行业大部分属于制造业，其发展不但有利于工业整体水平的提高，而且有利于环境污染的减轻，从各个方面来说都应该大力发展这类工业行业。对于吸纳就业一般行业，因其对环境污染增加有较大影响，并且对经济增长的贡献并不大，应控制其发展规模；吸纳就业较少行业中，属于制造行业的应加快发展，属于采掘行业的要限制其发展规模的扩大。

（8）劳动效率的提高是社会发展的趋势，也是提高国民福利的最根本途径。虽然我国工业中劳动效率较高行业对减轻环境污染的作用较小，但其对社会经济发展的作用更大，应该重点支持这类行业的发展，特别是劳动效率较高的制造业更应该加快发展。

# 第五章

# 能源消费结构变动与环境污染

现代社会经济发展离不开能源的支撑，尤其是处在快速工业化和城市化阶段，更是形成了对能源的巨大需求。能源消费在促进了社会经济发展的同时，也带来了严重的环境污染问题，全球目前对能源消费带来的环境问题最为关注的是二氧化碳排放形成温室效应，直接造成全球气温上升，威胁人类的生存。由于能源存在着不同的类型（石油、天然气、煤炭、太阳能等），并且能源消费的方式不同（燃烧、化工原料等），能源消费过程中不只排放二氧化碳，还会产生二氧化硫、烟粉尘、各类温室气体，同时还会排放大量废水造成水体污染，产生固体废物等等。事实上，在现有生产和消费方式下，能源消费是环境污染的最主要来源。此外，人类目前所使用的主要能源属于不可再生能源，随着能源消费的不断增多，能源储量面临消耗殆尽，能源成为社会经济发展的"瓶颈"，在人类还没有大规模消费可再生能源时，大量消费能源是一种不可持续的发展模式。从自然环境的角度来看，能源消费既产生环境污染问题又产生资源枯竭问题。因此，能源消费成为人类最关注的问题之一。在人类现有技术水平下，减少能源消费可以减轻对环境的污染，同时又可以为人类赢得更多的时间去开发清洁的可再生能源，所以"节能"就等同于保护环境，"节能量"是环境保护和可持续发展的重要控制性指标。

从不同角度考察能源消费构成，可以形成多种不同的能源消费结构。在对能源消费的社会管理和相关研究中，比较集中的关注两类能源消费结构：能源消费种类结构和能源消费部门结构。能源消费种类结构是指不同种类能源消费量在能源消费总量中的比例关系，从对环境污染的影响看，在各种能源中有清洁能源、低污染能源和高污染能源，太阳能、水能、风能、海洋能和地热能等都属于清洁能源，核能、天然气、生物质能和利用洁净能源技术处理的化石燃料属于低污染能源，而未经处理的煤炭、石油等属于高污染能源；从能源的可再生角度看，有可再生能源和不可再生能源，化石能源是一次性能源，不可再生，越用越少，其开采既破坏环境又造成污染，而太阳能、水能、风能、地热能、生物能等属于再生能源；从能源消费创造财富的效率看，有高效率能源和低效率能源，核能、水能、天然气、石油等属于高效率能源，单位能源创造的经济价值较高，煤炭属于低效率能源。如果在能源消费总量中，清洁能源占的比重大，同样的能源消费量对环境的污染就会减轻；可再生能源占的比重大，不可再生能源开采过程中的环境破坏和环境污染就小；高效率能源占的比重大，实现同样的社会发展所消耗的能源总量就会减少，有利于环境的保护。因此，不同的能源消费种类结构对于环境的影响是不同的。随着人类社会的发展，能源消费量总会不断地提高，而改变能源消费种类结构是实现环境改善和可持续发展的重要方式。

　　能源消费部门结构是指不同部门的能源消费量在能源消费总量中的比例关系，比如有生产部门能源消费和生活部门能源消费，生产部门能源消费又可以划分成多种产业部门的能源消费等，对能源消费部门结构研究的重点一般是生产部门的能源消费结构。不同生产部门的能源消费方式、能源消费效率和生产技术水平不同，能源消费强度有很大的不同，在国民经济中如果能源消费强度小的部门在经济中的比重上升，能源消费量就可能会因部门的结构调整而下降。而在现有的能源消费种类结构下，能源消费量的下降本身，就是减少了对环境的危害。当然，影响能源消费量的因素很多，但能源消费部门结构的变动是影响能源消费量变动的重要原因之一。在我们的研究中将从能源消费部门结构出发分析产业结构变动对能源消费量的影响。

# 第一节 能源消费结构特征及对经济的影响

## 一、能源消费特征

在我国的产业结构中，由于重化工业占比很高，并且生产技术相对落后、能源利用效率较低，因而能源消费量很大。和世界平均水平相比，我国消费了较多的能源，却创造了较少的社会财富。用一次能源消费量我国占世界比重和国内生产总值我国占世界比重的变化对比可以反映我国能源消费在全球的规模变化以及能源消费的效率。我们根据 2011 ~ 2015 年《BP 世界能源统计年鉴》中的一次能源消费量计算我国在世界的能源消费占比；根据世界银行在《世界发展指标（2015）》（*World Development Indicators* 2015）中提供的国内生产总值（以 2005 年美元价格计算的 GDP）计算我国在世界的国内生产总值占比。图 5 – 1 是 2000 ~ 2014 年的比重变化情况。

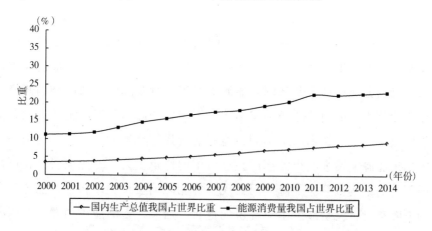

图 5 – 1　经济总量和能源消费量中国占世界比重变化（2000 ~ 2014 年）

我国能源消费占世界的比重远比国内生产总值占世界的比重高得多，2000 ~ 2014 年，我国经济总量占世界比重平均只有 5.99%（经济总量排世界第二），但能源消费量占世界比重平均达到了 17.33%（能源消费量排世界第一），经济总量占比比能源消费量占比平均高 11.34 个百分点。这一方面表明相对于经济规模我国的能源消费规模更大，另一方面表明我国的能源利用效率太低。

能源消费效率可以用国内生产总值占世界的比重除能源消费量占世界的比重反映，该指标表示某国消费了世界百分之一的能源，创造了世界百分之几的经济量。2014 年的计算表明，我国用世界 1% 的能源只能为世界创造0.39% 的国内生产总值，我国的能源利用效率之低可见一斑。反映能源消费效率的另一个重要指标是能源消费强度，用能源消费量除国内生产总值，表示创造单位经济量需要消费能源量，能源消费强度越高，能源消费效率越低。我们计算了 2000 年和 2014 年中国、美国、印度和世界的能源消费强度，见表 5 - 1。

表 5 - 1　　　　　　　能源消费强度对比表　　　　单位：吨油当量/万美元

| 国家或地区 | 中国 | 美国 | 印度 | 世界 |
|---|---|---|---|---|
| 2014 年 | 5.64 | 1.55 | 3.99 | 2.22 |
| 2000 年 | 7.29 | 1.91 | 4.91 | 2.30 |
| 2014 年比 2000 年增长（%） | -22.65 | -18.75 | -18.67 | -3.15 |

显然我国的能源使用效率不但与发达国家有巨大差异，就是与同属于发展中国家的印度相比也有不小的差距。从能源使用效率提高的角度来看，我国的能源消费强度下降的幅度很大。2014 年比 2000 年，我国能源消费强度下降了 22.65%，是世界主要经济体能源消费强度下降最快的国家之一，能源消费强度的快速下降，缩小了与世界平均水平的差距。虽然如此，我国能源使用效率仍然过低。2014 年我国能源消费强度比美国高 2.63 倍，比世界平均水平高 1.54 倍，即便比印度也高出 41.33%。能源使用效率低下是我国能源消费中的最突出问题。

从动态来看，我国经济总量占世界的比重呈持续上升态势，但能源消费量占世界的比重总体上也呈不断上升的趋势，只是在 2012 能源消费量世界占比有微弱下降，随后又呈上升趋势。能源消费量世界占比的上升幅度远大于经济总量世界占比的上升幅度，2000 年我国能源消费量世界占比超过经济总量世界占比 7.58 个百分点，到 2014 年差额扩大到 13.93 个百分点，并且从2000～2014 年整个时期，经济总量世界占比和能源消费量世界占比之间差距的几乎没有缩小的迹象。

从能源消费量的增长速度看，我国能源消费的增长速度大大高于世界的增长速度。2014 年比 2000 年，我国能源消费量增长高达 1.86 倍，而世界同期增长了 37.79%，美国的增长幅度只有 4.07%，同为发展中国家的印度增长了 1.16 倍，我国的增长幅度比印度也高出了 61%。我国能源消费基数大，在如此高的增速下，能源消费的世界占比不断提高也就不足为奇了。总之我国能源消费的特点表现为：消费总量大、利用效率低、增长速度快。

## 二、能源消费结构特征

### （一）能源消费种类结构特征

按照全球对一次能源的划分方法，目前能源消费中的能源种类主要有石油、天然气、煤炭、核能、水电、可再生能源等六类，其中可再生能源主要包括了风能、地热、太阳能、生物质能、垃圾发电等。表 5 - 2 反映了我国和世界主要经济体两个年度的能源消费种类结构状况。2011 ~ 2015 年根据《BP 世界能源统计年鉴》中的相关数据计算。

表 5 - 2　　　　　　　　能源消费种类结构对比　　　　　　单位:%

| 国家或地区 | | 中国 | 美国 | 印度 | 世界 |
|---|---|---|---|---|---|
| 2014 年占比 | 石油 | 17.51 | 36.37 | 28.33 | 32.57 |
| | 天然气 | 5.62 | 30.25 | 7.15 | 23.71 |
| | 煤炭 | 66.03 | 19.72 | 56.48 | 30.03 |
| | 核能 | 0.96 | 8.26 | 1.22 | 4.44 |
| | 水电 | 8.10 | 2.57 | 4.64 | 6.80 |
| | 可再生能源 | 1.79 | 2.83 | 2.18 | 2.45 |
| 2000 年占比 | 石油 | 21.60 | 40.02 | 35.88 | 38.07 |
| | 天然气 | 2.13 | 22.43 | 8.01 | 23.19 |
| | 煤炭 | 71.00 | 25.76 | 48.77 | 25.58 |
| | 核能 | 0.37 | 8.13 | 1.22 | 6.23 |
| | 水电 | 4.84 | 2.85 | 5.88 | 6.39 |
| | 可再生能源 | 0.07 | 0.80 | 0.24 | 0.55 |

| 国家或地区 | | 中国 | 美国 | 印度 | 世界 |
|---|---|---|---|---|---|
| 2014 年比<br>2000 年<br>百分比变动 | 石油 | -4.09 | -3.65 | -7.55 | -5.49 |
| | 天然气 | 3.49 | 7.82 | -0.87 | 0.52 |
| | 煤炭 | -4.97 | -6.04 | 7.71 | 4.45 |
| | 核能 | 0.60 | 0.13 | 0.01 | -1.79 |
| | 水电 | 3.26 | -0.28 | -1.24 | 0.41 |
| | 可再生能源 | 1.72 | 2.03 | 1.94 | 1.91 |
| 2014 年比<br>2000 年<br>各类能源消费<br>增长幅度 | 石油 | 132.07 | -5.43 | 70.31 | 17.91 |
| | 天然气 | 655.20 | 40.32 | 92.41 | 40.86 |
| | 煤炭 | 166.23 | -20.32 | 149.79 | 61.76 |
| | 核能 | 652.63 | 5.68 | 116.67 | -1.76 |
| | 水电 | 378.73 | -6.19 | 70.11 | 46.65 |
| | 可再生能源 | 7485.71 | 267.23 | 1885.71 | 518.95 |
| | 能源消费总量 | 186.27 | 4.07 | 115.69 | 37.79 |

我国能源消费种类结构所表现出的突出特点是煤炭消费在能源消费中的占比过高。2000 年，我国煤炭消费占比高达 71%，比世界平均水平高 45.42 个百分点，比印度也高出 22.23 个百分点。到 2014 年，我国煤炭消费占比虽然有大幅度下降，而世界煤炭消费占比有较大幅上升，但我国煤炭消费在能源消费中的比重仍占绝对优势，近 2/3 的能源消费依赖煤炭，比世界平均水平仍高出 36 个百分点。世界能源消费种类结构中，石油消费量长期是最大的能源消费品种，而我国长期能源消费量最大的是煤炭。

与世界能源种类结构相比，我国能源消费种类结构的另一个明显特点是天然气消费占比过低。天然气是世界三大主要能源之一，在世界能源消费中通常排在第三位，发达国家天然气消费占比更高，通常排在能源消费量的第二位，占比与石油消费接近。2000 年，我国天然气消费在能源消费中的占比仅为 2.13%，比水电占比还低 2.72 个百分点，比世界天然气消费占比低 21.07 个百分点。2014 年我国天然气消费占比比 2000 年提高了 1.64 倍，即便如此，天然气消费占比仍低于水电，与世界平均水平的差距仍然有 18.1 个百分点。在我国天然气显然没有成为能源消费的主要品种。

从各类能源消费增长幅度来看，2014 年比 2000 年，世界能源消费中，可再生能源消费增长幅度最大，其次是煤炭消费增长幅度较大，核能是唯一消费量下降的能源；美国的能源消费中，可再生能源消费增长幅度最大，其次是天然气消费，而煤炭、水电和石油的消费量都呈下降趋势；我国各类能源消费量均呈大幅度增长，与世界相同的是可再生能源消费增长幅度最大，并且远远超过世界平均增长幅度，与世界不同的是核能消费增长了 6.5 倍，天然气消费增长幅度排在了第二，相对而言石油消费增长的幅度最小。

　　一般认为，六类能源消费对环境污染的影响从高到低大致为：煤炭、石油、天然气、核能、水电、可再生能源。但这只是一种粗略的判断，各种能源消费的方式并不完全相同，各种能源对环境污染的方式也不相同，这种判断也仅仅是指能源消费对环境污染的直接影响，其间接影响并未包含进去。煤炭消费被公认为是对环境污染最严重的能源，尤其在我国，煤炭的含硫率较高，对环境的破坏更大；石油对环境的污染也很严重，但相对煤炭来说基本属于低污染能源；天然气以及水电、核电和可再生能源都被认为属于清洁能源，但核电对环境污染的影响争论较大。我国长期以来的能源消费种类结构中，煤炭消费占绝对比重，这对我国的环境保护极为不利。根据我国地矿部门普查和勘探，我国预测能源资源总量为40017亿吨标准煤，煤炭占绝对的优势。若以常规能源资源总量为100，煤炭资源量在85以上，水能占12，石油和天然气仅占2~3。虽然能源贸易在国际贸易中的比重很大，通过国际贸易可以改善能源消费的种类结构，但是对于一个经济大国来说，自身的能源资源构成还是基本决定了其能源消费种类结构。我国的能源资源条件决定了我国以煤炭为主的能源消费种类结构在相当长的时期内难以转变，这也预示我国能源消费对环境污染的巨大压力会延续较长的时间，通过提高技术降低煤炭对环境的污染水平仍然是改善环境质量的主要努力方向。

　　通过对比 2014 年和 2000 年我国能源消费种类结构的差异，可以判断各类能源在能源消费中的占比变化以及能源消费种类结构最终的变动结果，这属于比较静态分析。如果要判断能源消费种类结构的变动趋势，还需要考察结构的动态变化过程。将我国能源消费种类结构按年度绘制成图形，可以观察能源消费种类结构的变动趋势，见图 5-2。

　　我国能源消费种类结构的动态变化过程显示，从 2000~2014 年，能源消费种类结构类型只发生了很小的变化。2011 年之前各种能源消费占比从高到

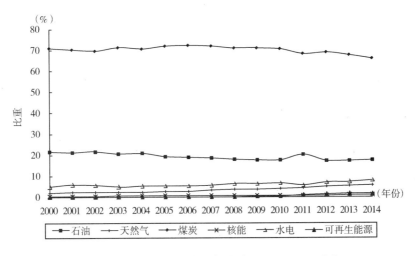

图 5 - 2　能源消费种类结构变动（2000～2014 年）

低排列顺序是：煤炭、石油、水电、天然气、核能、可再生能源；2011 年可再生能源消费量超过了核电，能源消费种类结构顺序变成：煤炭、石油、水电、天然气、可再生能源、核能，此后这种结构类型没有再发生改变。以2014 年结构来看，水电和天然气以及可再生能源和核能之间的占比差异相对较小，并且这几种能源消费速度差异较大，因此今后能源消费种类结构类型发生小的改变可能性很高，但是煤炭和石油在能源消费中的地位短时间难以改变。

从各种能源消费占比的变化趋势来看，煤炭消费占比总体趋势下降，但其变动过程却非持续下降，2000～2014 年间煤炭消费占比有五个年份是上升的，2012 年以后占比下降趋势才比较稳定；石油消费占比变动情况与煤炭不同，2009 年以前总体趋势就下降，2012 年以后又呈现出上升的趋势；水电占比的总体趋势呈现快速上升，但其有大幅度的波动；天然气占比表现出持续快速上升态势；可再生能源占比在 2009 年之前几乎没有发生大的变化，2009年之后呈现持续的高速上升态势；核电占比在 2003 年之前有比较快的上升，随后到 2011 年以前占比基本没有大的变化，2011 年之后核电占比呈现出缓慢上升的态势。

总的来看，2010 年之前，在我国能源消费种类结构中，各类能源占比变化相对比较平稳；2010 年之后各类能源占比变化要明显得多。能源消费种类结构的总变动趋势是清洁能源比重在不断提高,我国的能源消费朝着清洁化方向发展。但由于清洁能源比重过低,尽管比重提高速度较快,但在相当长的时期还不能从根本上改变能源消费种类结构。

## (二) 能源消费部门结构特征

对能源消费部门的划分世界上并无统一标准,按照我国统计部门的划分,能源消费部门主要有:农、林、牧、渔、水利业;工业;建筑业;交通运输、仓储和邮政业;批发、零售业和住宿、餐饮业;其他行业;生活能源消费。我们简单定义为:农业、工业、建筑业、物流业、商业、其他行业、生活部门。各个部门的能源消费量在能源消费总量中的比例关系就是能源消费部门结构。我们根据历年的《中国环境统计年鉴》和《中国统计年鉴》整理计算了我国 1999~2013 年各部门能源消费比重情况(分部门能源消费资料发布时间相对较晚,我们没有获得 2014 年的分部门相关资料),表 5-3 反映的是1999 年和 2013 年我国各部门能源消费占比状况以及各部门能源消费增长情况。

表 5-3                       能源消费部门结构状况              单位:%

| 部门 | 能源消费比重 | | 能源消费 2013 年比 1999 年 | |
|---|---|---|---|---|
| | 1999 年 | 2013 年 | 增长幅度 | 年均增长速度 |
| 农业 | 4.48 | 1.93 | 34.39 | 2.13 |
| 工业 | 69.37 | 69.83 | 213.58 | 8.51 |
| 建筑业 | 1.48 | 1.68 | 254.51 | 9.46 |
| 物流业 | 6.98 | 8.35 | 272.78 | 9.85 |
| 商业 | 2.17 | 2.54 | 265.27 | 9.69 |
| 其他行业 | 4.16 | 4.74 | 255.28 | 9.48 |
| 生活部门 | 11.37 | 10.92 | 199.27 | 8.14 |

从 2013 年的能源消费部门结构看,我国能源消费中的绝大部分是工业部门消费,占比接近 70%,能源消费的第二大部门是生活消费,农业在能源消费中的占比较低,这与大多数工业化国家的情况相同。2013 年与 1999 年相比,我国各部门能源消费占比变化不大,变化最大的农业部门能源消费占比下降了 2.55 个百分点,变化最小的建筑业占比上升了 0.2 个百分点;物流业

能源消费占比的变化较为引人注意，因为物流业能源消费的占比本身就很高，仅随生活能源消费之后排在能源消费总量的第三位，而生活能源消费占比是下降的，物流业能源消费占比却有较明显的上升，如果这种趋势继续发展，物流业能源消费量很有可能超过生活能源消费量。

2013 年和 1999 年相比，各部门能源消耗占比虽然变化不大，但能源消费部门结构类型却发生了较大变化，1999 年的能源消费量从高到低的部门排序为：工业、生活部门、物流业、农业、其他行业、商业、建筑业；2013 年部门排序为：工业、生活部门、物流业、其他行业、商业、农业、建筑业。农业从第四位下降到第六位，其他部门的变化不大。

为了动态观察能源消费部门结构的变化，我们将能源消费部门结构按年度绘制成变动图形，可以观察能源消费部门结构的变动趋势。见图 5 - 3。

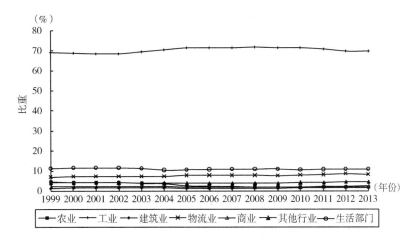

图 5 - 3　能源消费部门结构变动（1999 ~ 2013 年）

由图 5 - 3 中可见，除农业以外，其他部门能源消费占比变化都比较平稳。农业能源消费占比呈现持续下降态势，2005 年占比低于了其他行业，2009 年占比有低于了商业，2013 年已与建筑业占比极为接近。由于工业能源消费占比过高，其他部门占比与工业有巨大差距，因此即便是其他部门的占比有明显变化，对整个能源消费部门结构也不会构成大的影响。

从各部门能源消费增长情况看，除农业能源消费增长速度较低以外，其他部门能源消费的年均增长速度都达到了 9% 左右，农业年均增长速度只有 2.13%，因而农业能源消费占比下降较多。总的来看，我国能源消费部门结构表现出工业能源消费占比奇高，其他部门占比极低的结构特征，能源消费部门结构整体上保持稳定，变化很小。

## 三、经济发展对能源消费的依赖

虽然现代经济发展离不开对能源的消耗，但不同经济部门对能源消费的依赖程度却是不同的，比如第三产业的金融服务、技术服务等中介服务业的发展对能源消费的依赖程度相对较低，而大部分的原料工业、加工工业等对能源的依赖程度较高；高技术占主体的经济体对能源的依赖度较低；传统工业占主体的经济体对能源依赖度大；处在工业化中期阶段的经济体对能源的依赖程度大于处在后工业化阶段的经济体。一般情况下，为了保护环境和保证经济社会的可持续发展，经济结构转型都是朝着降低对能源依赖的方向发展，所以，从长期来看经济发展对能源的依赖度将会降低。

按我国产业结构来看，第三产业比重超过了第二产业，似乎已经进入到工业化后期，对能源消费的依赖应该有所降低。但是我国的工业比重仍然很大，并且工业的重化工特征非常明显，工业对能源的消费仍然占能源消费总量的绝对多数，因此我国经济发展对能源消费的依赖度还是很大。应该注意的是，能源生产对经济的贡献和经济发展对能源消费的依赖并不是一个概念，能源生产对经济贡献大的地区并不一定经济发展对能源消费的依赖度就大，比如，很多石油输出国除了石油采掘工业外没有其他工业，虽然是能源生产国，但对能源的消费并不大。在这里我们并不探讨能源生产对经济的影响，而是考察我国经济增长对能源消费的依赖。为了准确地把握我国经济增长对能源消费的依赖程度，我们对国内生产总值和能源消费量进行线性回归，考察能源消费量变动对经济总量是否存在着显著性影响。同时对世界经济总量和能源消费量也做同样的回归分析，用以和我国的情况进行对比。

以国内生产总值为因变量（用 Y 表示），以能源消费总量为自变量（用 X 表示），采用对数－线性形进行回归。回归系数表示经济总量的能源消费弹性，即能源消费量增长百分之一，使经济总量增长百分之几。经济总量使用世界银行在《世界发展指标（2015）》（*World Development Indicators 2015*）中提供的 2005 年美元不变价计算的国内生产总值；能源消费量使用 2011～2015

年《BP 世界能源统计年鉴》中提供的能源消费量，时间均为 2000～2014 年，Y1 代表我国的国内生产总值；Y2 代表世界的国内生产总值；X1 代表我国的能源消费量；X2 代表世界能源消费量。用 EViews 7.0 进行对数 - 线性回归。回归结果见表 5 - 4、表 5 - 5。

表 5 - 4　　　　　中国能源消费对经济发展影响的回归模型

| 变量 | 系数 | 标准差 | t 检验 | 概率 |
|---|---|---|---|---|
| C | 1. 384263 | 0. 328306 | 4. 216381 | 0. 0010 |
| LOG（X1） | 1. 175346 | 0. 043524 | 27. 00449 | 0. 0000 |
| $R^2$ | 0. 982486 | 因变量的平均值 | | 10. 24004 |
| 调整的 $R^2$ | 0. 981138 | 因变量的标准差 | | 0. 438859 |
| 回归标准差 | 0. 060272 | 赤池信息量准则 | | - 2. 656331 |
| 残值平方和 | 0. 047225 | 施瓦兹准则 | | - 2. 561924 |
| 对数似然比 | 21. 92248 | F 统计量 | | 729. 2427 |
| 德宾 - 沃森统计量 | 0. 649213 | 概率值（F-statistic） | | 0. 000000 |

表 5 - 5　　　　　世界能源消费对经济发展影响的回归模型

| 变量 | 系数 | 标准差 | t 检验 | 概率 |
|---|---|---|---|---|
| C | 3. 372030 | 0. 246830 | 13. 66137 | 0. 0000 |
| LOG（X2） | 1. 044395 | 0. 026488 | 39. 42962 | 0. 0000 |
| $R^2$ | 0. 991708 | 因变量的平均值 | | 13. 10379 |
| 调整的 $R^2$ | 0. 991070 | 因变量的标准差 | | 0. 115641 |
| 回归标准差 | 0. 010928 | 赤池信息量准则 | | - 6. 071390 |
| 残值平方和 | 0. 001553 | 施瓦兹准则 | | - 5. 976983 |
| 对数似然比 | 47. 53543 | F 统计量 | | 1554. 695 |
| 德宾 - 沃森统计量 | 1. 007638 | 概率值（F-statistic） | | 0. 000000 |

不管是我国数据的回归结果，还是世界数据的回归结果，各项指标显示回归的效果都非常好，各系数均通过显著性检验。回归方程的解释能力达到了 98% 以上，说明我国和世界的经济增长对能源消费的依赖都非常显著。回归方程如下：

我国：LN（Y1）= 1. 3843 + 1. 1753 LN（X1）

世界：LN（Y2）= 3. 3720 + 1. 0444 LN（X2）

回归方程显示，我国能源消费每增长 1%，使我国经济总量增长 1.18%；世界能源消费每增长 1%，使世界经济总量增长 1.04%。由此看来，我国经济增长对能源消费的依赖大于世界经济增长对能源消费的依赖。

## 第二节　能源消费结构变动对能源消费量的影响

### 一、能源消费种类结构变动对能源消费总量的影响

如同产业结构变动会对经济总量产生影响一样，能源消费结构变动对能源消费总量也同样会产生影响。各种能源创造社会财富的效率不同，有高效率能源和低效率能源之分，单位能源消费产生经济量高的能源品种属于高效率能源，高效率能源在能源消费总量中占的比重越大，实现同样的社会发展所消费的能源总量就会越少。因此，不同效率能源的消费量增长速度不同，对实现相同经济增长所需的能源消费总量影响也不相同，如果低效率能源增长比较快，实现相同经济增长的能源消费总量就会增加很多。能源效率的高低受到了能源消费方式、加工程度、技术水平、需求状况等因素影响。

定量化研究能源消费种类结构变动对能源消费总量变化的影响程度是一项极其困难的工作，由于影响能源消费和能源效率的因素众多，并且因素之间相互联系，通过经济体自身很难进行衡量，目前没有成熟的分析方法。偏离——份额分析法是用于测量产业结构变动对经济贡献的一种方法。我们将此分析方法中的指标含义进行改变，借用此方法分析能源消费种类结构变动对能源消费总量产生的影响。

偏离——份额分析法是一种对比分析法，用一个参照地区去评价一个被研究地区的初始能源消费结构和能源消费结构变动对能源消费总量的影响。评价我国能源消费种类结构变动对能源消费总量的影响程度，我们分别以世界（代表全球平均水平）、美国（代表发达国家水平）和印度（发展中国家的代表）作为参照。

用世界作为参照进行说明。以一定时期内世界能源消费总量的增长率为基础，测算我国按照世界能源消费平均增长率可能形成的能源消费总量的假

定份额，进而将这一假定份额同我国实际能源消费总量增长额进行比较。我国假定能源消费总量增长达到的水平与实际能源消费总量增长达到的水平差额，就是我国相对世界能源消费总量平均增长水平来说产生的偏离。这种偏离，主要是由结构因素和区位因素共同影响形成的。

总偏离份额。以一定时期世界能源消费总量增长率为基础，假定我国在这一时期内按此增长率增长时所应达到的能源消费总量。将这种假定的能源消费总量同我国实际能源消费总量对比，如果我国实际能源消费总量增长率高于世界平均能源消费总量增长率，那么我国能源消费总量的总偏离值为正；如低于世界平均能源消费总量增长率，则我国能源消费总量的总偏离值为负。用总偏离值与能源消费总量增长前的水平相比，即得到总偏离率。总偏离值和总偏离率越大，说明我国能源消费总量增速越是高于世界能源消费总量的增速。

结构偏离因素。这是产生总偏离的因素之一。反映我国能源消费种类结构变动对能源消费总量增长的影响。如果在我国的能源消费种类结构中，低效率能源占据主导地位并增长较快，则结构偏离值和偏离率为正（能源消费种类结构变动使能源消费总量额外地增加）；如果在能源消费种类结构中，高效率能源增长较快，结构偏离值和偏离率为负（能源消费种类结构变动使能源消费总量额外的减少）。此因素最能反映一个地区能源消费种类结构调整对该地区能源消费总量变化的影响程度。此外，当能源消费种类结构正在调整之中，高效率能源的作用尚未发挥出来时，也可能表现出偏离值和偏离率为正值甚至很大，这需要结合能源消费种类结构调整的方向具体分析。

区位偏离因素。另一个产生总偏离的因素。反映我国的区位条件（指区域初始能源消费种类结构状况）对我国能源消费总量增长的影响。如果区域初始能源消费种类结构的效率较高，那么区位偏离值与偏离率为正值，在初始能源消费种类结构的效率较低时，区位偏离值和偏离率为负。

根据我们的定义，能源消费结构的偏离—份额分析具体模型为：

$$N = e_t - \left(\frac{E_t}{E_0}\right) \times e_0$$

$$H = \sum_{i=1}^{6} \left[\left(\frac{E_{it}}{E_{i0}}\right) \times e_{i0}\right] - \left(\frac{E_t}{E_0}\right) \times e_0$$

$$D = e_t - \sum_{i=1}^{6} \left[ \left( \frac{E_{it}}{E_{iO}} \right) \times e_{iO} \right]$$

$$N = H + D$$

$$n = N/e_0$$

$$h = H/e_0$$

$$d = D/e_0$$

其中，N 表示总偏离量；H 表示区位偏离量；D 表示结构偏离量；E 表示参照地区能源消费量；n 表示总偏离率；h 表示区位偏离率；d 表示结构偏离率；e 表示我国能源消费量；i 表示第 i 种能源（i = 1，2，3，4，5，6）；o 表示基期（年）；t 表示报告期（年）。

能源消费总量由石油、天然气、煤炭、核能、水电、可再生能源等六种能源的消费量构成，以百万吨油当量作为能源消费量的计量依据。根据中国、世界、美国、印度能源消费总量以及石油、天然气、煤炭、核能、水电、可再生能源消费量 2000 年和 2014 年资料（资料使用 2011 ～ 2015 年《BP 世界能源统计年鉴》中的能源种类消费数据）计算的我国能源消费种类结构的偏离 – 份额分析表（见表 5 – 6）。

表 5 – 6　　我国能源消费总量增长的偏离 – 份额分析（2000 ～ 2014 年）

| 对比地区 | 美国 | 印度 | 世界 |
|---|---|---|---|
| 总偏离（百万吨油当量） | 1891.69 | 732.79 | 1541.53 |
| 总偏离率（%） | 182.21 | 70.58 | 148.48 |
| 区位偏离（百万吨油当量） | – 57.96 | 744.67 | 336.95 |
| 区位偏离率（%） | – 5.58 | 71.73 | 32.45 |
| 结构偏离（百万吨油当量） | 1949.65 | – 11.88 | 1204.59 |
| 结构偏离率（%） | 187.79 | – 1.14 | 116.03 |

以世界为参照。2000 ～ 2014 年，世界能源消费总量增长了 37.79%，我国 2000 年的能源消费总量为 10.38 亿吨油当量，如果我国在此期间能源消费按世界能源消费的增长速度增长，到 2014 年我国的能源消费总量应该为 14.31 亿吨油当量。但事实上，2014 年我国能源消费总量达到了 29.72 亿吨油当量，相对世界能源消费的增长，我国多消费了 15.42 亿吨油当量的能源

（总偏离），多消费的能源量占 2000 年我国能源消费总量的 148.48%（总偏离率）。造成这一结果的原因有两个，一个是我国初始能源消费种类结构状况（区位偏离因素）；另一个是能源消费种类结构的变动（结构偏离因素）。计算结果显示，我国能源消费的初始种类结构劣于世界，2000 年的能源消费种类结构使我国在 2000~2014 年间多消费了 3.37 亿吨油当量的能源（相对于世界 2000 年的能源消费种类结构我国多消费的能源总量：区位偏离），相当于 2000 年我国能源消费总量的 32.45%（区位偏离率）；而在此期间我国能源消费种类结构的变动使我国多消费了 12.05 亿吨油当量的能源（相对于世界能源消费种类结构变动所多消费的能源总量：结构偏离），相当于 2000 年我国能源消费总量的 116.03%（结构偏离率）。显然对于减少能源消费量来说，我国能源消费种类结构的变动不如世界能源消费种类结构的变动，我国的结构变动相对于世界消费了更多的能源。

　　以美国为参照，对于减少能源消费量来说，我国的能源消费种类结构变动方向与美国的差距更大。如果按照美国的能源消费种类结构变动，我国将减少 19.5 亿吨油当量的能源消费量，这一数额相当于 2000 年我国能源消费总量的 187.79%。

　　以印度为参照，对于减少能源消费量来说，我国的能源消费种类结构变动方向略好于印度。如果按印度的能源消费种类结构变动，我国将增加 0.12 亿吨油当量的能源消费量，这一数额相当于 2000 年我国能源消费总量的 1.14%。

　　总的来说，我国能源消费种类结构变动对减少能源消费量的影响，不如世界和发达国家的能源消费种类结构变动，相对于世界和发达国家的结构变动，我国的结构变动使我国消费了更多的能源。而相对于发展中国家，我国能源消费种类结构变动方向略好。

## 二、能源消费部门结构变动对能源消费总量的影响

　　由于不同部门的能源消费量不一样，因此能源消费部门结构的变动同样会影响能源消费总量的变动。能源消费部门包括了生产部门和生活部门，我们仅对生产部门结构变化引起的生产用能源消费量变动进行分析。按着国家

统计局能源消费的生产部门划分及我们对生产部门的简单定义，生产部门包括农业、工业、建筑业、物流业、商业、其他行业等六个部门。

生产部门能源消费总量变动的影响因素很多，除了生产部门结构变动影响以外，经济规模、技术水平等的变动也会对能源消费总量产生影响。为了研究生产部门结构变动对能源消费总量的影响，需要将能源消费总量的变动额按各影响因素进行分解。对影响因素分解的方法有很多种，我们采用 Park（1992）提出的能源消费测算模型进行分解，但该模型因素分解后存在残差，Zhongxiang Zhang（2003）在其研究中对 Park 模型进行修正，修正以后的模型残差为 0，可信度更高，我们用修正后的 Park 模型进行分析。具体分解模型为：

$$\Delta E = E_t - E_0 = \Delta E_{out} + \Delta E_{str} + \Delta E_{int}$$

$$\Delta E_{out} = (Y_t - Y_0) \sum_{i=1}^{6} s_{i0} \times e_{i0}$$

$$\Delta E_{str} = Y_t \sum_{i=1}^{6} (s_{it} - s_{i0}) \times e_{i0}$$

$$\Delta E_{int} = Y_t \sum_{i=1}^{6} (e_{it} - e_{i0}) \times s_{it}$$

模型中有关变量的设定为：

$E_t = t$ 年能源消费总量；$E_0 = $ 基年能源消费总量。

$E_{it} = t$ 年 $i$ 部门能源消费量；$E_{i0} = $ 基年 $i$ 部门能源消费量。

$Y_t = t$ 年国内生产总值；$Y_0 = $ 基年国内生产总值。

$y_{it} = t$ 年 $i$ 部门增加值；$y_{i0} = $ 基年 $i$ 部门增加值。

$e_{it} = t$ 年 $i$ 部门能源消费强度（$e_{it} = E_{it}/y_{it}$）；$e_{i0} = $ 基年 $i$ 部门能源消费强度（$e_{i0} = E_{i0}/y_{i0}$）。

$s_{it} = t$ 年 $i$ 部门增加值占国内生产总值的比重（$s_{it} = y_{it}/Y_t$）。

$s_{i0} = $ 基年 $i$ 部门增加值占国内生产总值的比重（$s_{i0} = y_{i0}/Y_0$）。

$\Delta E_{out}$ 表示经济规模变化引起的能源消费总量变化，即规模效应。

$\Delta E_{str}$ 表示部门结构变化引起的能源消费总量变化，即结构效应。如果能源消费强度低的部门比能源消费强度高的部门增长得更快，那么部门间的这种结构性变化会对能源消费总量造成一个向下的压力，结果是导致能源消费总量增长率的下降，反之则相反。

$\Delta E_{int}$表示由于部门能源消费强度变化引起的能源消费总量的变化，即强度效应。能源消费强度是生产万元增加值的能源消费数量，是非常重要的能源使用效率指标。生产部门采用更有效率的能源使用技术和管理技术、部门内及其相互之间产品组合的变化、产品价值的变化、原材料和能源输入的组合及质量的变化等等都可能会造成能源消费强度的降低。

用$\Delta E$、$\Delta E_{out}$、$\Delta E_{str}$、$\Delta E_{int}$分别与$E_0$相除，就可以得到能源消费总量的增长幅度以及规模效应、结构效应、强度效应对能源消费总量增长幅度的贡献份额。

根据所掌握的资料，我们分析了2000~2013年我国能源消费部门结构变动对生产用能源消费总量变动的影响程度。分部门能源消费量和增加值资料来源于历年的《中国能源统计年鉴》和《中国统计年鉴》。表5-7是我国生产用能源消费总量变动的影响因素分解情况。

表5-7　　　　　　我国生产用能源消费总量变化的因素分解　　单位：万吨标准煤

| 生产用能源消费变化量指标 | $\Delta E$ | $\Delta E_{out}$ | $\Delta E_{str}$ | $\Delta E_{int}$ |
|---|---|---|---|---|
| 2013 年比 2000 年 | 248794.20 | 599868.79 | -56051.05 | -295023.54 |

2013年和2000年相比，我国生产用能源消费总量增加了24.88亿吨标准煤，增长了2.03倍。在增加的能源消费总量中，由于经济规模扩大引起的能源消费总量增加了59.99亿吨标准煤（规模效应），对能源消费量增加的贡献率达到了241.11%；由于生产部门结构变动导致能源消费减少了5.61亿吨标准煤（结构效应），结构变动对能源消费量减少的贡献率为22.53%；由于技术水平提高、能源消费强度下降使能源消费减少了29.5亿吨标准煤（强度效应），对能源消费量减少的贡献率为118.58%。

由于我国经济规模增长很快，加之经济增长对能源消费的高度依赖性，经济规模扩张导致了能源消费大幅度增长。而我国能源消费部门结构变动和技术水平的提高减少了能源消费量，但这种减少的作用显然还未能超过经济规模扩张对能源消费量增加的作用，结构因素和技术因素只是减缓了能源消费量增长的速度，并且结构因素的减缓作用小于技术因素。

# 第三节　能源消费结构变动对环境污染影响分析

不同种类能源消费对环境污染的影响方式和程度不同，不同时期各种能源在能源消费总量中的构成不同，因而能源消费种类结构变动会对环境污染产生不同的影响；不同部门能源消费种类和消费方式不同，对环境污染的影响方式和程度也不同，不同时期各部门的能源消费在能源消费总量中的构成不同，因而能源消费部门结构变动也会对环境污染产生不同的影响。我们分别对能源消费种类结构和能源消费部门结构变动的环境污染影响进行分析，考察能源消费种类结构和能源消费部门结构变动是加重了还是减轻了环境污染。

## 一、能源消费种类结构变动与环境污染

### （一）各种类能源消费对环境污染的影响

按照世界能源统计的划分办法，消费的能源种类主要有石油、天然气、煤炭、核能、水电、可再生能源等六类。通常认为煤炭消费造成的环境污染最为严重，天然气、水电、可再生能源等都属于绿色能源，石油属于中等污染的能源，这种认识主要是从能源燃烧直接对环境造成的污染角度做出的判断。事实上，由于能源的使用方式并不仅仅只有燃烧一种、并且各种经济关系极其复杂，因而能源消费除了直接对环境污染产生影响外，还会通过其他方式对环境污染产生间接影响。例如，燃烧石油直接会对空气产生污染，生产化工产品的石油消费除了直接对空气产生污染、还会直接对水产生污染；要消费石油必须生产石油，生产石油对水、空气、土壤产生的污染属于石油消费对环境产生的间接污染；使用生产出的石油化工产品（比如化肥）会对水、土壤等产生污染，这也属于石油消费对环境产生的间接污染。有些种类能源消费对环境污染产生的直接污染较小，但间接影响可能很大，而有些种类能源消费对环境污染产生的直接影响很大，但间接影响相比直接影响可能

小得多。各种能源消费量增长不但会增加对环境的污染，也会减少对环境的污染，能源消费增长创造更多的财富，使技术研发和环保设施得到更多的投资，对于改善环境质量有利。例如，我国二氧化硫、固体废物、烟粉尘等污染物排放量的减少，主要得益于减排技术提高和减排设施大规模使用，而这需要有足够的财力支持。

包括直接和间接影响在内的各种类能源消费对环境污染的总影响远比我们想象复杂得多，对于各种类能源消费对环境污染的众多作用路径、作用方式、作用程度等问题，目前还没有很好的办法精确分析和计量，属于我们对事物认识的"灰色部分"。因此，对于确定各种能源消费的环境污染影响程度，我们用灰色关联度分析方法进行测定（具体方法见第三章第二节）。以各种类能源消费量和各种环境污染物排放量之间的关联度，来反映各种类能源消费对环境污染各方面的影响程度。然后将各种类能源消费与环境污染各方面的关联度进行简单平均，得到各种类能源消费对环境污染的综合关联度，以综合关联度来代表各种类能源消费对环境污染的综合影响。

我们确定的污染物主要有：废气、二氧化硫、烟粉尘、废水、化学需氧量、氨氮、固废产生量、固废排放量等八种。确定的能源消费种类主要有：石油、天然气、煤炭、核能、水电、可再生能源等六类。利用我国 2000 年到 2014 年的相关资料来确定各种类能源消费对环境污染各方面的关联度和综合关联度。各种类能源消费量数据来自于 2011～2015 年《BP 世界能源统计年鉴》；各种环境污染物排放量或产生量是指全社会的排放量和产生量，数据来自于历年的《中国环境统计年鉴》和《中国统计年鉴》。表 5－8 是各种关联度的计算结果。

表 5－8　各种类能源消费与主要环境污染物的关联度及综合关联度

| 能源消费种类 | 废气 | 二氧化硫 | 烟粉尘 | 废水 | 化学需氧量 | 氨氮 | 固废产生量 | 固废排放量 | 综合关联度 |
|---|---|---|---|---|---|---|---|---|---|
| 石油 | 0.7150 | 0.7873 | －0.6694 | 0.7555 | －0.6757 | 0.8053 | 0.6306 | －0.5896 | 0.2199 |
| 天然气 | 0.6517 | －0.5666 | －0.5897 | 0.5694 | －0.5506 | 0.6375 | 0.5615 | －0.5317 | 0.0227 |
| 煤炭 | 0.8267 | 0.6870 | －0.6423 | 0.8259 | －0.6762 | 0.7796 | 0.7376 | －0.5646 | 0.2467 |
| 核能 | 0.6178 | 0.5880 | －0.6372 | 0.5988 | －0.5723 | 0.6711 | 0.4717 | －0.5667 | 0.1464 |

| 能源消费种类 | 废气 | 二氧化硫 | 烟粉尘 | 废水 | 化学需氧量 | 氨氮 | 固废产生量 | 固废排放量 | 综合关联度 |
|---|---|---|---|---|---|---|---|---|---|
| 水电 | 0.5378 | − 0.6021 | − 0.6281 | 0.6060 | − 0.5840 | 0.6768 | 0.4869 | − 0.5563 | − 0.0079 |
| 可再生能源 | 0.4666 | − 0.4658 | − 0.5092 | 0.4494 | − 0.4594 | 0.5068 | 0.5613 | − 0.4698 | 0.0100 |

注：原始数据标准化方法为：原始数据/原始数据中的最大值；分辨系数设定为0.5。

各种类能源消费对固体废物产生量、氨氮排放量、废水排放量和废气排放量都产生了正向影响（能源消费量增加使污染物排放增加），其中煤炭消费对废气、废水排放和固体废物产生量增加的影响程度最大；石油消费对氨氮排放量增加的影响程度最大；核能对固体废物产生量增加的影响程度最小；可再生能源对废气、废水和氨氮排放量增加的影响程度最小。

各种类能源消费对固体废物排放量、化学需氧量排放量和烟粉尘排放量都产生了反向影响（能源消费量增加使污染物排放减少），其中石油消费对烟粉尘和固体废物排放量减少的影响程度最大；煤炭消费对化学需氧量排放量减少的影响程度最大；可再生能源对固体废物排放量、化学需氧量排放量和烟粉尘排放量减少的影响程度都是最小的。

各种类能源消费对二氧化硫排放量的影响出现很大的差异，石油、煤炭和核能消费对二氧化硫排放量产生正向影响，其中石油的影响程度最大；天然气、水电和可再生能源消费对二氧化硫排放量产生反向，其中水电的影响程度最大。

从综合关联度看，水电消费对环境污染产生反向综合影响，水电消费增长有助于环境污染的减少，但影响程度还相对较小。其他种类能源消费均对环境污染产生正向综合影响，其中煤炭对环境污染增加的影响程度最大，可再生能源对环境污染增加的影响程度相对较小。

（二）能源消费种类结构变动对环境污染的影响

各种类能源消费的环境污染影响系数，是指不同种类能源的消费对环境污染造成的影响程度，对各种类能源消费的环境污染影响系数用一定时期的能源消费种类构成比进行加权求和，就得到了某一时期能源消费种类结构的环境污染影响指数。具体计算公式为：

$$ISE_t = \sum_{i=1}^{6} E_i \times IS_{it}$$

其中，$ISE_t$ 为 t 时期能源消费种类结构的环境污染影响指数；$E_i$ 为第 i 种能源消费的环境污染影响系数；$IS_{it}$ 为 t 时期第 i 种能源消费量占能源消费总量的比重。

在能源消费中，如果对增加环境污染影响程度大的能源品种在能源消费总量中的比重上升，那么能源消费种类结构的环境污染影响指数就会变大，表明能源消费种类结构的变动增加了环境污染的程度；反之，结构变动减轻了环境污染的程度。计算出每一个时期能源消费种类结构的环境污染影响指数，就可以比较明确的显示出能源消费种类结构调整对环境污染的影响方向和影响程度。

以各种类能源消费与环境污染的综合关联度来代表各种类能源消费的环境污染影响系数。利用 2000 ~ 2014 年我国各年份能源消费种类结构比重，我们计算了相关年份我国能源消费种类结构的环境污染影响指数（见表 5 – 9）。

表 5 – 9　　　　　　　　能源消费种类结构的环境污染影响指数

| 年　份 | 2000 | 2001 | 2002 | 2003 | 2004 | 2005 | 2006 | 2007 |
|---|---|---|---|---|---|---|---|---|
| 环境污染影响指数 | 0.2261 | 0.2238 | 0.2240 | 0.2255 | 0.2247 | 0.2244 | 0.2239 | 0.2225 |
| 年　份 | 2008 | 2009 | 2010 | 2011 | 2012 | 2013 | 2014 | |
| 环境污染影响指数 | 0.2200 | 0.2193 | 0.2180 | 0.2179 | 0.2136 | 0.2115 | 0.2087 | |

数据显示，2014 年比 2000 年，我国由于能源消费种类结构的变动对环境污染增加的影响程度下降了 7.71%，即各种类能源消费在能源消费总量中的占比变化，减轻了环境污染的程度，能源消费种类结构调整对减轻环境污染取得了比较明显的成效。在这期间，只有 2002 年和 2003 年的能源消费种类结构变动对环境污染增加的影响程度上升了，其余年份能源消费种类结构的调整都减轻了环境污染的压力；2011 年以后，能源消费种类结构变动对环境污染减轻的影响程度明显变大。

对比能源消费种类结构的变动方向可以发现，消费占比较高、并且对环境污染影响程度较大煤炭和石油消费量占比变化是导致环境污染变化的最主要原因。2002 年和 2003 年，由于煤炭消费量占比有明显提高，因而环境污染程度有所上升；2011 年以后石油消费占比有比较大的下降，煤炭消费占比在 2012 年后也出现了持续下降，因而环境污染程度在 2011 年以后有较大程度的下降。

将每一年能源消费种类结构的环境污染影响指数按时间顺序绘制成散点图，可以直观的表现我国能源消费种类结构变动对环境污染影响程度的变化。同时寻找到最佳的趋势线相配合，根据趋势线来判断能源消费种类结构变动对环境污染影响程度的变动趋势（见图 5 - 4）。

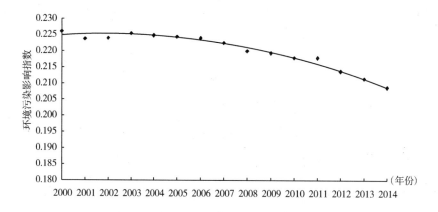

图 5 - 4    能源消费种类结构的环境污染影响指数变动趋势

图中各散点表示相应各个年份的能源消费种类结构的环境污染影响指数，虚线是根据点的分布状况用二次方程拟合的趋势线。

2000～2014 年，我国能源消费种类结构调整对环境污染的减轻有明显的作用，但环境污染减轻的程度并不是持续下降。2001～2003 年能源消费种类结构变动使环境污染有小幅度上升；2006～2008 年结构变动使环境污染下降得较快；2011～2014 年是结构变动影响环境污染下降最快的时期。能源消费种类结构朝着降低煤炭和石油消费占比方向调整的速度越快，减轻环境污染程度就越快一些。

用二次方程拟合，得到了较好的拟合效果。以时间变量为 x；以能源消费种类结构的环境污染影响指数为 y；拟合的二次方程为：

$$y = -0.00011 x^2 + 0.44631 x - 446.52900$$

$$R^2 = 0.97584$$

二次方程拟合度高达 0.9758，趋势线呈现高度吻合，方程的趋势代表能力很强。二次方程系数显示，趋势线呈倒 U 形特征，但由于变量系数很小，倒 U 形特征并不突出。目前能源消费种类结构的环境污染影响指数处在倒 U 形曲线的右侧，这表明在我国能源消费过程中，能源消费种类的调整的确有助于环境污染的减轻，但每年减轻的程度很小，能源消费种类结构变动不会在短时间内大幅度降低环境污染的程度。

综合各个方面判断，我国能源消费种类结构变动的方向已经在缓慢地减轻环境污染。

## 二、能源消费部门结构变动与环境污染

### (一) 各部门能源消费对环境污染的影响

按照我国对能源消费部门的划分，包括生产和生活在内的能源消费有七个大类部门：农业、工业、建筑业、物流业、商业、其他行业、生活部门。如果仅从各部门通过能源消费直接对环境污染产生影响角度看，由于能源消费量与环境污染程度高度相关，因而某个部门能源消费量越高对环境污染的直接影响就越大，各部门能源消费量的差异就基本反映了各部门通过消费能源对环境污染产生的影响差异。然而，各部门能源消费除了直接对环境污染产生影响外，还会通过部门间的相互联系对环境污染产生间接影响。例如，物流业快速发展对能源消费的增长很快，对环境污染的直接影响程度就会很快提高；同时为满足物流业对能源需求的增加，工业部门就需要提供更多的能源，工业部门生产规模扩大又会加重环境污染，这属于物流业能源消费通过工业部门对环境污染的间接影响。有些部门能源消费对环境污染产生的直接污染较小，但间接影响可能很大，而有些部门能源消费对环境污染产生的直接影响很大，但间接影响相比直接影响可能小得多。各部门能源消费量增长不但会增加对环境的污染，也会减轻对环境的污染。经济增长对能源消费的依赖很大，部门能源消费量增加会相应提高部门经济实力，使部门能够有更多的资金投入到污染物减排技术和设施之中，从而使环境质量得以改善，这也是环境库茨涅茨曲线出现倒 U 形特征的主要原因。

由于包括直接和间接影响在内的各部门能源消费对环境污染的影响机理极为复杂，我们尚无法对其完全认识清楚并做出准确测量，因此只能从总影响方面对各部门能源消费与环境污染之间的关系进行判断。用灰色关联度分析方法略去现象之间的复杂影响过程、直接判断现象之间的总体关系可以满足我们的研究需要（具体方法见第三章第二节）。

我们采用灰色关联度分析方法，测量各部门能源消费量和各种环境污染物排放量之间的关联度，以此来反映各部门能源消费对环境污染各方面的影响程度。将各部门能源消费与环境污染各方面的关联度进行简单平均，得到各部门能源消费对环境污染的综合关联度，以综合关联度来代表各部门能源消费对环境污染的综合影响。

各部门能源消费对环境产生的污染形式是多种多样的，我们以能源消费所产生的环境污染物排放量来反映环境污染状况。受资料限制，我们确定的环境污染物主要包括：废气、二氧化硫、烟粉尘、废水、化学需氧量、氨氮、固废产生量、固废排放量等八种。所考察的能源消费部门有：农业、工业、建筑业、物流业、商业、其他行业、生活部门等七类。利用我国1999～2013年的分部门相关资料来确定各部门能源消费对环境污染各方面的关联度和综合关联度。各部门能源消费量数据和各种环境污染物排放量或产生量数据（指全社会的排放量和产生量），是通过历年《中国能源统计年鉴》、《中国环境统计年鉴》和《中国统计年鉴》中有关数据整理计算而来。表5-10是各种关联度的计算结果。

**表5-10　各部门能源消费与主要环境污染物的关联度及综合关联度**

| 能源消费种类 | 废气 | 二氧化硫 | 烟粉尘 | 废水 | 化学需氧量 | 氨氮 | 固废产生量 | 固废排放量 | 综合关联度 |
|---|---|---|---|---|---|---|---|---|---|
| 农业 | 0.6016 | 0.6126 | 0.5502 | 0.6560 | -0.7626 | 0.7881 | 0.5421 | -0.6749 | 0.2891 |
| 工业 | 0.8981 | 0.8618 | 0.7825 | 0.5327 | -0.5862 | 0.6836 | 0.8052 | -0.5334 | 0.4305 |
| 建筑业 | 0.7996 | 0.5142 | 0.6782 | 0.4683 | -0.5409 | 0.6505 | 0.8563 | -0.4498 | 0.3721 |
| 物流业 | 0.8154 | 0.5244 | -0.5842 | 0.4830 | -0.5444 | 0.6690 | 0.7651 | -0.5321 | 0.1995 |
| 商业 | 0.7199 | -0.4933 | -0.5946 | 0.4250 | -0.5109 | 0.6035 | 0.7207 | -0.5541 | 0.0395 |
| 其他行业 | 0.7388 | -0.5018 | -0.5890 | 0.4387 | -0.5272 | 0.6247 | 0.7380 | -0.5430 | 0.0474 |
| 生活部门 | 0.8756 | -0.5581 | -0.5898 | 0.5201 | -0.5743 | 0.6791 | 0.7982 | -0.5362 | 0.0768 |

注：原始数据标准化方法为：原始数据/原始数据中的最大值；分辨系数设定为0.5。

计算结果显示，七个部门能源消费对固体废物产生量、氨氮排放量、废水排放量和废气排放量均产生了正向影响。其中，农业部门能源消费对废水和氨氮排放量增加的影响程度最大，对废气排放量和固体废物产生量增加的影响程度最小；工业部门能源消费对废气排放量增加的影响程度最大；建筑部门能源消费对固体废物产生量增加的影响程度最大；商业部门能源消费对废水和氨氮排放量增加的影响程度最小。如果从七个部门对污染物排放量增加的平均影响程度来看，各部门能源消费量对废气排放增加的影响程度最大（平均关联度为 0.7784，影响非常显著），而对废水排放量增加的影响程度最小（平均关联度为 0.5034，影响不显著）；各部门间对各种污染物排放量增加的影响程度存在着很大差异。

七个部门能源消费对固体废物排放量和化学需氧量排放量都产生了反向影响。其中，农业部门能源消费对污染物排放量减少的影响程度都是最大的；建筑部门能源消费对污染物排放减少的影响程度都是最小的。大多数部门能源消费对污染物排放减少的影响程度都不是很显著，与各部门能源消费对污染物排放增加的影响程度对比可以发现，各部门能源消费对污染物排放增加的影响程度比对污染物排放减少的影响程度明显大很多。

七个部门能源消费对二氧化硫和烟粉尘排放量的影响出现很大差异，农业、工业和建筑业能源消费对两种污染物排放均产生正向影响，其中工业能源消费的影响程度最大，农业能源消费的影响程度最小；商业、其他行业和生活部门对两种污染物排放均产生反向影响，其中生活部门能源消费对二氧化硫排放量减少的影响程度最大，商业部门能源消费对烟粉尘排放量减少的影响程度最大；物流部门能源消费对二氧化硫排放产生正向影响，而对烟粉尘排放产生反向影响。

从综合关联度看，七个部门能源消费对环境污染均产生正向综合影响。其中，工业部门能源消费对加重环境污染的影响程度最大，商业部门能源消费对加重环境污染的影响程度相对最小。

## （二）能源消费部门结构变动对环境污染的影响

各部门能源消费的环境污染影响系数，是指不同部门能源消费对环境污染造成的影响程度，对各部门能源消费的环境污染影响系数用一定时期的各部门能源消费构成比进行加权求和，就得到了某一时期能源消费部门结构的环境污染影响指数。具体计算公式为：

$$ISE_t = \sum_{i=1}^{7} E_i \times IS_{it}$$

其中，$ISE_t$ 为 t 时期能源消费部门结构的环境污染影响指数；$E_i$ 为第 i 部门能源消费的环境污染影响系数；$IS_{it}$ 为 t 时期第 i 部门能源消费量占能源消费总量的比重；ISE 数值越大，表明能源消费部门结构对环境污染的影响程度越大；ISE 数值变大，表明能源消费部门结构变动加重了环境污染。

以各部门能源消费与环境污染的综合关联度来代表各部门能源消费的环境污染影响系数。利用 1999～2013 年我国各年份能源消费部门结构比重，我们计算了相关年份我国能源消费部门结构的环境污染影响指数（见表 5 - 11）。

表 5 - 11　　　　　　　能源消费部门结构的环境污染影响指数

| 年　份 | 1999 | 2000 | 2001 | 2002 | 2003 | 2004 | 2005 | 2006 |
|---|---|---|---|---|---|---|---|---|
| 环境污染影响指数 | 0.1886 | 0.1876 | 0.1874 | 0.1871 | 0.1872 | 0.1884 | 0.1868 | 0.1864 |
| 年　份 | 2007 | 2008 | 2009 | 2010 | 2011 | 2012 | 2013 | |
| 环境污染影响指数 | 0.1858 | 0.1859 | 0.1853 | 0.1851 | 0.1840 | 0.1823 | 0.1824 | |

2013 年比 1999 年，我国由于能源消费部门结构的变动对环境污染增加的影响程度下降了 3.26%，即各部门能源消费在能源消费总量中的占比变化，减轻了环境污染的程度，但是能源消费部门结构调整对减轻环境污染取得的成效明显偏小。在整个考察期，有 4 年的能源消费部门结构变动对环境污染增加的影响程度出现上升，其余年份能源消费部门结构的调整减轻了环境污染的压力。与能源消费种类结构变动对环境污染影响程度变化相比，能源消费部门结构变动对环境污染影响程度的变动幅度更小、变动频率更高。这主要是因为我国能源消费部门结构类型变动较大（按部门能源消费量占比从高到低排序，农业部门能源消费占比从第四位下降到第六位）、而各部门能源消费占比变化较小所致。结构类型频繁变化会对环境污染影响的方向频繁改变，各部门能源消费占比变化较小（结构变动幅度较小），对环境污染的影响程度也不会有太大的变化。但总的来看，工业、建筑业和农业能源消

费比重的下降的确有利于环境污染的减轻。

根据每一年能源消费部门结构的环境污染影响指数绘制散点图，可以直观的表现我国能源消费部门结构变动对环境污染影响程度的变化。同时用趋势线配合，根据趋势线判断能源消费部门结构变动对环境污染影响程度的变动趋势（见图5-5）。图中各散点表示相应各个年份的能源消费部门结构的环境污染影响指数，虚线是根据点的分布状况用二次方程拟合的趋势线。

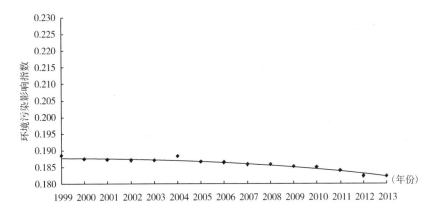

图5-5  能源消费部门结构的环境污染影响指数变动趋势

1999~2013年，我国能源消费部门结构调整对环境污染有轻微的减少作用，在结构变动过程中，能源消费对环境污染的影响程度有小幅度的波动。2003年和2004年对环境污染增加的影响程度有明显上升，2008年和2013年对环境污染增加的影响程度也有轻微上升；2005年和2002年对环境污染减少的影响程度比较明显。工业和农业能源消费占比变化是引起环境污染程度小幅度变动的主要原因。

用线性方程拟合，拟合度就可以达到0.85的拟合效果。用二次方程拟合，拟合度提高到0.93，表明二次方程的代表性更强。以时间变量为x；以能源消费部门结构的环境污染影响指数为y；拟合的二次方程为：

$$y = -0.00003x^2 + 0.12452x - 124.30393$$
$$R^2 = 0.9285$$

趋势线呈现高度吻合，二次方程系数显示，趋势线呈倒U形特征，但由于变量系数极小，倒U形特征极不突出，线性方程有较高的拟合度也表明倒

U 形特征极其微弱。目前能源消费部门结构的环境污染影响指数处在倒 U 形曲线的右侧，表明我国能源消费部门结构的调整使环境污染有减轻的趋势，由于结构调整的幅度很小，对污染减轻的程度极其微弱。

综合各个方面判断，我国能源消费部门结构变动的方向使环境污染减轻的趋势已经显露出来。

# 第四节　主要结论及结构调整策略

现代社会经济发展对能源消费有着高度的依赖，而对能源的大规模消费是造成环境污染的主要原因。能源消费规模的增加会加重环境污染的程度，而能源消费结构的变化会对环境污染产生加重或减轻的影响。能源消费结构主要包括两类：能源消费种类结构和能源消费部门结构，前者指不同种类能源消费量在能源消费总量中的比例关系，后者指不同部门能源消费量在能源消费总量中的比例关系。由于不同种类能源消费对环境污染的影响不同，不同部门的能源消费对环境污染的影响也不同，因而能源消费的种类结构和部门结构变动都会对环境污染产生不同的影响。

## 一、主要结论

（1）能源使用效率低下是我国能源消费中的最突出问题，相对于世界能源使用效率的平均水平，我国还有相当大的差距。我国经济增长对能源消费的依赖程度大于世界经济增长对能源消费的依赖程度，因此伴随着我国经济规模高速增长的同时，能源消费规模的增长速度更高，这直接导致了我国能源消费量占世界能源消费总量的比重不断上升。同时，高速膨胀的能源消费规模对我国环境污染形成了巨大压力。

（2）能源消费种类主要有：石油、天然气、煤炭、核能、水电和可再生能源等。世界能源消费种类结构中，石油消费量长期是最大的能源消费品种；而我国长期能源消费量最大的是煤炭，近 2/3 的能源消费依赖煤炭。另外，在能源消费种类结构中，与世界平均水平相比，我国的天然气消费占比过低。

从动态来看，我国能源消费种类结构变化明显，煤炭和石油消费占比呈现明显下降趋势，其他能源消费占比明显上升。我国可再生能源消费量高速增长，远远超过其他能源品种消费量的增长速度，也远高于世界可再生能源消费量平均增长速度。即便如此，可再生能源在我国能源消费种类结构中占比仍然过低，与世界可再生能源的平均占比有相当大的差距。我国能源资源条件决定了以煤炭为主的能源消费种类结构在相当长时期内难以转变，这预示着我国能源消费对环境污染的巨大压力会延续较长时间。

（3）由于各种类能源的使用效率不同，因而能源消费种类结构变化会对能源消费总量产生影响。用偏离——份额法分析发现，对于减少能源消费量来说，我国能源消费种类结构的变动（包括变动方向、变动幅度等）不如世界和发达国家的变动，但略好于发展中国家。如果按世界的能源消费种类结构变动，我国可以节省较多的能源消费量；如果按发达国家的能源消费种类结构变动，我国的能源消费量节省得更多。

（4）不同种类能源消费对环境污染的影响不同，从各种类能源消费对环境污染的直接和间接影响综合考察，水电消费增长有助于环境污染减少，其他种类能源消费增长均会加重环境污染，煤炭对环境污染增加的影响程度最大，可再生能源对环境污染增加的影响程度相对较小。我国能源消费种类结构的变动对减轻环境污染起到了较为明显的作用。

（5）能源消费部门主要划分为：农业、工业、建筑业、物流业、商业、其他行业和生活部门等。我国能源消费总量中近七成是工业消费，第二大消费部门是生活消费，物流业能源消费占比接近生活消费，其他部门能源消费占比都相对较低。在很长时期内，我国各部门能源消费占比变动都很小，因此能源消费部门结构总体变动不大。在能源消费结构中，稍明显的变动趋势是，农业部门能源消费占比呈现小幅度持续下降态势，物流业能源消费占比呈现小幅度上升态势。

（6）由于不同部门的能源消费量不一样，因此能源消费部门结构的变动会影响能源消费总量的变动。从生产部门能源消费总量变动来看，我国能源消费部门结构变动减少了能源消费量，但减少的程度并不大，对能源消费量减少贡献最大的是技术进步。经济规模扩张导致我国能源消费大幅度增长，能源消费部门结构变动和技术水平提高减少了能源消费量，但这种减少的作用显然还未能超过经济规模扩张对能源消费增加的作用，结构因素和技术因素只是减缓了能源消费量增长的速度。

（7）不同部门能源消费对环境污染的影响不同，从各部门能源消费对环境污染的直接和间接影响综合考察，各部门能源消费增长均会加重环境污染，工业部门能源消费对加重环境污染的影响程度最大，而商业部门能源消费对加重环境污染的影响程度相对最小。由于我国能源消费部门结构变动极小，因此结构变动对环境污染的影响极其微弱，但是我国能源消费部门结构变动的方向使环境污染减轻的趋势已显露出来。

## 二、结构调整策略

（1）从调整能源消费种类结构角度来说，降低煤炭消费在能源消费中的比重已经成为一种共识，然而其他能源对煤炭的替代需要一个循序渐进的过程。在替代能源的选择中，水电和可再生能源相对最好，但其发展受到较多的自然条件限制，能源供给的稳定性不高，可以积极推进，但不能盲目发展，避免大量投资的浪费；天然气和石油可以更多地依靠国际市场供给，适当提高在能源消费中的比重，但作为一个大国，能源消费过多依赖国外供给，经济安全也存在隐患，因此从长期来看，天然气和石油在能源消费中的比重不宜过高；用核电较大规模替代煤炭是一种比较可行的方法，在保证技术安全的前提下，重点发展核电，使之在我国能源消费中的比重稳步提高。发展核电替代煤炭除了直接减轻环境污染外，核电设备生产的制造业也可以得到较快发展，从改变工业行业结构方面也有利于环境污染的减轻。

（2）从调整能源消费部门结构角度来说，降低工业部门的能源消费量对减轻环境污染最有利，但是工业部门的能源消费量在短时间里难以快速下降。在现有的能源利用效率下，过分限制工业部门能源消费规模，不但会严重影响工业发展，进而减缓经济增长，而且人民生活也会受到很大的影响。物流业在我国能源消费中的占比较高，能源消费增长速度较快，并且对环境污染的影响比较显著，对物流业能源消费规模的过快增长应当进行适当控制。事实上，物流业、建筑业和生活用能源消费无论在消费规模，还是在能源消费种类的选择上都还有调整空间，适当控制这几个部门的能源消费规模增长，可能会对部门发展和人民生活水平提高有所影响，但对于减轻环境污染来说还是值得的。

（3）从总体来看，在较短的时期内，通过调整能源消费的种类结构和部门结构虽然会对环境污染减轻起到一定作用，但这种作用极其有限。我国能源消费规模过大、增速过高以及煤炭在能源消费中的过高比重，在短时期内都难以大幅度改变。因此，迅速加大技术研发投入，充分利用国际先进技术，争取在较短时间内提高能源利用效率，才能较大程度地减轻因能源消费而造成的环境污染。

# 第六章

# 居民消费结构变动与环境污染

生产活动成果一般用于消费和投资两个方面，投资目的也是为了供给消费，因此从某种意义上说社会生产活动的最终目的就是为了消费。通常将社会消费划分成政府消费和居民消费两部分，政府消费是为居民提供公共服务，实际上属于居民对公共物品的消费；居民消费则专指居民对私人物品的消费。居民消费是拉动经济增长的主要力量，同时居民消费也是造成环境污染的主要原因。居民消费会直接造成环境污染，比如居民日常生活会产生垃圾、排放废水，个人车辆出行会产生二氧化碳等；居民消费还会对环境产生间接污染，供给居民消费的生产活动显然会对环境污染产生影响。居民消费结构是指构成居民消费的各种物品和服务占居民消费总额的比重，影响居民消费结构变动的因素很多，社会经济发展阶段、居民收入水平、生活的地域环境、文化习俗、消费传统、科技发展、消费政策等都会对居民消费结构产生影响。消费不同的物品和服务对环境污染的影响不同，比如居民的食品消费、住房消费、交通消费等对环境污染的影响方式和影响程度都不相同，有些物品和服务的消费对环境污染的直接影响较大，有些物品和服务的消费对环境污染的间接影响较大。另外，居民消费的增加不仅仅只是加重环境污染，随着居民生活水平的提高，对高质量环境的需求增加，更愿意为环境质量改善支付费用，这有助于减少环境污染。

由于居民消费中的各种物品和服务对环境污染的影响不同（包括直接和间接影响），因而不同的居民消费结构对环境污染的影响也不同。如果在居民消费结构中，加重环境污染的消费品占比较高，这种结构不利于环境污染的减轻；如果对环境污染较轻的消费品占比较高则有助于环境质量的改善。如果消费规模不断扩大而消费结构不变，其结果一定会使环境污染不断加重，因此伴随着人类消费规模的持续增长，改变消费结构是减轻环境污染重要途径。事实上，国际社会很早就认识到了不同的消费模式（消费模式的主要内容就是指消费结构）对环境会产生不同的影响，1992年在巴西举办的联合国环境与发展大会提出了"可持续消费"概念，并且作为一个政策专题来进行讨论和研究，在大会通过的《21世纪议程》中的第四章"改变消费模式"中指出："贫穷与环境退化是密切相连的。虽然贫穷促成了某些种类的环境压力，但全球环境持续恶化的主要成因是不可持续的消费和生产模式，尤其是在工业化国家，这种模式引起了严重关切，它使贫穷和失调现象加剧"，"应当特别注意不可持续的消费所产生的对自然资源的需求，以及配合尽量降低耗损和减少污染的目标，有效率地使用这些资源。导致较富裕地区种种过分的需求和不可持续的生活模式，对环境造成巨大的压力。改变消费模式需要有一套多方面的战略。所有国家均应全力促进可持续的消费模式，发达国家应率先达成可持续的消费模式。"由此可见，消费结构的改变对于环境质量的改善意义重大。

我国居民消费已经进入到了一个快速增长时期，居民消费结构也发生着快速变化，这种结构变化的特征有哪些，居民消费结构变动对环境污染产生了什么样的影响，只有较为准确地把握这种影响趋势，才能制定出合理的消费政策。

## 第一节　居民消费结构特征及对经济的影响

### 一、居民消费特征

我国经济总量虽然已经在世界排第二位（国家间相比），但我国居民消费无论是消费总量、还是消费水平都相对较低。根据世界银行在《世界发展指标（2015）》（*World Development Indicators* 2015）中提供的相关资料，我们计算了1980年和2013年两个年度我国、美国和印度的经济总量分别占世界经济总量比重、居民消费总量分别占世界居民消费总量比重以及各国和世界的居民消费水平,从主要国家的对比中可以发现我国居民消费的特点。计算所使用的国内生产总值和居民消费额均以2005年美元不变价格计算,表6-1是相关指标计算结果。

表6-1 经济总量和居民消费水平对比

| 指 标 | 年份 | 中国 | 美国 | 印度 | 世界 |
|---|---|---|---|---|---|
| 国内生产总值占世界比重(%) | 1980 | 0.96 | 26.24 | 0.90 | 100.00 |
| | 2013 | 8.66 | 25.47 | 2.63 | 100.00 |
| 居民消费总量占世界比重(%) | 1980 | 1.13 | 28.11 | 1.18 | 100.00 |
| | 2013 | 5.37 | 29.58 | 2.67 | 100.00 |
| 居民消费占国内生产总值比重(%) | 1980 | 68.45 | 75.70 | 62.06 | 57.95 |
| | 2013 | 36.12 | 59.30 | 67.61 | 58.22 |
| 居民消费水平(美元/人) | 1980 | 151 | 16207 | 221 | 2953 |
| | 2013 | 1307 | 30872 | 691 | 4604 |

2013年,我国经济总量在世界的占比为8.66%,居民消费在世界的占比只有5.37%,经济总量世界占比超过居民消费总量世界占比3.29个百分点;同期美国和印度的经济总量世界占比均低于其居民消费总量的世界占比。我国经济总量世界占比远高于居民消费总量世界占比,表明我国生产的社会产品有相当一部分供给其他国居民消费,我国居民消费规模相比我国经济规模显然过低。2013年比1980年,我国经济总量增长了21.69倍,而居民消费总量只增长了10.97倍;同期世界经济总量增长了1.51倍,居民消费总量增长了1.52倍。从全球来看,经济和居民消费基本同步增长,发展中国家经济增长略快于居民消费增长,发达国家居民消费增长略快于经济增长,我国居民消费增长较多地落后于经济增长。

进一步从居民消费占经济总量的比重来看,2013年我国居民消费占国内生产总值的比重只有36.12%,同期世界平均水平达到了58.22%,该项比重发展中国家比发达国家相对要高,但我国的比重显然太低了,这表明我国所创造的社会价值绝大部分未用于居民消费。从发展趋势看,居民消费占经济总量的比重世界和发展中国家的变动趋势是在上升,发达国家处于下降趋势,我国属于发展中国家,但该比重却在大幅度下降。

居民消费水平是指居民年人均消费额。2013 年数据显示，我国居民消费水平只有世界平均水平的 28.4%，同期美国居民消费水平是世界平均水平的 6.71 倍，我国虽然比印度高出许多，但与世界平均水平和发达国家消费水平还是存在巨大差距。1980 年我国居民消费水平只有世界平均水平的 5.12%，显然我国居民消费水平处于高速增长之中，即便如此我国居民消费水平增长速度与经济总量增长速度相比仍然低了很多。

总的来看，我国居民消费总量与经济总量极不对称，居民消费总量占经济总量的比重过低；虽然居民消费总量增长速度较高，但远远低于经济总量的增长速度；居民消费水平虽然有很大幅度的提升，但与世界平均水平仍有巨大的差距。

## 二、居民消费结构特征

研究居民消费结构不可能将居民消费的每一种物品或服务占总消费量的比重都计算出来进行考察，需要将消费的物品或服务进行相应的分类。各国居民消费结构的分类方法有很大差异，不具有直接对比性，由于缺乏各国居民消费的详细资料，所以也难以按某一分类标准重新对各国消费种类进行统一分类。我们主要以我国的居民消费分类进行结构分析，根据我国统计口径，居民消费分为八大类，分别是：

食品烟酒：指用于各种食品和烟草、酒类的支出。

衣着：指与居民穿着有关的支出，包括服装、服装材料、鞋类、其他衣类及配件、衣着相关加工服务的支出。

居住：指与居住有关的支出，包括房租、水、电、燃料、物业管理等方面的支出，也包括自有住房折算租金。

生活用品及服务：指家庭及个人的各类生活品及家庭服务。包括家具及室内装饰品、家用器具、家用纺织品、家庭日用杂品、个人用品和家庭服务。

交通通信：指用于交通和通信工具及相关的各种服务费、维修费和车辆保险等支出。

教育文化娱乐：指用于教育、文化和娱乐方面的支出。

医疗保健：指用于医疗和保健的药品、用品和服务的总费用。包括医疗器具及药品,以及医疗服务。

其他用品及服务:指无法直接归入上述各类支出的其他用品与服务支出。

单独分析我国的消费结构,所获得的信息量有限,为了能够与世界上其他国家的消费结构有一个大致比较,我们选择了美国的消费结构与我国进行对比。

美国劳工统计局(U. S. Bureau of Labor Statistice)在其消费支出调查中提供了较为详细的消费支出统计资料,我们按照我国居民消费分类对美国的消费资料进行重新整理,得到了与我国消费分类大致相同的居民消费结构。表 6 - 2 反映的是我国和美国 2000 年、2014 年两个年度的居民消费结构状况。

表 6 - 2 中国和美国居民消费结构对比

| 指　　标 | 中　　国 | | | | 美　　国 | | | |
|---|---|---|---|---|---|---|---|---|
| | 2000 年 | | 2014 年 | | 2000 年 | | 2014 年 | |
| | 比重（%） | 位次 | 比重（%） | 位次 | 比重（%） | 位次 | 比重（%） | 位次 |
| 食品烟酒 | 42.66 | 1 | 34.83 | 1 | 17.43 | 3 | 16.38 | 3 |
| 衣着 | 8.60 | 4 | 8.92 | 5 | 5.53 | 7 | 3.88 | 7 |
| 居住 | 12.69 | 2 | 12.28 | 3 | 28.13 | 1 | 31.05 | 1 |
| 生活用品及服务 | 6.50 | 6 | 7.05 | 6 | 6.06 | 6 | 4.81 | 6 |
| 交通通信 | 7.56 | 5 | 14.94 | 2 | 24.79 | 2 | 22.60 | 2 |
| 教育文化娱乐 | 12.66 | 3 | 12.25 | 4 | 7.89 | 4 | 8.84 | 5 |
| 医疗保健 | 5.99 | 7 | 6.84 | 7 | 7.85 | 5 | 10.74 | 4 |
| 其他用品及服务 | 3.34 | 8 | 2.89 | 8 | 2.32 | 8 | 1.70 | 8 |

资料来源:中国数据是根据历年《中国统计年鉴》相关数据整理计算而得;美国数据是根据"Consumer Expenditure Survey, U. S. Bureau of Labor Statistice, September, 2015"相关数据整理计算而得。

很显然,我国的居民消费结构与美国有很大差别。2014 年我国居民在食品方面的消费占比高出美国一倍多。按国际划分标准,食品支出占比越高,消费结构等级越低,以此来看我国的消费结构等级比美国低了很多。美国消费占比最高的是居住支出,而我国在食品支出上仍然占比最大;交通通信支出都排在了我国和美国消费支出的第二位,并且所占比重相差不大,这一方面表明我国居民在现代生活支出方面正在与发达国家看齐,另一方面也表明我国交通通信的成本可能过高。我国居民的居住支出虽然在整个消费支出中排在第三位，但比重并不高，与教育文化娱乐支出基本相同。与美国相比，我国居民居住支出占比低于美国一半还多，世界上绝大多数国家居住支出在消费中的占比都比较高，在这方面我国居民消费结构表现出明显的自身特点。

2014 年和 2000 年相比，我国居民消费结构发生了剧烈变化，其中食品支出占比下降幅度最大（下降了 7.83 个百分点），而交通通信支出占比上升幅度最大（上升了 7.38 个百分点），八类消费支出占比的平均变动幅度为 2.28 个百分点，消费结构中的排位顺序发生了很大变化。美国居民消费结构变动相比我国小得多，消费结构中的排位顺序只发生了很小变化，医疗保健支出从 2000 年的第五位上升到 2014 年的第四位，教育文化娱乐支出从第四位下降到第五位，其他消费支出的位次没有发生变化，美国八类消费支出占比的平均变动幅度也只有 1.69 个百分点，消费结构的变动相当平稳。

为了能够动态考察我国居民消费结构的变动，我们将 2000～2014 年我国八类消费支出占消费总量的比重比按时间顺序绘制成图 6－1。

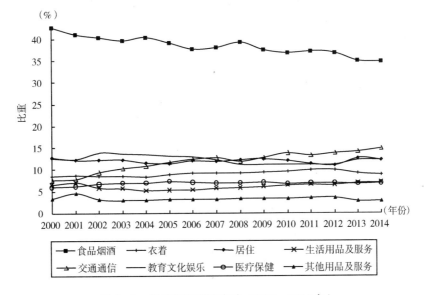

图 6－1　居民消费结构变动（2000～2014 年）

图6-1中显示，我国居民消费结构中食品支出占主要部分，其他消费支出相比食品支出都要小得多。食品支出占比呈逐波下降趋势，交通通信支出占比呈逐波上升趋势，其他消费支出占比虽然波动较大，但没有表现出明显的上升或下降趋势。

2014年比2000年，我国居民消费总量增长了4.17倍，其中交通通信支出增长了9.22倍，增长幅度最大；医疗保健、生活用品及服务、衣着、教育文化娱乐、居住支出的增长幅度在4~4.9倍之间，食品支出增长幅度最小。

从2000~2014年，我国各类消费支出占比都表现出较大的波动性，从各类消费支出占比变动的标准差系数来看，波动幅度从高到低的消费支出排序分别是：交通通信、其他用品及服务、生活用品及服务、教育文化娱乐、食品烟酒、衣着、医疗保健、居住。各类消费支出占比较大幅度的波动表明我国居民消费结构尚处于极度的不稳定时期。

## 三、居民消费总量变动对经济增长的影响

从需求角度来说，拉动经济增长的因素主要有：居民消费、政府消费、投资和国外需求等。虽然短期内可以通过增加政府消费，刺激投资、刺激出口来拉动经济增长，但对于一个大国来说能够长期拉动经济增长的主要是居民消费的增长。

我们通过对居民消费总额和国内生产总值的回归分析，考察我国居民消费总量的变化对经济增长的影响。以国内生产总值为因变量（用 Y 表示），以居民消费总量为自变量（用 X 表示），采用对数—线性形进行回归。回归系数表示经济总量的居民消费弹性，即居民消费量增长百分之一，使经济总量增长百分之几。

经济总量和居民消费总量均采用世界银行在《世界发展指标（2015）》（*World Development Indicators* 2015）中提供的2005年美元不变价计算的国内生产总值和居民消费总额，数据时间从1980~2013年。图6-2是反映我国居民消费总额与国内生产总值关系的散点图。

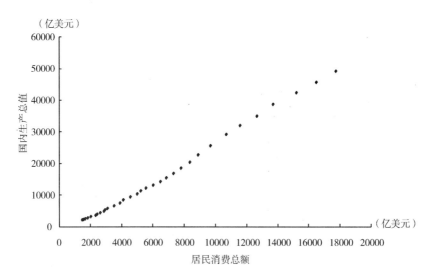

**图 6 - 2　中国居民消费总额与国内生产总值关系散点图（1980～2013 年）**

散点图图中显示我国居民消费总额变动与国内生产总值变动呈高度相关。用 EViews 7.0 对两个变量进行对数—线性回归。回归结果见表 6 - 3。

表 6 - 3　　　　　　　　　中国居民消费对经济发展影响的回归模型

| 变量 | 系数 | 标准差 | t 检验 | 概率 |
|---|---|---|---|---|
| C | - 1. 848481 | 0. 070686 | - 26. 15054 | 0. 0000 |
| LOG（X） | 1. 301926 | 0. 008264 | 157. 5386 | 0. 0000 |
| $R^2$ | 0. 998712 | 因变量的平均值 | | 9. 247726 |
| 调整的 $R^2$ | 0. 998672 | 因变量的标准差 | | 0. 952840 |
| 回归标准差 | 0. 034722 | 赤池信息量准则 | | - 3. 825839 |
| 残值平方和 | 0. 038581 | 施瓦兹准则 | | - 3. 736053 |
| 对数似然比 | 67. 03926 | F 统计量 | | 24818. 40 |
| 德宾—沃森统计量 | 0. 546252 | 概率值（F-statistic） | | 0. 000000 |

各项指标显示回归效果非常好，变量系数通过显著性检验。回归方程的相关系数达到了 0.9987，说明我国居民消费对经济增长影响非常显著，我国居民消费每增长 1%，使我国经济总量增长 1.3%。为了进行对比分析，我们对美国、印度和世界的居民消费总量与经济总量也按同样的方法进行了回归分析（数据均来自世界银行在《世界发展指标（2015）》（*World Development*

Indicators 2015）中提供的 2005 年美元不变价计算的国内生产总值和居民消费总额，数据时间为 1980～2013 年），回归结果显示，居民消费变动对经济总量均呈显著性影响，回归方程如下：

中国：$LN(Y) = 1.3019LN(X) - 1.8485; R^2 = 0.9987$

美国：$LN(Y) = 0.9102LN(X) + 1.4215; R^2 = 0.9985$

印度：$LN(Y) = 1.1473LN(X) - 0.7497; R^2 = 0.9971$

世界：$LN(Y) = 0.9855LN(X) + 0.7117; R^2 = 0.9994$

对比居民消费变动对经济总量的影响系数看，我国居民消费增长对促进经济增长的作用最大，发展中国家居民消费对经济增长的拉动作用明显大于发达国家和世界平均水平。

## 第二节　居民消费结构变动对环境污染影响分析

不同种类物品和服务的消费对环境污染的影响方式和程度不同，不同时期各种类物品和服务的消费量在消费总量中的构成不同，因而居民消费结构变动会对环境污染产生不同的影响，我们所要考察的是我国居民消费结构变动是加重了还是减轻了环境污染。

### 一、各类物品和服务消费对环境污染的影响

按我国居民消费统计，将居民消费划分为食品烟酒、衣着、居住、生活用品及服务、交通通信、教育文化娱乐、医疗保健、其他用品及服务等八类，每一种物品和服务的消费都会对环境污染产生直接和间接影响，并且影响关系极其复杂，为此我们仍用灰色关联度分析方法反映消费与环境污染之间的关系（具体方法见第三章第二节）。以各类物品和服务消费量与各种环境污染物排放量之间的关联度，来反映各类物品和服务消费对环境污染各方面的影响程度。然后将各类物品和服务消费与环境污染各方面的关联度进行简单平均，得到各类物品和服务消费对环境污染的综合关联度，以综合关联度代表各类物品和服务消费对环境污染的综合影响。选择的环境污染物主要有：

废气、二氧化硫、烟粉尘、废水、化学需氧量、氨氮、固废产生量、固废排放量等八种。利用我国 2000~2014 年的相关资料来确定各类物品和服务消费对环境污染各方面的关联度和综合关联度。表 6-4 是各种关联度的计算结果。

表 6-4　各类物品和服务消费与主要环境污染物的关联度及综合关联度

| 能源消费种类 | 废气 | 二氧化硫 | 烟粉尘 | 废水 | 化学需氧量 | 氨氮 | 固废产生量 | 固废排放量 | 综合关联度 |
|---|---|---|---|---|---|---|---|---|---|
| 食品烟酒 | 0.7997 | -0.5397 | -0.5773 | 0.5322 | -0.5649 | 0.6651 | 0.6920 | -0.5515 | 0.0570 |
| 衣着 | 0.7549 | -0.5259 | -0.5560 | 0.5310 | -0.5510 | 0.6568 | 0.6376 | -0.5344 | 0.0516 |
| 居住 | 0.7017 | -0.5054 | -0.5792 | 0.4905 | -0.5237 | 0.6165 | 0.5961 | -0.5487 | 0.0310 |
| 生活用品及服务 | 0.6090 | -0.4929 | -0.5568 | 0.4627 | -0.5121 | 0.5931 | 0.5283 | -0.5289 | 0.0128 |
| 交通通信 | 0.5464 | -0.4905 | -0.5574 | 0.4489 | -0.5119 | 0.5820 | 0.4950 | -0.5259 | -0.0017 |
| 教育文化娱乐 | 0.7145 | -0.5071 | -0.5800 | 0.4857 | -0.5257 | 0.6169 | 0.6054 | -0.5548 | 0.0319 |
| 医疗保健 | 0.7150 | -0.5258 | -0.5735 | 0.4986 | -0.5425 | 0.6334 | 0.6044 | -0.5458 | 0.0330 |
| 其他用品及服务 | 0.7580 | -0.5484 | -0.5703 | 0.5455 | -0.5692 | 0.6736 | 0.7206 | -0.5371 | 0.0591 |

注：原始数据标准化方法为：原始数据/原始数据中的最大值；分辨系数设定为 0.5。

关联度测定结果显示，我国各类物品和服务消费对固体废物产生量、氨氮排放量、废水排放量和废气排放量都产生正向影响（消费量增加使污染物排放增加），其中其他用品及服务消费对废水排放、氨氮排放和固体废物产生量增加的影响程度最大；食品烟酒消费对废气排放量增加的影响程度最大；交通通信消费对各种环境污染物排放量增加的影响程度都相对最小。我国各类物品和服务消费对固体废物排放量、化学需氧量排放量、烟粉尘排放量和二氧化硫排放量都产生了反向影响（消费量增加使污染物排放减少），其中其他用品及服务消费对二氧化硫和化学需氧量排放量减少的影响程度最大；教育文化娱乐消费对烟粉尘和固体废物排放量减少的影响程度最大；交通通信消费对二氧化硫、化学需氧量和固体废物排放量减少的影响程度最小；衣着消费对烟粉尘排放量减少的影响程度最小。

从综合关联度看，交通通信消费对环境污染产生反向综合影响，交通通信消费增长有助于环境污染的减少，但减少污染的作用相对较小。其他种类物品和服务消费均对环境污染产生正向综合影响，其中其他用品及服务消费对环境污染增加的影响程度最大，生活用品及服务消费对环境污染增加的影响程度相对较小。

## 二、居民消费结构变动对环境污染的影响

各类物品和服务消费的环境污染影响系数，是指不同类别物品和服务消费对环境污染造成的影响程度，对各类物品和服务消费的环境污染影响系数用一定时期的居民消费物品和服务种类构成比进行加权求和，就得到了某一时期居民消费结构的环境污染影响指数。具体计算公式为：

$$ISE_t = \sum_{i=1}^{8} E_i \times IS_{it}$$

其中，$ISE_t$ 为 t 时期居民消费结构的环境污染影响指数；$E_i$ 为第 i 种物品和服务消费的环境污染影响系数；$IS_{it}$ 为 t 时期第 i 种物品和服务消费量占居民消费总量的比重。

在居民消费结构中，如果对增加环境污染影响程度大的物品和服务消费在消费总量中的比重上升，那么居民消费结构的环境污染影响指数就会变大，表明居民消费结构的变动增加了环境污染的程度；反之，结构变动减轻了环境污染的程度。计算出每一个时期居民消费结构的环境污染影响指数，就可以比较明确的显示出居民消费结构变动趋势对环境污染的影响方向和影响程度。

以各类物品和服务消费与环境污染的综合关联度来代表各类物品和服务消费的环境污染影响系数。我们利用 2000~2014 年我国各年份居民消费结构比重，计算了相关年份我国居民消费结构的环境污染影响指数（见表 6-5）。

表 6-5　　　　　　　　　居民消费结构的环境污染影响指数

| 年　份 | 2000 | 2001 | 2002 | 2003 | 2004 | 2005 | 2006 | 2007 |
|---|---|---|---|---|---|---|---|---|
| 环境污染影响指数 | 4.1356 | 4.1132 | 4.0272 | 3.9762 | 3.9825 | 3.9333 | 3.8806 | 3.8758 |
| 年　份 | 2008 | 2009 | 2010 | 2011 | 2012 | 2013 | 2014 | |
| 环境污染影响指数 | 3.9326 | 3.8579 | 3.8074 | 3.8397 | 3.8171 | 3.7101 | 3.6767 | |

2014 年与 2000 年相比，我国由于居民消费结构的变动对环境污染增加

的影响程度下降了 11.10%，即各类物品和服务消费在居民消费总量中的占比变化，较明显的减轻了环境污染的程度。在这期间，只有 2004 年、2008年和 2011 年的居民消费结构变动对环境污染增加的影响程度上升了，其余年份居民消费结构的调整都减轻了环境污染的压力。

对比居民消费结构的变动方向可以发现，消费占比最大、并且对环境污染影响程度较大食品消费量占比变化是导致环境污染变化的最主要原因。2004 年、2008 年和 2011 年，食品消费量占比都有明显提高，因而导致环境污染程度有所上升。

将每一年居民消费结构的环境污染影响指数按时间顺序绘制成散点图，可以直观的表现我国居民消费结构变动对环境污染影响程度的变化。用趋势线对散点图进行拟合，可以根据趋势线判断居民消费结构变动对环境污染影响程度的变动趋势（见图 6 – 3）。图中各散点表示相应各个年份居民消费结构的环境污染影响指数，虚线是根据点的分布状况用线性方程拟合的趋势线。

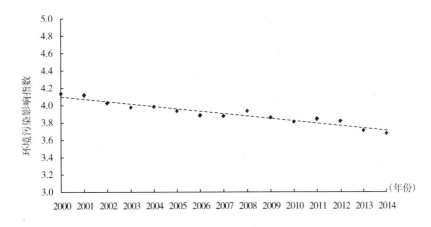

图 6 – 3　居民消费结构的环境污染影响指数变动趋势

图 6 – 3 显示，2000 ~ 2014 年我国居民消费结构变动对减轻环境污染有明显的作用，2006 年以前居民消费结构变动对环境污染减轻的影响程度相对较大，2006 年以后减轻环境污染的影响程度相对减弱，并且呈现出明显的波动性。

只用线性方程拟合，就得到了较好的拟合效果。以时间变量为 x；以居民消费结构的环境污染影响指数为 y；拟合的线性方程为：

$$y = -0.02804\,x + 60.17976$$
$$R^2 = 0.9197$$

线性方程拟合度高达 0.9197，趋势线呈现高度吻合，其变化趋势有很好的代表性。线性方程显示的变量系数为负且数值较小，表明我国居民消费结构演变的方向使环境污染呈不断下降趋势，但由消费结构变动影响的环境污染下降速度较慢。

# 第三节 主要结论及结构调整策略

## 一、主要结论

居民消费是拉动经济增长的主要力量，同时居民消费规模扩大也会对环境污染产生直接和间接影响。居民消费结构所反映的是构成居民消费的各种物品和服务占居民消费总额的比重，不同物品和服务消费对环境污染的影响不同，因而不同的居民消费结构对环境污染的影响也不同。人类社会对于资源消耗型消费结构所导致的环境污染加重很早就有共识，改变消费结构是减轻环境污染重要途径。

（1）经济总量我国在世界排第二位，但居民消费总量在世界排位相对较低，与经济总量极不对称。居民消费总量占经济总量的比重过低，其增长速度更是远远低于经济总量的增长速度，居民消费总量在经济总量中的占比持续下降。从消费水平看，我国居民消费水平虽然有很大幅度提升，但与世界平均水平仍有巨大的差距。

（2）我国居民消费结构等级与发达国家相比还有相当大差距，食品消费支出在居民消费总量中占比仍然较大，但是代表现代生活的交通通讯支出在我国居民消费中的占比很大，已高于发达国家的占比水平，体现了我国居民消费结构的独有特点。进入 21 世纪后，我国居民消费结构呈现剧烈变动，总体朝着消费结构等级上升趋势演进，但在消费结构演进过程中表现出极度的不稳定性。

（3）从全球来看，作为经济大国，无论是发达国家、还是发展中国家，经济增长与居民消费都密切相关，居民消费增长对经济长期增长的作用极为显著。相对而言，我国居民消费对经济增长的拉动作用明显大于发达国家和世界平均水平。

（4）我国居民消费的各类物品和服务对环境污染的影响方式和程度有明显差异。综合来看，交通通信消费增长有助于减轻环境污染，其他种类物品和服务的消费均不同程度的加重环境污染。食品和其他用品及服务消费对环境污染增加的影响程度较大，而生活用品及服务消费对环境污染增加的影响程度相对较小。

（5）进入21世纪后，我国居民消费结构变动对环境污染有减轻的影响，虽然影响程度相对较弱，但居民消费结构演变方向使环境污染下降的趋势非常明显。

## 二、结构调整策略

（1）我国居民消费增长长期慢于经济总量增长，经济增长主要靠投资拉动。随着投资对经济增长的边际贡献逐步下降，经济增长对居民消费增长的依赖会越来越大。这意味着要保持我国经济有一个较高的增长速度，居民消费规模的扩张速度会加快。消费规模的扩大无疑会造成更大的环境污染压力，通过调整消费结构、形成绿色消费模式就显得更为紧迫。我国居民消费结构正在朝着有利于减轻环境污染的方向演进，但这种演进对环境污染减轻的影响程度还相当微弱，今后需要更加重视引导消费方式的改变，加快消费结构的调整速度。

（2）食品消费在消费总量中的比重会随着居民消费水平的提高而降低，但是我国居民食品消费占比虽然在降低，食品消费总量却仍在较大幅度的上升。我国居民食品消费主要存在两个问题：一是消费不平衡，一部分人消费过剩，一部分人还在解决温饱；二是浪费性消费严重。对于相当一部分人口的过剩消费和浪费性食品消费必须进行控制，引导消费者从数量增长型消费转变到健康型消费。

（3）提高居住消费支出比例。从国际上看，居住消费支出在消费中的占比都很高，而我国居民消费中的居住消费占比却相当低。居住消费支出包括房租、水、电、燃料、物业管理等，也包括自有住房的折算租金。居住消费过低，能源、水的消费量就会过快增长，这会加重环境污染；住房价格过低迫使房屋建造成本降低，无法建造质量更高的环保型房屋（比如我国房屋保温性效果差，致使房屋使用过程中能源消耗过高；我国房屋使用寿命短，重新建造消耗大量资源）。当然，我国居民居住支出也存在着极端不平衡，部分超级大城市居住消费占比很高，但从全国总体来看居住消费占比还有较大的上升空间。增加居住消费支出不但有利于控制资源（能源、水、土地等）消耗量，还可以筹集更多资金用于居住环境绿化、增加环境污染物的无害化处理能力，这有无疑都有助于改善环境质量。

（4）引导居民更多的转向教育文化娱乐和医疗保健消费。这类消费直接对环境污染的影响较小，同时提供这类消费的生产部门对环境污染的影响也较小。但由于受传统消费习惯的影响，消费结构的这种转变速度不会很快，应采取多种措施加速这种转变的进程。教育文化娱乐和医疗保健消费属于较高层次消费，其需求弹性较大，因此降低这类物品和服务的供给价格，可以引发更大规模的消费扩张。

# 第七章

# 城市化进程与环境污染

　　城乡结构是人类社会经济结构中最常见、最重要的结构类型之一。伴随着生产力水平的不断提高，农业人口中的非农产业从业者从农业中分离出来，逐渐向不同于乡村外貌景观的城市集聚，城市的人口、经济等规模日益扩大并且城市数量不断增多；而以农业生产为主的乡村对于城市而言，人口数量、经济规模等在国民经济中的份额不断缩小。城乡结构的变动是一种单向、动态的过程，即不断地向城市规模扩大的方向演进，这种结构变动是人类社会的发展趋势，从宏观上讲城乡结构变动实际上就是指城市化过程。

　　城市化对人类社会的进步、经济规模的扩大、生活质量的提高、科学技术和教育的发展等起到了不可替代的作用，城市化是人类社会发展的一个必然现象，社会要向更高阶段发展必须城市化。但是在城市化过程中，尤其是自 20 世纪 60 年代以来，所产生的环境问题日益突出，城市的环境污染成为人类社会关注的重大问题。我国正处在快速城市化过程中，城市规模扩张不可避免的造成了环境污染的加剧。然而，如同经济增长会对环境污染产生正反两方面影响一样，城市化对环境污染也会产生有利或不利的影响。我国的城市化进程对环境污染究竟产生了怎样的影响，是仍在加重环境污染，还是对环境污染有所减轻。较为准确地把握城市化对环境污染的影响趋势，能更合理的发展城市，使城市化进程与环境相协调。

# 第一节　城市化与环境的关系

大量研究表明城市化与环境之间是一种耦合关系，即城市化各方面与生态环境各要素之间的相互作用所形成的非线性关系总和。城市化与环境组成的系统具有动态性特征，城市化本身作为一个子系统，就是一个动态的发展过程，随着城市化水平的提高，不仅城市人口密度不断增加，经济规模不断扩大，地域空间范围不断拓展，而且城市内部结构、城市功能也在不断发展变化。城市环境系统一方面不断地受到城市化的强干扰，同时诸多的环境因子也时刻影响城市化进程。城市化与环境因子不断地在进行着相互作用，从而驱动这一系统不断运动、发展和变化。

## 一、城市化对环境的胁迫

（1）人口不断向城市集聚通过两方面对环境产生胁迫。一是人口城市化通过提高人口密度增大环境压力。人口数量的增长快于城市地域扩张，人口密度越大对环境的压力也就越大；二是人口城市化通过提高人类消费水平并促使消费结构变化，使人类向环境索取的力度加大、速度加快，从而环境压力加大。

（2）城市经济规模扩大对环境产生胁迫。经济城市化对环境的胁迫机制表现为企业规模扩大，增加环境的空间压力，引起产业结构的变迁，改变对环境的作用方式。企业经济总量的提升，需消耗更多资源和能源，增大了环境的压力。当然，经济城市化除了加大环境压力外，对环境压力也具有缓解作用，比如：经济城市化能带来更多的环保投资，提高人为净化的能力来缓解环境压力。另外，通过政策干预和清洁生产技术的推广使用，污染排放总量得到控制，从而减轻经济城市化对生态环境的压力。经济城市化对生态环境的作用机制是在这样两种相反力量交互作用下进行的。

（3）城市地域扩张对环境的胁迫。城市化最重要的特征之一是城市地域空间的不断扩展，表现为城市用地数量的快速增长，其结果必然导致大量原有土地利用类型的改变。土地是生态服务功能的重要载体，不同的土地利用类型决定了其不同的生态服务功能。在城市化过程中，土地利用类型的改变极大地影响了以土地为载体的生态系统服务功能。

## 二、环境恶化对城市化的胁迫

（1）城市化发展使人类居住环境的舒适度降低，导致人口居住地外移，阻碍城市化发展。城市化发展使城市中心人口密度提高，环境压力变大，一些有条件的城市居民纷纷到郊外寻求更适宜的生活环境，而居住地的外迁带来城市地域空间结构的改变。城市环境恶化可将具有良好经济实力和文化素质的居民"驱逐"出中心城区，并使技术和资金随之流失，最终造成城市的衰退，从而阻碍甚至逆转城市化。

（2）环境恶化降低了投资的环境竞争力，排斥企业资本，从而减缓城市化。环境是地区竞争力的重要表现方面，尤其是现代高科技企业对环境有着更高的要求，比如城市如因缺水而提高用水价格，生活和生产成本提高，降低了城市的竞争力。高科技企业的人才对良好生活环境的要求较高，环境恶化将驱使人才外流，使城市逐渐丧失科技竞争力，从而抑制城市发展。

（3）出于环境保护的目的，常常通过政策干预影响企业选址，从而限制城市化。一些城市通过制定环境政策限制污染型企业在城市落户，环境政策将迫使大批企业迁出城市，加速城市内部的产业结构变化和土地功能变化，改变城市地域空间结构。

（4）为保证城市功能的正常运行，需要投入大量资金用于保护环境，环境保护资金的投入争夺了经济发展的有限资金，从而使经济增速减缓，放慢了城市化步伐。

总之，城市化与环境相互作用对城市化以及环境发展变化具有很大的影响，这种相互作用能够使资源密集利用、规模效应和技术创新在城市这一有限空间内得以充分发挥，使得城市成为满足人们对物质、能量、生存环境等不断需求的最为经济的空间形式。同时城市化也会产生环境胁迫、环境污染等负面效应。过高的城市人口密度、无序的城市扩张、产业发展过度消耗资源和能源，城市交通扩张引起的水土流失、大气污染、噪音污染、自然景观破坏等，这都加大了对环境的压力。而且，恶化的环境也会降低城市居住环境、投资环境、经济发展速度等，遏制城市化进程。因此，城市化与环境的相互作用，有的是有序的，有的是无序的；有正效应，也有负效应。但从长远角度来看，城市化与环境相互作用的方向应该是协调的。高质量的城市化能带来更多的环保投资，提高人为净化的能力来缓解环境压力；通过政策干预和清洁生产技术的推广使用，控制污染排放，减轻经济、人口等城市化对环境的压力；农村人口向城市转移，可以提高农村生态效率，改善农村生态环境质量，为城市环境提供强有力的支撑，城乡环境之间形成良性互动。同样，城市的环境质量直接影响着城市的可持续发展、经济的可持续发展、社会进步和现代化建设。环境相对优越地区，水资源、土地资源、空气质量等支撑城市化的能力强。投资环境的竞争力强，可以吸引更多的投资，加速城市化进程。同时，居住环境的舒适度高，居民的满意度和幸福感就强。

## 三、城市化影响环境的方式

城市化对环境直接产生影响。人类活动对气候变化的作用主要反映在向大气排放大量气态、颗粒态物质及下垫面的改变，而城市是这种作用表现最集中、最强烈的地区。城市高强度的经济活动排放大量的二氧化硫、氮氧化物、碳氧化物以及各种气溶胶颗粒物，造成大气质量下降和大气污染加剧。随着人口大量向城市集中，原有的自然环境发生根本性变化，疏松、潮湿、具有植被覆盖的田园被以砖石、沥青、水泥等坚实、非透水、导热率大的建筑材料所铺筑，平坦低矮的农舍被林立的高楼和纵横交错的街道所取代，从而极大地改变了原来下垫面的性质和自然环境状态，导致城市的热岛、混浊岛等效应。水是支持城市中各种活动的最基本要素之一。城市化的快速发展所带来的非透水下垫面面积的日益扩大及生产、生活污水排放量的日益增多，不但扰乱了城市区域正常的水循环，而且导致了水质污染等一系列的环境问题。发达的工业化国家采取十分严格的排污控制手段，兴建大量的一级、二级污水处理厂，从而使城市生产、生活污水排放得到控制，特别是工业废水得到较高净化处理，减少了对水质的污染，许多河流的水质有了明显的改善。但是尽管如此，城市水质污染问题远未得到解决，城市河流的生物化学耗氧量水平仍远远高于非城市河流。发展中国家城市水质污染十分严重，有进一步恶化的趋势，而发展中国家经济承受力有限，城市基础设施的下水道系统不完备，污染处理能力有限，城市化对水质的污染威胁到人类的身体健康。

城市化不仅直接影响环境质量，而且通过推动工业化进程而间接影响环境质量。社会处在工业化阶段，产业结构的演变是其内在的需求、供给等因素发生作用的结果，城市化的发展为产业结构演变提供了地理空间。从城市化与工业化阶段的产业结构演变互动关系看，城市化对产业结构演变的反馈机制主要包括支撑和拉动作用。一般而言，工业化加速阶段与城市化的加速阶段密切相关，二者相互促进，互为因果。工业化促进了城市化的发展，城市化的高速发展为工业部门的高速扩张提供了庞大的市场需求空间，城市化迅速发展伴随着城市各种基础设施大量兴建，如道路、交通、建筑物等，相应产生了对工业产品的大量需求，如钢铁、水泥、建材、能源等。可以说，城市化加速的进程在相当大的程度上决定了工业化及产业结构转换的进程，城市化加速阶段的持续时间很大程度上影响甚至决定了工业化加速阶段的持续时间。而工业化加速阶段正是工业部门对环境施加巨大压力的阶段，因此城市化通过工业化间接对环境施加影响。

城市化改变人口结构从而对环境质量产生影响。当居民由农民转变为市民时，随着收入水平上升，其消费水平也发生了变化，消费结构升级，对能源和资源的消耗量迅速上升。城市居民人均能源、资源消费水平远高于农村居民。能源和资源消耗越多，污染物的排放就越多。因此，城市化使人口结构发生变化，导致更多污染物的排放。另外，我国的城市化进程滞后于工业化，三次产业就业人口比和产值比不一致，农村存在大量的过剩人口，并且城乡之间的差距极大。随着人们逐渐富裕起来并且向往着更富足的城市生活，就产生了向城市集聚的巨大动力。因此，在我国城市化过程中，人口和经济短时间里高速集聚，在大量城市基础设施还没有跟上时，由人口和经济的集聚造成的环境污染更为严重。由于严重污染已经形成，所以治理所花费的成本更高。

## 四、城市化不同阶段对环境的影响变化

城市化发展呈阶段性特征：城市化初级阶段，城市发展水平低、发展速度缓慢；当城市人口超过总人口10%时，城市化速度开始加快，当城市化水平超过30%时，城市化发展呈加速状态，进入城市化中期阶段。在城市化后期阶段，城市人口大约超过70%，城市化又进入到一个相对缓慢的发展阶段。在城市化发展的不同阶段对环境的影响程度不同。

城市化初期，农业是国民经济的主导产业，农业劳动力在总劳动力中占比较大，农业生产率较低，社会资本积累有限，工业的发展受到很大限制，工业化也处在初级阶段，推动城市发展的动力不足。该阶段由于自然资源丰富、环境承载能力较大、人类对自然认识程度的局限性以及技术落后，对自然资源的开发与利用只是局部、零散和有限的。城市发展与自然环境之间的矛盾较小，直接作用较弱，基本处于人地共生状态。

城市化中期，农业劳动生产率提高，大量农业剩余劳动力离开土地，工业化进入起飞阶段。工业化初期往往发展劳动密集型生活消费品，大量劳动力进入城市，促使城市化进入高速成长期。随着工业革命的发展，城市与外界进行广泛的经济联系，使城市与周围地区经济连成一片，成为一个综合有机体。城市化进程加快，城市地域不断扩展，促使城市自然生态景观向人工景观发生巨大转变，城市化与生态环境的相互作用范围更加广泛。在生产方式和产业技术革命的作用下，一方面城市数量迅速增加，另一方面城市的空间聚集效益和规模效益不断增强，加之城市职能的多样化，使得城市对环境作用强度不断加大。工业化向城市中心聚集，追求经济增长，导致资源破坏、城市环境污染、交通拥挤、社会治安等城市病日益恶化。低水平的经济生态平衡状态演进为经济生态不平衡状态，城市经济发展与环境之间出现矛盾。环境的改变和恶化也制约了城市经济发展的速度和质量。

城市化后期，工业已由劳动密集型过渡到资本密集型和技术密集型，资本有机构成大幅提高，对劳动力的需求相对甚至绝对减少。工业中的劳动力逐渐向第三产业转移。此时，农业剩余劳动力转移也大致完成，城市化进入

缓慢发展和注重提高城市质量的时期。在这一阶段，城市成为人类主要的聚居区，是第三产业的中心，城市服务功能日益强化，城市在空间组织形式上形成了集中化与分散化并存的态势。城市对生态环境作用范围进一步扩大，相互作用主要空间载体是城市郊区地域、居住小区、交通走廊、农村小城镇等。工业化后期采取集约化的经济增长方式，先进的、符合环境要求的技术推广应用，工业的集中布局，大大提高了能源与资源的利用效率，城市空气质量、噪音、有害废弃物污染速度得以下降，城市化对生态环境作用强度向柔性化趋势发展。总之，城市环境问题的突显以及矛盾集中爆发的时期是在城市化中期阶段，也是在工业化过程之中。

# 第二节　城市化特征

人口向城市集聚仅仅是城市化的一个主要表现，事实上城市化具有丰富的内涵，由于城市化研究的多学科性和城市化本身的复杂性，许多不同领域的学者对于"城市化"内涵有不同定义，纵观城市化相关理论可以将城市化内涵概为：

人口城市化，即城市人口规模的增加，这是城市化最主要的表现。随着社会的发展，大批乡村人口向城市集中，一方面单个城市的人口规模增加，另一方面城市数量大量增加，总体表现为城市人口在全部人口中的比重越来越大。

经济城市化，即城市创造的经济总量不断增加。随着整个社会产业结构逐步升级，非农产业发展的经济要素向城市集聚，传统低效的第一产业向现代高效的第二、第三产业转换，城市的经济功能不断加强，城市创造的经济份额在国民经济中的比重越来越大。

社会城市化，即城市为居民提供了越来越多、越来越方便的社会性服务。乡村生活是一种自给自足的封闭性较强的生活方式，社会化程度较低，而城市居民在交通、生活设施、医疗、教育等方面享受到越来越高的社会服务。城市化越发展，为生活和生产服务的城市基础设施规模越大、质量越高，居民生活方式发生根本性改变，生活质量全面提高。

空间城市化,即直观表象上的地域空间景观发生变化。在城市化发展过程中,尤其在城市化中期,由于要吸纳更多的人口和产业,城市地域范围不断扩大,城市人工设施的空间高度不断提高。许多相邻小城市随着地域范围扩大,逐渐连接成片,在更大空间上形成城市群。

从城市化的任何一个单一方面去理解城市化的状况都不够全面。因此,我们在把握城市化的特征时,将从以上城市化的四个方面进行分析。

## 一、人口城市化

区域城市人口占总人口的比重是衡量人口城市化水平最常用的指标,城市人口在总人口中占比越高,从人口集聚角度表征的城市化水平越高。按时间序列考察城市人口占比可以反映人口城市化进程快慢,对不同区域城市人口占比对比考察可以反映区域间人口城市化水平的差异。我们根据世界银行在《世界发展指标(2015)》(*World Development Indicators* 2015)中的相关资料,整理计算了 1960～2014 年中国、美国、印度和世界的城市人口占总人口比重(见表 7-1)。

表 7-1　　　　　　　　　城市人口占总人口比重　　　　　　单位:%

| 国　家 | 1960 年 | 1970 年 | 1980 年 | 1990 年 | 2000 年 | 2010 年 | 2014 年 |
|---|---|---|---|---|---|---|---|
| 中国 | 16.20 | 17.40 | 19.36 | 26.44 | 35.88 | 49.23 | 54.41 |
| 美国 | 70.00 | 73.60 | 73.74 | 75.30 | 79.06 | 80.77 | 81.45 |
| 印度 | 17.92 | 19.76 | 23.10 | 25.55 | 27.67 | 30.93 | 32.37 |
| 世界 | 33.56 | 36.53 | 39.28 | 42.93 | 46.53 | 51.48 | 53.39 |

从数据上看,1960 年我国城市人口仅占总人口的 16.2%,处在城市化初级阶段,人口城市化水平不到世界平均水平的一半,甚至比同是发展中国家的印度还低。到 2014 年,我国人口城市化水平有了大幅度提高,已经赶上并略微超过了世界平均水平,但与发达国家美国相比还有很大的差距。为了更直观表现人口城市化动态变化情况,我们绘制了图 7-1。

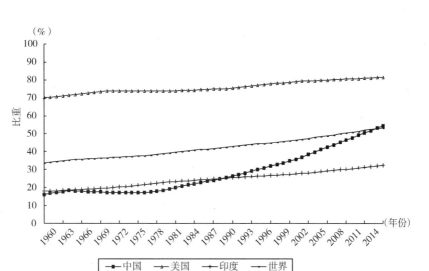

**图 7 - 1 城镇人口占总人口比重（1960~2014 年）**

图 7 - 1 中显示，从 1960~2014 年，世界及各国的人口城市化水平都在不断提高，由此可见，人口城市化是经济社会发展的一个趋势。从对比期来看，发达国家人口城市化水平起点较高，进一步提升的幅度较小；发展中国家人口城市化水平起点较低，人口城市化进程明显快于发达国家。相对而言，世界、美国和印度的人口城市化进程较为平稳，而我国的人口城市化水平在大幅度提升的同时，也出现了很大的波动。从 1965~1975 年，我国人口城市化进程出现了倒退，城市人口占比有明显下降，直到 1979 年城市人口占比才恢复到 1964 年的水平。因此，我国人口城市化水平大幅提高实际上是从 20 世纪 80 年代初才开始，在 35 年时间里，平均每年城市人口占比提升近一个百分点，这种城市化速度是世界罕见的。

我国人口城市化进程如此之快，除了与社会经济高速发展有关之外，还与我国人口管理体制有关。从世界绝大多数国家来看，城市人口是指居住在城市的人口，因而又将城市人口数量称之为城市居民数量，其强调的是以居住地来区分城市人口和农村人口。我国的人口管理极其复杂，对城市人口和农村人口的划分主要以行政管辖权来确定。随着城市管理体制的变革，城市管辖了大量农村地区，在城市人口中既有居住在城市市区的人口，也有居住在城市管辖的农村地区人口，因此我国城市人口数据比真正居住在城市的人口数据要大，也就是说，按现有的城市人口统计，我国的人口城市化水平显然被高估了。为了能够用居住在城市的人口来反映真实的城市化水平，我们将所有城市管辖中的农村人口去除，再进行汇总计算出我国城市管辖并且居住在城市的人口。需要说明的是，用城市管辖中的居住城市市区人口作为城市人口仍存在一些问题，我国是按照户籍管理进行的人口统计，属于农村户籍但的确居住在城市市区的人口并未被计算到城市市区人口中，由于缺乏连续的相关资料，我们无法估测每年这部分人口的数量，因而以城市管辖并居住在城市的人口数量计算的人口城市化水平可能偏低一些。

根据以上分析，我们将人口区分为：农村人口（农村管辖人口）、城市农村人口（城市管辖但居住在农村人口）和城市人口（城市管辖居住在市区人口）。表7－2计算的是2000～2014年我国三类人口占总人口的比重。

表7－2　　　　　　　分年度各类人口占总人口比重　　　　　　　单位：%

| 类　别 | 2000年 | 2001年 | 2002年 | 2003年 | 2004年 | 2005年 | 2006年 | 2007年 |
|---|---|---|---|---|---|---|---|---|
| 农村人口 | 64.12 | 62.91 | 61.58 | 60.22 | 58.86 | 57.48 | 56.13 | 54.80 |
| 城市农村人口 | 13.32 | 12.96 | 12.82 | 13.48 | 14.78 | 15.02 | 15.45 | 17.12 |
| 城市人口 | 22.55 | 24.13 | 25.60 | 26.29 | 26.37 | 27.50 | 28.42 | 28.08 |
| 类　别 | 2008年 | 2009年 | 2010年 | 2011年 | 2012年 | 2013年 | 2014年 | |
| 农村人口 | 53.46 | 52.12 | 50.77 | 49.43 | 48.11 | 46.83 | 45.59 | |
| 城市农村人口 | 18.64 | 19.65 | 19.80 | 20.22 | 20.70 | 21.33 | 21.86 | |
| 城市人口 | 27.90 | 28.23 | 29.43 | 30.36 | 31.19 | 31.84 | 32.55 | |

按人口居住地计算，我国农村人口仍然占绝大多数，居住在城市的人口大概占我国总人口的1/3。从居住地人口结构变动来看，农村人口占比下降较快，2014年比2000年农村人口占比下降18.53个百分点，而城市农村人口和城市人口占比都有较大幅度上升，城市人口占比上升幅度大于城市农村人口占比上升幅度，这表明我国城市化进程还是相当快。

以城市居民占总人口比重所代表的城市化水平进行国际对比，我国属于人口城市化水平较低国家。2014年，我国人口城市化水平与美国相差48.89个百分点，与世界平均水平相差20.83个百分点，基本与印度的水平相同。2014年比2000年，我国人口城市化水平提高了10个百分点，同期世界人口城市化水平提高6.85个百分点，印度提高了4.7个百分点，而美国仅提高了2.39个百分点，我国人口城市化进程明显快于其他国家和世界平均进程。

## 二、经济城市化

城市人口的集聚特点，使城市不可能再发展农业。城市经济的特点是对土地的依赖度下降，城市创造财富的方式已经不再依赖土地的产出，而是对劳动力、资本和知识的依赖。因此真正的城市经济应该只包括第二产业和第三产业。早期的城市，商贸、服务和手工业是城市经济的主体；随着工业化来临，城市中的第二产业发展迅速，成为城市经济的主体；城市发展进入到后期，第三产业越来越重要，并且逐渐超过第二产业，成为城市经济的最典型代表产业，越是规模较大的城市、越是发展水平高的城市，第三产业越发达。从世界城市经济的发展趋势来看，城市经济总量越来越大，同时城市第三产业规模也越来越大。

因此经济城市化水平应该从两个角度进行反映，一个是城市经济的地位，用城市经济占整个国民经济的比重反映，比重越高，说明城市经济在国民经济中越重要，经济城市化水平越高；另一个是城市经济的发展阶段，用第三产业增加值占城市经济总量的比重反映，比重越高，城市经济发展阶段越高，经济城市化水平相应越高。我国城市经济统计中，城市生产总值中包含了第一产业增加值，因此我们用城市非农产业增加值（城市经济总量扣除城市第一产业增加值）来代表城市经济总量。

用多指标反映经济城市化水平的优势在于，可以从不同侧面反映城市经济状况，使城市经济的特点得以全面展示；其缺点在于不能用同一个指标综合反映经济城市化水平，使对比研究出现困难，通常解决这一问题的办法是对多指标进行综合。指标综合的方法有很多，其中指数综合法是常用的，并且灵活度较高的一种方法，我们采用指数综合法对反映经济城市化的两个指标进行综合。

首先计算出我国2000~2014年城市非农产业增加值占国内生产总值的比重和城市第三产业增加值占城市生产总值的比重。然后对这两个指标进行指数化处理，用2000年作为对比期，其他年份数值与2000年的数值相比，两

个指标在2000年的指数均为1，其他年份两个指标的数值高于或低于1。最
后将两个指标指数进行几何平均计算出每年经济城市化综合指数，综合指数
越高表明经济城市化水平越高。表7-3是根据历年《中国城市统计年鉴》
及《中国统计年鉴》的相关资料整理计算的我国经济城市化相关指标及
指数。

表7-3 经济城市化相关指标及指数

| 年份 | 城市非农产值占国内生产总值比重（%） | 城市第三产业产值占城市总产值比重（%） | 城市非农产值占国内生产总值比重指数 | 城市第三产业产值占城市总产值比重指数 | 经济城市化指数 |
|---|---|---|---|---|---|
| 2000 | 45.19 | 44.90 | 1.00 | 1.00 | 1.00 |
| 2001 | 47.54 | 45.39 | 1.05 | 1.01 | 1.03 |
| 2002 | 50.55 | 45.52 | 1.12 | 1.01 | 1.06 |
| 2003 | 53.25 | 43.89 | 1.18 | 0.98 | 1.07 |
| 2004 | 54.57 | 42.56 | 1.21 | 0.95 | 1.07 |
| 2005 | 58.51 | 45.77 | 1.29 | 1.02 | 1.15 |
| 2006 | 58.67 | 45.82 | 1.30 | 1.02 | 1.15 |
| 2007 | 56.66 | 46.12 | 1.25 | 1.03 | 1.13 |
| 2008 | 56.91 | 46.18 | 1.26 | 1.03 | 1.14 |
| 2009 | 58.32 | 48.72 | 1.29 | 1.08 | 1.18 |
| 2010 | 58.45 | 47.83 | 1.29 | 1.07 | 1.17 |
| 2011 | 58.83 | 47.40 | 1.30 | 1.06 | 1.17 |
| 2012 | 59.57 | 48.62 | 1.32 | 1.08 | 1.19 |
| 2013 | 60.04 | 49.55 | 1.33 | 1.10 | 1.21 |
| 2014 | 59.89 | 48.81 | 1.33 | 1.09 | 1.20 |

2014年我国城市经济总量（不包括城市农业）占全国经济总量的比重接
近60%，表明城市经济已经是我国经济的主体；城市第三产业增加值占城市
经济总量比重接近50%，表明我国城市经济中第三产业已经是最大产业，城
市经济发展处于一个较高阶段。2014年比2000年，我国城市非农经济增长
速度远远超过整个国民经济增长速度，使城市经济在国民经济中的占比提升
了14.7个百分点，城市经济的地位更加突出；第三产业是城市经济中增长最
快的产业，增长速度高于城市经济总量增长速度，城市第三产业在城市经济

中的占比提升了 3.91 个百分点,城市经济向更高阶段发展的趋势比较明显。

从城市经济的动态发展看,城市经济总量和城市第三产业增长并不平稳,增长过程中表现出很大的波动性。2000~2014 年,城市经济总量每年增长速度差异较大,最快年份增长速度达到 23.14%,最慢年份增长速度仅有 8.18%;城市第三产业增长的波动性更大,最快年份增长速度为 32.7%,最慢年份增长速度只有 6.28%。这表明我国城市经济和城市经济结构的发展趋势比较明确,但是发展过程并不稳定。

从经济城市化综合指数看,2014 年比 2000 年我国经济城市化水平提升了 20%,同时经济城市化进程中的波动性比较明显。

## 三、社会城市化

社会城市化最主要的体现在城市为生产和生活所提供的社会化服务,包括生活设施、交通设施、医疗、教育、卫生、文化、体育等众多方面。我们挑选了最能代表城市社会化水平的三项指标来粗略反映社会城市化状况,万人城市人口拥有医疗床位数、城市人均自来水年供应量和城市人均拥有铺装道路面积。计算三项指标所使用的人口数均为城市管辖中的城市市区居住人口数(表 7-2 中的城市人口数);对三项反映社会城市化的指标,同样采用指数综合法计算社会城市化综合指数,用以反映社会城市化水平;指标指数化均以 2000 年作为对比基础,2000 年的指标指数为 1。表 7-4 是 2000~2014 年我国社会城市化相关指标及指数。

表 7-4　　　　　　　　社会城市化相关指标及指数

| 年份 | 万人拥有医疗床位数(张/万人) | 人均自来水年供应量(吨/人) | 人均拥有铺装道路面积(平方米/人) | 万人拥有医疗床位指数 | 人均自来水年供应量指数 | 人均拥有铺装道路面积指数 | 社会城市化指数 |
|---|---|---|---|---|---|---|---|
| 2000 | 50 | 164 | 8.33 | 1.00 | 1.00 | 1.00 | 1.00 |
| 2001 | 48 | 151 | 8.10 | 0.96 | 0.92 | 0.97 | 0.95 |
| 2002 | 47 | 142 | 8.42 | 0.95 | 0.86 | 1.01 | 0.94 |
| 2003 | 46 | 140 | 9.30 | 0.93 | 0.85 | 1.12 | 0.96 |
| 2004 | 48 | 143 | 10.30 | 0.96 | 0.87 | 1.24 | 1.01 |

续表

| 年份 | 万人拥有医疗床位数（张/万人） | 人均自来水年供应量（吨/人） | 人均拥有铺装道路面积（平方米/人） | 万人拥有医疗床位指数 | 人均自来水年供应量指数 | 人均拥有铺装道路面积指数 | 社会城市化指数 |
|---|---|---|---|---|---|---|---|
| 2005 | 48 | 140 | 10.90 | 0.97 | 0.85 | 1.31 | 1.02 |
| 2006 | 48 | 145 | 11.00 | 0.96 | 0.88 | 1.32 | 1.04 |
| 2007 | 50 | 135 | 11.43 | 1.00 | 0.82 | 1.37 | 1.04 |
| 2008 | 54 | 135 | 12.21 | 1.08 | 0.82 | 1.47 | 1.09 |
| 2009 | 57 | 132 | 12.79 | 1.15 | 0.80 | 1.54 | 1.12 |
| 2010 | 58 | 129 | 13.21 | 1.16 | 0.78 | 1.59 | 1.13 |
| 2011 | 60 | 126 | 13.75 | 1.20 | 0.77 | 1.65 | 1.15 |
| 2012 | 63 | 124 | 14.39 | 1.26 | 0.75 | 1.73 | 1.18 |
| 2013 | 68 | 124 | 14.87 | 1.37 | 0.76 | 1.79 | 1.23 |
| 2014 | 71 | 123 | 15.34 | 1.43 | 0.75 | 1.84 | 1.25 |

我国城市居民万人拥有医疗床位数和人均拥有铺装道路面积均呈现较大幅度的上升趋势，而人均自来水年供应量则处于明显下降趋势。2014年比2000年，城市居民万人拥有医疗床位数上升了42.72%，人均拥有铺装道路面积上升了84.22%，显然我国城市道路建设投资量更大、增长速度更快，这有助于城市更便捷的生产和生活，提高时间效率。人均自来水年供应量下降了25.18%，一方面表明我国城市供水设施发展相对滞后，供水量增长速度赶不上城市人口增长速度，人均供水量减少会影响城市居民生活的方便程度，同时影响城市经济的发展（人均供水量包括了居民生活用水和城市生产用水），特别是对于耗水量较大产业的容纳能力受到限制；另一方面表明我国城市普遍出现水资源短缺，特别是我国北方规模较大城市水资源短缺更加严重，限制了城市规模的进一步快速扩张。当然，人均供水量减少也从一个侧面反映了城市对水资源利用效率的提高。

从社会城市化的动态表现看，城市居民万人拥有医疗床位数和人均拥有铺装道路面积两项指标在增长过程中均出现大幅度波动，这表明，我国城市基本服务和基础设施建设不断增长的发展趋势虽然比较明确，但是发展过程极不稳定；相对而言，人均年供水量表现出波动性较小的稳定下降态势，这也表明我国城市受水资源限制，供水量增长能力有限，并且按计划稳定的增加开发量，随着城市人口的不断增多，人均供水量稳定的下降。

从社会城市化综合指数看，2014年比2000年我国社会城市化水平提升了25.3%，但在社会城市化进程中表现出较大幅度的波动性，城市社会化服务发展的稳定性较低。需要注意的是，我们所比较的仅是"量"的方面，社会城市化"质"的方面并没有进行量化比较。

## 四、空间城市化

城市空间一般有两个内容：城市空间面积和城市空间高度。城市空间面积主要指城市土地面积，城市空间面积越大越可容纳更多的城市人口和城市产业。随着城市发展，城市的空间面积不断扩大，尤其是在城市化中期阶段，城市人口和城市经济集聚的速度很快，城市空间面积也迅速扩展。在衡量城市规模中，城市空间面积是最重要的指标之一。

城市空间高度是指城市中人工设施的平均高度。城市空间高度越高，表明城市土地的利用效率越高，在城市空间面积不变的情况下，城市空间高度上升，同样增大了城市容纳人口和经济的能力，在土地资源日益短缺的今天，城市空间呈现不断提高趋势。城市空间高度与人类技术水平密切相关，同时城市空间高度的提高也增大了城市的运行成本。目前城市空间高度并没有统一指标衡量，也并没有作为常规内容进行统计，因此大多数空间城市化研究中并不涉及城市空间高度。我们认为城市人口密度和城市空间高度密切相关，城市人口密度越大，客观上要求城市空间高度越高。

我国城市土地面积统计有城市管辖面积、城市市区面积和城市建成区面积三类指标，显然城市管辖面积包括了城市所管辖的农村土地面积，城市市区面积主要是指城市未来发展的规划区面积，而绝大多数城市人口居住在城市建成区之中，因此用城市建成区面积反映城市空间大小更为合适。我们以城市建成区面积和市区人口密度来反映空间城市化状况，市区人口密度的计算用城市管辖中的城市市区居住人口数（表7-2中的城市人口数）除城市建成区面积。两项反映空间城市化的指标，采用指数综合法计算空间城市化综合指数，用以反映空间城市化水平；指标指数化均以2000年作为对比基础，2000年的指标指数为1。表7-5是2000~2014年我国空间城市化相关指标及指数。

表7-5                    空间城市化相关指标及指数

| 年 份 | 城市建成区面积（平方公里） | 城市人口密度（人/平方公里） | 城市建成区面积指数 | 人口密度指数 | 空间城市化指数 |
|------|------|------|------|------|------|
| 2000 | 22439 | 12738 | 1.00 | 1.00 | 1.00 |
| 2001 | 24027 | 12818 | 1.07 | 1.01 | 1.04 |
| 2002 | 25973 | 12661 | 1.16 | 0.99 | 1.07 |
| 2003 | 28308 | 12003 | 1.26 | 0.94 | 1.09 |
| 2004 | 30406 | 11271 | 1.36 | 0.88 | 1.09 |
| 2005 | 32521 | 11058 | 1.45 | 0.87 | 1.12 |
| 2006 | 33660 | 11098 | 1.50 | 0.87 | 1.14 |
| 2007 | 35470 | 10458 | 1.58 | 0.82 | 1.14 |
| 2008 | 36295 | 10209 | 1.62 | 0.80 | 1.14 |
| 2009 | 38107 | 9886 | 1.70 | 0.78 | 1.15 |
| 2010 | 40058 | 9852 | 1.79 | 0.77 | 1.18 |
| 2011 | 43603 | 9381 | 1.94 | 0.74 | 1.20 |
| 2012 | 45566 | 9267 | 2.03 | 0.73 | 1.22 |
| 2013 | 47855 | 9052 | 2.13 | 0.71 | 1.23 |
| 2014 | 49773 | 8946 | 2.22 | 0.70 | 1.25 |

我国城市化进程中明显且突出的表现就是城市面积不断扩大，2014年比2000年，我国城市建成区面积扩大了1.22倍，与此形成对照的是城市人口密度下降了29.77%，这意味着城市人口增长速度慢于城市面积的扩大速度，城市未来对人口和产业的容纳能力更强；同时也表明我国城市的土地利用效率在降低。

从空间城市化的动态表现看，城市建成区面积扩大过程中和城市人口密度下降过程中都表现出一定的波动性，但比起城市化其他方面的波动要小得多，这表明我国城市空间变动受人为的城市规划控制比较明显。

从空间城市化综合指数看，2014年比2000年我国空间城市化水平提升了24.81%，在空间城市化进程中表现出了相对的稳定性。

## 五、综合城市化

人口城市化、经济城市化、社会城市化和空间城市化是从各个不同方面对城市化现象的反映，用其中任何一个方面来代表城市化的全部内涵都有失偏颇，因此将城市化四个方面综合在一起表现城市化水平更为全面和准确。我们以 2000 年作为对比基础，已经计算了经济城市化、社会城市化和空间城市化指数，再对人口城市化进行相应的指数化处理使之具有可对比性。用每年城市人口占总人口比重（表 7-2 中的城市人口占比数）除 2000 年该比重计算出人口城市化指数，2000 年的人口城市化指数为 1。对四个城市化指数进行几何平均就得到综合城市化指数，以此来反映综合城市化水平高低。表 7-6 计算的是城市化各个方面指数及综合城市化指数。

表 7-6　　　　　　　　　反映城市化水平的相关指数

| 年　　份 | 人口城市化指数 | 经济城市化指数 | 社会城市化指数 | 空间城市化指数 | 综合城市化指数 |
|---|---|---|---|---|---|
| 2000 | 1.00 | 1.00 | 1.00 | 1.00 | 1.00 |
| 2001 | 1.07 | 1.03 | 0.95 | 1.04 | 1.02 |
| 2002 | 1.14 | 1.06 | 0.94 | 1.07 | 1.05 |
| 2003 | 1.17 | 1.07 | 0.96 | 1.09 | 1.07 |
| 2004 | 1.17 | 1.07 | 1.01 | 1.09 | 1.09 |
| 2005 | 1.22 | 1.15 | 1.02 | 1.12 | 1.13 |
| 2006 | 1.26 | 1.15 | 1.04 | 1.14 | 1.15 |
| 2007 | 1.24 | 1.13 | 1.04 | 1.14 | 1.14 |
| 2008 | 1.24 | 1.14 | 1.09 | 1.14 | 1.15 |
| 2009 | 1.25 | 1.18 | 1.12 | 1.15 | 1.18 |
| 2010 | 1.31 | 1.17 | 1.13 | 1.18 | 1.19 |
| 2011 | 1.35 | 1.17 | 1.15 | 1.20 | 1.21 |
| 2012 | 1.38 | 1.19 | 1.18 | 1.22 | 1.24 |
| 2013 | 1.41 | 1.21 | 1.23 | 1.23 | 1.27 |
| 2014 | 1.44 | 1.20 | 1.25 | 1.25 | 1.28 |

根据表7-6中的数据绘制的图7-2可以更直观地考察我国城市化的变动趋势。

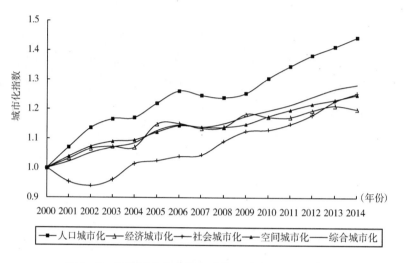

图7-2 我国城市化水平变动状况（2000～2014年）

2014年比2000年，我国城市化水平的各个方面都有大幅度上升，其中人口城市化水平上升幅度最大（提升了44.35%），经济城市化水平上升幅度相对最小（提升了20.3%）。在城市化进程中，城市化各方面都表现出波动性特征，人口城市化和社会城市化的波动性都比较大，而经济城市化和空间城市化相对来说波动性较小。城市化各方面的发展并不协调，经济城市化、社会城市化和空间城市化的发展赶不上人口城市化的发展，大量人口快速向城市集聚实际上一定程度地降低了城市功能发挥。我国综合城市化水平2014年比2000年提高了28.3%，2008年以后综合城市化发展速度比2008年以前有所降低，但综合城市化发展的稳定性在2008年以后表现得更高。

## 第三节　城市化进程对环境污染的影响

城市化对环境污染的影响有两个方面，一方面由于人口集聚、产业集聚、城市空间扩展以及城市提供更多的社会化服务，使城市运行消耗大量资源，产生并排放出更多的废弃物污染环境，这是城市化加重环境污染产生的影响；

另一方面由于城市化发展，城市财力不断增加，从而改善环境质量的能力增强；城市大规模集中处理污染物的单位成本降低，从经济上来说处理污染物更加合算；城市人口的收入和生活质量提高，对改善环境质量的要求更加强烈，城市化的发展从能力、意愿和经济性上更有利于环境质量的改善，这是城市化对减少环境污染的影响。城市化对环境污染产生的两方面作用主要是因为城市人口规模、城市经济规模、城市提供的社会服务规模和城市空间规模扩大对环境污染产生的影响，因此我们主要从城市规模变动角度去分析城市化进程对环境污染产生的影响。

此外，除了城市化对环境质量产生正反两方面影响外，城市环境质量对城市化进程也产生影响。越是环境质量优良的城市其容纳人口和产业的能力越强、对人口和资金的吸引力越大，城市化的进程也就越快，这已被世界上无数城市发展的经验所证实，这也是各国、各地区政府不遗余力改善城市环境质量的重要原因。从城市化发展的历程来看，首先是城市化对环境质量产生影响，然后是由于城市化而改变了的环境质量对城市化进程产生影响。在城市化与环境相互影响的关系中，城市化对环境质量产生的影响是城市化与环境质量相互耦合关系的基础。在当前，尤其是在城市化中期阶段，城市化与对环境污染的相互关系中，城市迅速发展对环境污染的影响是主要矛盾。

## 一、城市化对环境污染的影响

城市人口、经济、社会服务和空间规模的扩大对环境产生的影响是多方面的，比如对空气、水、土地的污染，生物多样性的减少，城市气温的增高，城市噪音的增强、城市地形地貌的改变等等。考虑到目前城市发展过程中所造成的环境最突出问题和有关环境连续资料的可得性、可靠性等，我们主要针对城市化对环境污染物排放产生的影响进行分析。以全社会废气、二氧化硫、烟粉尘、废水、化学需氧量、氨氮、固体废物等污染物排放量和固体废物产生量的年度数据代表环境污染状况，各个环境代表性指标数值越大，环境污染越严重。

以居住城市市区人口总量的年度数据代表城市人口规模变化；以城市非农产业增加值和城市第三产业增加值的年度数据代表城市经济规模变化；以

城市年末铺装道路面积、城市自来水年供水量和城市医疗床位年末数据代表城市社会服务规模变化；以城市建成区面积的年度数据代表城市空间规模变化。各个代表性指标数值越大，表明城市化各个方面规模越大。

用城市化各代表性指标数值的变动对环境污染各代表性指标数值变动的影响程度来反映城市化对环境污染产生的影响。由于城市化各方面对环境污染既产生直接影响、也产生间接影响，各种影响的路径、方式、程度等极其复杂，大多数影响机理并未从理论上得到清晰的揭示，因此只能从城市化各方面总体形态和趋势来把握对环境污染的影响程度。另外，鉴于我国环境污染及城市化各方面资料的系统性不强、指标数值的异常值较多、指标间的非线性特征明显等，我们认为采用对数据质量要求相对较低、并能从总体上确定变量间关系的灰色关联度分析方法较为适宜（具体方法见第三章第二节）。以各种城市化指标与环境污染指标的关联度来反映城市化对环境污染的影响程度。

以 X 代表城市化，$X_{ij}$ 为城市化各代表指标；Y 代表环境污染，$Y_k$ 为环境污染各代表指标；$\gamma$ 为关联度。具体分类见表 7-7 城市化和环境污染的指标体系及各种关联度含义。

表 7-7　　　　城市化与环境污染的指标体系及各种关联度含义

| | 废气排放 (Y1) | 二氧化硫排放 (Y2) | 烟粉尘排放 (Y3) | 废水排放 (Y4) | 化学需氧量排放 (Y5) | 氨氮排放 (Y6) | 固体废物产生 (Y7) | 固体废物排放 (Y8) | 综合关联度 |
|---|---|---|---|---|---|---|---|---|---|
| 人口城市化 (X1) | $\gamma_{X1Y1}$ | $\gamma_{X1Y2}$ | $\gamma_{X1Y3}$ | $\gamma_{X1Y4}$ | $\gamma_{X1Y5}$ | $\gamma_{X1Y6}$ | $\gamma_{X1Y7}$ | $\gamma_{X1Y8}$ | $\gamma_{X1Y}$ |
| 城市人口数 (X11) | $\gamma_{X11Y1}$ | $\gamma_{X11Y2}$ | $\gamma_{X11Y3}$ | $\gamma_{X11Y4}$ | $\gamma_{X11Y5}$ | $\gamma_{X11Y6}$ | $\gamma_{X11Y7}$ | $\gamma_{X11Y8}$ | $\gamma_{X11Y}$ |
| 经济城市化 (X2) | $\gamma_{X2Y1}$ | $\gamma_{X2Y2}$ | $\gamma_{X2Y3}$ | $\gamma_{X2Y4}$ | $\gamma_{X2Y5}$ | $\gamma_{X2Y6}$ | $\gamma_{X2Y7}$ | $\gamma_{X2Y8}$ | $\gamma_{X2Y}$ |
| 非农产业增加值 (X21) | $\gamma_{X21Y1}$ | $\gamma_{X21Y2}$ | $\gamma_{X21Y3}$ | $\gamma_{X21Y4}$ | $\gamma_{X21Y5}$ | $\gamma_{X21Y6}$ | $\gamma_{X21Y7}$ | $\gamma_{X21Y8}$ | $\gamma_{X21Y}$ |
| 第三产业增加值 (X22) | $\gamma_{X22Y1}$ | $\gamma_{X22Y2}$ | $\gamma_{X22Y3}$ | $\gamma_{X22Y4}$ | $\gamma_{X22Y5}$ | $\gamma_{X22Y6}$ | $\gamma_{X22Y7}$ | $\gamma_{X22Y8}$ | $\gamma_{X22Y}$ |
| 社会城市化 (X3) | $\gamma_{X3Y1}$ | $\gamma_{X3Y2}$ | $\gamma_{X3Y3}$ | $\gamma_{X3Y4}$ | $\gamma_{X3Y5}$ | $\gamma_{X3Y6}$ | $\gamma_{X3Y7}$ | $\gamma_{X3Y8}$ | $\gamma_{X3Y}$ |
| 年末铺装道路面积 (X31) | $\gamma_{X31Y1}$ | $\gamma_{X31Y2}$ | $\gamma_{X31Y3}$ | $\gamma_{X31Y4}$ | $\gamma_{X31Y5}$ | $\gamma_{X31Y6}$ | $\gamma_{X31Y7}$ | $\gamma_{X31Y8}$ | $\gamma_{X31Y}$ |
| 自来水年供水量 (X32) | $\gamma_{X32Y1}$ | $\gamma_{X32Y2}$ | $\gamma_{X32Y3}$ | $\gamma_{X32Y4}$ | $\gamma_{X32Y5}$ | $\gamma_{X32Y6}$ | $\gamma_{X32Y7}$ | $\gamma_{X32Y8}$ | $\gamma_{X32Y}$ |
| 医疗床位数 (X33) | $\gamma_{X33Y1}$ | $\gamma_{X33Y2}$ | $\gamma_{X33Y3}$ | $\gamma_{X33Y4}$ | $\gamma_{X33Y5}$ | $\gamma_{X33Y6}$ | $\gamma_{X33Y7}$ | $\gamma_{X33Y8}$ | $\gamma_{X33Y}$ |
| 空间城市化 (X4) | $\gamma_{X4Y1}$ | $\gamma_{X4Y2}$ | $\gamma_{X4Y3}$ | $\gamma_{X4Y4}$ | $\gamma_{X4Y5}$ | $\gamma_{X4Y6}$ | $\gamma_{X4Y7}$ | $\gamma_{X4Y8}$ | $\gamma_{X4Y}$ |
| 建成区面积 (X41) | $\gamma_{X41Y1}$ | $\gamma_{X41Y2}$ | $\gamma_{X41Y3}$ | $\gamma_{X41Y4}$ | $\gamma_{X41Y5}$ | $\gamma_{X41Y6}$ | $\gamma_{X41Y7}$ | $\gamma_{X41Y8}$ | $\gamma_{X41Y}$ |
| 综合关联度 | $\gamma_{XY1}$ | $\gamma_{XY2}$ | $\gamma_{XY3}$ | $\gamma_{XY4}$ | $\gamma_{XY5}$ | $\gamma_{XY6}$ | $\gamma_{XY7}$ | $\gamma_{XY8}$ | $\gamma_{XY}$ |

按照灰色关联度模型分别以环境污染各指标为母数列，以城市化各指标为子数列，求各时期的关联系数 $\xi_{X_{ij}Y_k}$（t），t 代表各个时期。将各时期关联系数平均就得到了各城市化指标对各环境污染指标的关联度 $\gamma_{X_{ij}Y_k}$。比如，$\gamma_{X_{22}Y_3}$ 表示第三产业增加值变动对烟粉尘排放的影响程度；$\gamma_{X_{32}Y}$ 表示自来水年供水量变化对环境污染的综合影响程度；$\gamma_{X_4Y_4}$ 表示空间城市化对废水排放的影响程度；$\gamma_{X_3Y}$ 表示社会城市化对环境污染的综合影响程度；$\gamma_{X_1Y_1}$ 表示城市化对废气排放的影响程度；$\gamma_{XY}$ 表示综合城市化对环境污染的综合影响程度。

根据关联度的含义，关联度之间有以下关系：

$$\gamma_{X_1Y_1} = \gamma_{X_{11}Y_1}；\cdots；\gamma_{X_1Y_8} = \gamma_{X_{11}Y_8}$$

$$\gamma_{X_{11}Y} = (\gamma_{X_{11}Y_1} + \cdots + \gamma_{X_{11}Y_8})/8$$

$$\gamma_{X_1Y} = \gamma_{X_{11}Y}$$

$$\gamma_{X_2Y_1} = (\gamma_{X_{21}Y_1} + \gamma_{X_{22}Y_1})/2；\cdots；\gamma_{X_2Y_8} = (\gamma_{X_{21}Y_8} + \gamma_{X_{22}Y_8})/2$$

$$\gamma_{X_{21}Y} = (\gamma_{X_{21}Y_1} + \cdots + \gamma_{X_{21}Y_8})/8$$

$$\gamma_{X_{22}Y} = (\gamma_{X_{22}Y_1} + \cdots + \gamma_{X_{22}Y_8})/8$$

$$\gamma_{X_2Y} = (\gamma_{X_2Y_1} + \cdots + \gamma_{X_2Y_8})/8$$

$$\gamma_{X_3Y_1} = (\gamma_{X_{31}Y_1} + \gamma_{X_{32}Y_1} + \gamma_{X_{33}Y_1})/3；\cdots；\gamma_{X_3Y_8} = (\gamma_{X_{31}Y_8} + \gamma_{X_{32}Y_8} + \gamma_{X_{33}Y_8})/3$$

$$\gamma_{X_{31}Y} = (\gamma_{X_{31}Y_1} + \cdots + \gamma_{X_{31}Y_8})/8$$

$$\gamma_{X_{32}Y} = (\gamma_{X_{32}Y_1} + \cdots + \gamma_{X_{32}Y_8})/8$$

$$\gamma_{X_{33}Y} = (\gamma_{X_{33}Y_1} + \cdots + \gamma_{X_{33}Y_8})/8$$

$$\gamma_{X_3Y} = (\gamma_{X_3Y_1} + \cdots + \gamma_{X_3Y_8})/8$$

$$\gamma_{X_4Y_1} = \gamma_{X_{41}Y_1}；\cdots；\gamma_{X_4Y_8} = \gamma_{X_{41}Y_8}$$

$$\gamma_{X_{41}Y} = (\gamma_{X_{41}Y_1} + \cdots + \gamma_{X_{41}Y_8})/8$$

$$\gamma_{X_4Y} = \gamma_{X_{41}Y}$$

$$\gamma_{XY_1} = (\gamma_{X_1Y_1} + \gamma_{X_2Y_1} + \gamma_{X_3Y_1} + \gamma_{X_4Y_1})/4$$

$$\cdots$$

$$\gamma_{XY_8} = (\gamma_{X_1Y_8} + \gamma_{X_2Y_8} + \gamma_{X_3Y_8} + \gamma_{X_4Y_8})/4$$

$$\gamma_{XY} = (\gamma_{XY_1} + \cdots + \gamma_{XY_8})/8 = (\gamma_{X_1Y} + \cdots + \gamma_{X_4Y})/4$$

对母数列和子数列原始数据的标准化方法为：

标准化数据 = (原始数据 − 原始数据平均数)/原始数据标准差

模型分辨系数设定为 0.5

灰色关联度模型所计算的关联系数只表示变量之间的密切程度，没有变量之间的影响方向。我们对变量之间进行相关性分析，求出变量间的相关系数，将相关系数的正负号标注到关联系数之中，使关联系数既反映影响方向，又反映影响程度（具体方法见第三章第二节）。

我们利用全国 2000 ~ 2014 年城市化和环境污染物排放量的相关指标，计算了城市化对环境污染的各种关联度及综合关联度（见表 7 – 8）。

表 7 – 8　　　　　　　城市化对环境污染的关联度及综合关联度

| 城市化类型 | 废气 | 二氧化硫 | 烟粉尘 | 废水 | 化学需氧量 | 氨氮 | 固废产生量 | 固废排放量 | 综合关联度 |
|---|---|---|---|---|---|---|---|---|---|
| 人口城市化 | 0.5997 | 0.8029 | − 0.6939 | 0.8329 | − 0.7702 | 0.8543 | 0.6090 | − 0.6284 | 0.2008 |
| 经济城市化 | 0.7931 | − 0.5068 | − 0.5522 | 0.4813 | − 0.5291 | 0.6280 | 0.7057 | − 0.5055 | 0.0643 |
| 社会城市化 | 0.6968 | 0.2767 | − 0.6625 | 0.6656 | − 0.7059 | 0.7633 | 0.7122 | − 0.5992 | 0.1434 |
| 空间城市化 | 0.6920 | 0.6703 | − 0.6390 | 0.7949 | − 0.6753 | 0.8101 | 0.7075 | − 0.5758 | 0.2231 |
| 综合城市化 | 0.6954 | 0.3108 | − 0.6369 | 0.6937 | − 0.6701 | 0.7639 | 0.6836 | − 0.5772 | 0.1579 |

关联度数据显示，城市化各方面对固体废物产生量、氨氮排放量、废水排放量、废气排放量都产生正向影响（城市化各方面水平越高，越会加重环境污染），其中人口城市化对废水和氨氮排放量增加的影响程度最大，对废气排放量和固体废物产生量增加的影响程度相对最小；经济城市化对废气排放量增加的影响程度最大，对氨氮排放量和废水排放量增加的影响程度相对最小；社会城市化对固体废物产生量增加的影响程度最大。

城市化各方面对烟粉尘、化学需氧量和固体废物排放量都产生了反向影响（城市化各方面水平越高，越会减轻环境污染），其中人口城市化对污染物排放量减少的影响程度都是最大的，而经济城市化对污染物排放量减少的影响程度都是相对最小的，社会城市化和空间城市化对各种环境污染物排放量减少的影响程度介于人口城市化和经济城市化之间。

城市化各方面对二氧化硫排放量的影响出现较大的差异，人口城市化、社会城市化和空间城市化对二氧化硫排放都产生了正向影响,其中人口城市化对二氧化硫排放量增加的影响程度最大,社会城市化和空间城市化对二氧化硫排放量增加的影响都不明显。经济城市化对二氧化硫排放产生了反向影响,这表明城市产业发展中注重了对二氧化硫排放的治理,产业发展实力越强对二氧化硫减排的力度越大。这可能是因为相对其他环境污染物,城市居民对二氧化硫的敏感度更高,对空气洁净的要求更强烈,二氧化硫对城市形象的破坏最直观,同时环境管制主要针对的是城市产业,尤其是对二氧化硫排放管制的最严格。

从城市化各方面对环境污染影响的综合关联度看,城市化各方面的发展对环境污染的综合影响都是正向的,也就是说不管城市化哪方面的水平提高都会加重环境总体污染水平。空间城市化对加重环境污染的影响程度相对最大,随着城市面积的不断扩大,环境污染也随即加剧;经济城市化水平的提高对加重环境污染的影响程度相对最小,这表明城市产业对环境污染的影响可能已到了最高点,由于对城市产业的环境污染问题管制较严格,城市产业对污染物减排的投入更大,这使得城市产业规模扩大速度远远超过了污染物排放增加的速度,甚至城市产业的减排措施使一些危害较大的污染物在绝对量上也开始减少。需要说明的是,城市环境质量的最终改善,需要城市产业高水平发展,并能够从财力上支撑环保事业发展。

将人口城市化、经济城市化、社会城市化、空间城市化和综合城市化对环境污染的综合影响程度,以及综合城市化对各种环境污染物排放量影响程度绘成图形,可以更直观地考察我国城市化对环境污染的影响(见图7-3)。图中纵轴的左边表现各类城市化对环境污染的综合影响程度,右边表现综合城市化对各种环境污染物排放的影响程度;横轴上方表示对环境污染的正向影响,下方表示对环境污染的反向影响。

我国在城市化进程中,城市空间规模的不断扩张对环境污染加重的影响程度最大,城市人口规模扩大对环境污染加重的影响程度次之,而城市化经济规模的扩张对环境污染加重的影响并不大。总体来看,我国综合城市化进程还是较大程度的加重了环境污染。

城市综合规模的扩大对各种环境污染物排放的影响程度并不相同。综合城市化对各种环境污染物排放量的关联度表明,城市化对废气、二氧化硫、

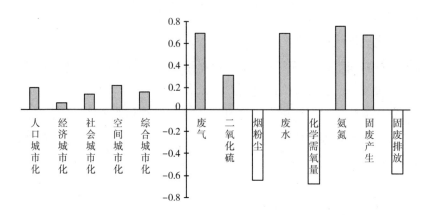

**图7-3 城市化对环境污染的影响**

废水、氨氮排放量和固体废物产生量的增加产生影响，其中对氨氮排放量增加的影响程度最大；对废气、废水排放量和固体废物产生量增加的影响程度相差不大；对二氧化硫排放量增加的影响相对最小。我国城市化水平的提高已经对烟粉尘、化学需氧量和固体废物排放量的减少产生了显著的影响，其中对化学需氧量减少的作用最大，而对烟粉尘排放量减少的作用相对最小。在城市规模扩张过程中，应按城市化对各种污染物影响的程度不同有差别的进行治理投入，对城市化导致排放量增加较多的污染物加大治理投入，提高环保资金使用的减排效率，从而降低因城市化而加重的环境污染压力。

## 二、城市化进程对环境污染的影响趋势

灰色关联度模型的计算方法表明，综合关联度所反映的城市化对环境污染的影响程度是一定时期内（2000~2014年）的平均影响程度。事实上，在不同时期城市化对环境污染的影响程度并不相同。灰色关联模型在计算关联度时，首先计算的是各指标在不同时间点上的关联系数（ξ），然后将各指标在不同时点上的关联系数（ξ）按时间进行平均，得到各指标的关联度。如果将同一个时点上所有指标的关联系数（ξ）按指标数进行平均，就可以得到不同时期城市化与环境污染的关联度，通过不同时期关联度的变化，大致可以判断城市化对环境污染的影响趋势。我们对全国2000~2014年15个时间点分别计算城市化与环境污染的关联度，并按时间顺序绘制成图7-4。图

中各散点代表的是不同时期城市化与环境污染的关联度，虚线是按散点分布用二次方程拟合的趋势线。

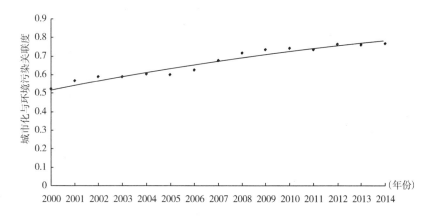

图 7-4 城市化对环境污染影响的变动趋势（2000~2014 年）

图 7-4 中显示，随着时间的推移，我国城市化与环境污染的关联度呈上升趋势，这表明我国城市化进程（包括城市人口、经济、社会和空间规模不断扩大）仍在不断加重环境污染。

虽然城市化与环境污染的关联度总体呈上升趋势，但上升过程并不平稳，明显表现出了小幅度波动特征。2003~2005 年和 2010~2011 年是两个较为平稳的时期。对比这两个时期的城市化速度可以发现，这两个时期城市化进程都明显减慢，由此我们可以大致判断：按我国目前的城市化发展模式，加快城市化进程仍会很大程度的加重环境污染，现有城市化发展水平还未能使环境污染得到减轻。为了进一步明确我国城市化进程对环境污染的影响趋势，我们对关联度按时间变量进行方程拟合。用二次方程拟合就达到了很好的效果。以时间变量为 x；以城市化与环境污染的关联度为 y；拟合的二次方程为：

$y = -0.0004x^2 + 1.7106x - 1734.2057$；拟合度 $R^2 = 0.9496$，拟合方程的代表性很强。二次方程所显示的趋势线呈倒 U 形特征，我国城市化对环境污染的影响尚处于倒 U 形曲线的左边（加重环境污染阶段）。从各方面判断，我国城市化进程仍然在加重环境污染，但城市化对环境污染的加重趋势可能离最高点已经不远了。

# 第四节　主要结论及城市化策略

## 一、主要结论

城乡结构的单方向演变过程就是城市化过程，它是人类社会发展的必然趋势。城市化在促进社会经济发展的同时，也对环境污染产生两方面影响，一方面随着城市规模扩张，城市人口、产业以及城市建设等通过各种方式加重环境污染；另一方面随着城市化水平提高，无论是城市居民、还是城市发展本身需要，对环境质量改善的要求更为强烈，城市发展也使城市经济实力增强，能够投入更多资源减轻环境污染，城市化进程的不同阶段对环境污染的影响并不相同。

（1）城市化内涵非常丰富，大致可以将城市化内涵概括为：人口城市化，城市人口数量不断增加；经济城市化，城市创造的经济总量不断增加；社会城市化，城市提供的社会化服务规模不断扩大；空间城市化，城市空间范围不断扩大。从人口城市化的国际对比看，我国城市化水平低于世界平均水平，与发达国家城市化水平差距较大，与发展中国家的城市化水平基本相同。我国城市化水平大致处于城市化中期阶段，城市化进程速度加快。

（2）进入 21 世纪后，我国城市人口规模、经济规模、社会服务规模和城市空间范围都呈现出快速扩张趋势。相对而言，人口城市化速度最快，社会城市化和空间城市化速度大致相同，经济城市化速度相对最慢。在城市化进程中，城市化各方面都表现出明显的波动性，人口城市化和社会城市化的波动性较大，经济城市化和空间城市化波动性相对较小。我国城市化各方面的发展并不协调，经济城市化和社会城市化的发展赶不上人口城市化的发展，在此背景下，大量人口快速向城市集聚从一定程度上降低了城市效率。

（3）综合城市化各方面看，2000～2014 年我国城市化快速发展较大程度的加重了环境污染。其中，城市空间规模不断扩张对环境污染加重的影响程度最大，城市人口规模扩大对环境污染加重的影响程度次之，而城市经济规模的扩张对环境污染加重的影响并不大。

（4）城市各方面规模的扩大对各种环境污染物排放的影响并不相同。我国城市化发展增加了废气、二氧化硫、废水、氨氮排放量和固体废物产生量，其中对氨氮排放量增加的影响程度最大；我国城市化水平的提高也对烟粉尘、化学需氧量和固体废物排放量的减少产生了显著的影响，其中对化学需氧量减少的作用最大，对烟粉尘排放量减少的作用相对最小。

（5）在城市规模扩张过程中，按城市化对各种污染物影响程度不同有差别的进行治理投入，对城市化导致排放量增加较多的污染物加大治理投入，可以相应提高环保资金的使用效率，从而有效降低因城市化而加重的环境污染压力。

（6）从动态来看，我国城市化进程对环境污染的影响趋势呈倒 U 形曲线特征，但目前尚处于倒 U 形曲线的左边，城市化进程仍然在加重环境污染，但城市化进程对环境污染的加重趋势已经减缓，距离环境污染的峰值可能已经不远。

## 二、城市化策略

（1）循序渐进地增加城市人口。从人口城市化角度看，我国与世界城市化平均水平存在较大差距，城市人口规模需要大幅度提高。但城市化是一个综合概念，如果城市经济、社会服务等发展滞后，仅仅增加城市人口，不但无助于经济发展，还会造成诸多的环境和社会问题。拉美国家仅用大约 25 年的时间完成了欧美国家上百年的人口城市化进程，与欧美国家不同，拉美国家城市人口高度集中在一个（通常是首都）或少数几个城市中，城市经济和配套设施跟不上城市人口增长，造成了大量城市贫困人口，城市环境问题和社会问题突出，对拉美经济造成了不良影响。我国进入 21 世纪后，人口城市化速度大幅度提高，已经出现了类似拉美国家城市化问题的苗头，因此对于人口城市化不能盲目冒进，应循序渐进的、持续提高城市人口比重，切忌短时间内将人口迅速积聚到城市之中，更不能用行政手段扩张城市人口规模。在人口城市化过程中，对大城市人口应适当控制，加速中小城市经济发展，使中小城市人口增长的更快一些。

（2）加快城市经济发展。我国城市化进程中，城市经济发展相对薄弱，制约了城市人口规模扩张，也使城市设施和城市服务与城市人口增长不协调。可以说，我国城市经济的发展速度决定了城市化进程的快慢。加快城市经济发展，特别是中小城市的经济发展，不但可以容纳更多的城市人口，而且经济规模的扩大可以提供更多的资金投入到环境保护之中，解决因人口高密度集聚而带来的环境污染问题。

（3）严格控制城市面积扩张。我国城市化过程中出现的一个普遍现象是城市面积扩张太快，各种类型的城市都在极力扩张城市空间，致使城市人口密度下降，城市土地的利用效率降低。城市土地和乡村土地对环境影响完全不同，乡村土地基本保持了自然生态状况，产生的环境污染极低，同时对人类所造成的环境污染具有自然消解功能；城市土地由人工景观取代了自然景观，基本丧失了对环境污染的自然消解功能，同时在城市土地上人类的生产和生活方式产生大量环境污染物，而这些污染物完全需要人工设施进行处理。因此，在城市基础设施（特别是环境污染物处理设施）发展滞后的情况下，过快扩展城市土地面积，会极大地加重环境污染。我国现有的城市人口密度和城市土地产出效率并不高，完全没有必要大规模扩展城市空间。

（4）优先发展城市环保设施建设。目前我国城市化进程中仍在加重环境污染，城市环境质量得不到改善难以吸引更多人口进入城市，影响城市经济的进一步发展。实践表明，在城市发展过程中，先污染、后治理的成本过高，因此必须提前建设城市环保设施。此外，现代经济中环保产业本身就是城市产业的重要组成部分，发展环保产业可以拉动城市经济增长。

# 第八章

# 经济空间结构变动与环境污染

　　人类的各种经济活动都是在一定的空间内进行的，所谓经济空间结构，是指一定区域范围内社会经济各组成部分的空间位置关系以及反映这种关系的空间集聚程度和规模。主要内容包括：经济事物在空间中的分布形态、方式和格局；各种经济事物在空间中相互作用、相互影响的特点；经济事物在空间中所表现的基本关系以及随距离的变化状况；经济空间结构的宏观分布规律与微观变化特征；经济事物的空间效应特征；经济事物的空间充填原理及规则；经济事物的空间行为表现；经济空间结构对物质、能量、信息的再分配问题；经济事物的空间特征与时间要素的耦合；经济空间结构的优化及区位选择的价值等等。以人类空间经济活动为主要研究内容的空间经济学是当代经济学对人类最伟大的贡献之一，也是当代经济学中最激动人心的领域。我们所要分析的经济空间结构主要是空间经济学中最为核心的经济空间集聚问题。

　　人口、经济和产业在空间上的集聚是当前人类经济活动在空间上的最突出的表现。大多数研究认为，经济在空间上的集聚可以使社会经济更快速的发展。这是因为：某些指向性相同或前、后向关联的产业集中配置，可以节约生产成本；相关产业在地理上相对集中于某一区域，可以共同利用某些辅助产业，辅助产业的发展可以提高专业化水平，加强分工协作，从而大大减少投资，降低成本，并保证质量；经济的地理集中可以利用公共基础设施，包括公路、铁路、机场、站场、给排水与供电设施、邮电通信设施、教育与科研设施、商业饮食设施、文化设施以及一些其他的服务设施。由于某些公共基础和服务设施的提供需要达到一定的最小需求规模，因此，只有在经济合理集聚的区域才有可能装备起一流的基础设施，提供高质量的服务；人口和产业的集中将会扩大区域市场的潜在规模，增加区域自身的需求，为工商业增加潜在市场；人口、经济的集聚有助于熟练劳动力和企业家市场的形成，可以雇用到各种熟练工人、技术人员、经营者和企业家，从而节约人工培训费用，增强竞争能力；经济集聚区域可以形成区域性金融中心，拥有各种金融机构，为企业筹措资金提供方便；产业的集中，可以使众多的经营者和企业家面对面打交道，可以更为有效地进行经营管理，增进信任，并使得思想得以自由交流，便于互通信息；地理集中还将促进企业的革新，由于一大批生产同样商品或可替代商品的产业集中在一个区域里，必然会引起更为激烈的竞争，从而促进了技术进步和管理创新；产业在地理上的集中有助于在商品生产者与顾客之间产生一种更为自由的信息传播，生产者可以根据顾客需要，及时对产品进行必要改进、开发新产品等。

正因为经济和产业的空间集聚可以有力地促进经济发展，因此大量的实证研究集中在了区域经济集聚状况、经济集聚度对经济发展的影响、经济集聚对技术溢出的影响、影响经济集聚的因素分析、促使区域经济集聚的政策研究等。事实上，经济的空间集聚不仅仅对经济发展产生影响，也对环境产生重要的影响。首先，环境问题的产生是由人类经济活动引起的，而经济在空间上的集聚对经济活动的内容和规模产生影响，因此也必定会传导到环境的变化上；其次，为促使产业尽快在区域形成集聚，人为因素导致环境问题凸现。比如，各地政府争夺投资项目，为了吸引更多的项目进入本区域，有意地人为降低项目的环保要求，造成环境污染加重；最后，经济和产业在空间上的相对集中，更便于政府监督管理经济活动对环境的破坏，产业集中使大规模集中处理污染物成为可能并且更为经济合算，经济集聚导致的区域经济实力增强可以有更多的资金投入到环保事业等，这些都有利于环境的保护。

我们通过对全国经济空间结构研究，把握经济在空间分布上的特征和演变规律，测算我国经济的空间集聚状况，并分析经济空间集聚变化对环境的影响。

# 第一节　经济空间结构状况及演变特征

　　研究经济空间结构，需要首先确定所研究区域的地域构成单元，一个区域由若干个地域单元构成，地域单元的划分是研究空间结构的关键一环。我国的地域单元主要以行政管辖范围划分，以省级行政管辖范围划分的地理单元在各项研究以及政府政策制定及实施中被使用的最多，省级的统计工作相对最完善、统计资料相对最完整。我们研究经济空间结构的基础数据均来自省级地理单元，本章在测算经济、人口集聚度时所采用的地域单元就是省级地域单元。但是目前我国的省、市、自治区有31个，过多的地域单元在研究空间结构时显得非常杂乱，特征刻画不清晰。我国从人口、经济、政策角度研究空间结构还有一种使用最多的四大经济区划分方法，即东北地区、东部地区、中部地区和西部地区。为了从总体上宏观把握我国经济空间结构特征以及与国家的区域规划相一致，我们使用四大经济区进行我国的经济空间结构分析，具体经济区划分范围为：

　　东北地区：包括辽宁省、吉林省、黑龙江省。

　　东部地区：包括北京市、天津市、河北省、上海市、江苏省、浙江省、福建省、山东省、广东省、海南省。

　　中部地区：包括山西省、安徽省、江西省、河南省、湖北省、湖南省。

　　西部地区：包括内蒙古自治区、广西壮族自治区、重庆市、四川省、贵州省、云南省、西藏自治区、陕西省、甘肃省、青海省、宁夏回族自治区、新疆维吾尔自治区。

　　以四大经济区作为我国经济空间的具体构成单元，经济、人口和产业在四大区域的分布及其演变，就反映了经济空间结构的状况和变动特征。

　　经济的内容极其广泛，不同的研究视角会选取不同的经济指标进行考察，我们对经济总量、第一产业、第二产业、第三产业、工业和人口的空间分布进行分析。人口严格地说不属于经济内容，但人口与经济联系的最为紧密，因此我们也一同对其进行空间结构分析。

## 一、经济总量的空间结构及演变

构成总体空间的各区域经济产出量如果比较接近，经济总量在地域分布上就表现出一种均衡的空间结构；如果差异较大，就是一种非均衡空间结构。在空间经济研究中，通常用经济重心及其变动来表现经济总量的空间结构及演变。经济重心是指在总体经济总量中（国家或地区）占有很大或突出份额的经济区域，经济重心的存在，是经济在地域空间范围内发展不均衡的结果。并不是任何国家在地域空间上都存在经济重心，当一个国家的各构成区域经济发展比较均衡时，就不存在经济重心；或者是存在一个相对其他区域而言占总量份额较大的区域，但其所占份额并不十分突出，这时也不能说存在经济重心。不存在经济重心，或经济重心不突出，是一种均衡的经济空间结构。研究经济重心有很大意义，一般而言，经济重心区域是一个国家的重点发展区域，它对整个国家的经济影响比较大，所以在政策制定时需要重点考虑的是经济重心区。另外，经济重心的转移是一个国家的经济在地域分布格局上变化最综合的表现，研究经济重心的变化，可以大致确定出一个国家经济空间变化走势，以及政策发挥的效力。随着时间推移，经济发展的条件会发生变化，当原有经济重心区不再具备经济发展所需新的条件时，就需要找到符合条件的新的经济增长区域，这时国家的经济重心就会相应地发生转移，经济重心的转移一方面代表了更先进生产力发展的方向，另一方面它可以缓解区域经济不平衡。经济重心以区域经济总量占全国经济总量比重来反映，而表现经济总量最综合、最具有代表性的指标是国内生产总值，所以国内生产总值的分区域比重变化可以反映一个国家经济总量空间格局的变化。

我们以现价地区生产总值来表现经济总量，根据全国四大经济区 1952 ~ 2014 年经济总量计算的分地区比重可以清楚地看出我国经济空间结构状况及其变动特征，特别是我国经济重心的变化趋势。表 8 - 1 反映了部分年份我国经济总量空间结构状况。

表 8-1　　　　　　　　　　　经济总量分地区比重　　　　　　　　　单位:%

| 地　区 | 1952 年 | 1960 年 | 1970 年 | 1980 年 | 1990 年 | 2000 年 | 2010 年 | 2014 年 |
|---|---|---|---|---|---|---|---|---|
| 东北地区 | 13.65 | 18.07 | 15.06 | 13.64 | 11.90 | 9.90 | 8.58 | 8.40 |
| 东部地区 | 41.78 | 41.21 | 41.93 | 43.65 | 45.94 | 53.45 | 53.09 | 51.16 |
| 中部地区 | 23.78 | 21.95 | 23.09 | 22.29 | 21.71 | 19.15 | 19.70 | 20.26 |
| 西部地区 | 20.78 | 18.78 | 19.93 | 20.42 | 20.46 | 17.50 | 18.63 | 20.18 |

　　2014 年,我国经济总量在空间上的分布极不均衡,东部地区所创造的经济量占全国经济总量的一半以上,其他三个地区创造的经济量与东部地区相比有较大差距;中部地区和西部地区的经济量相差不大,而东北地区的经济量在全国经济总量中的份额要小得多。从经济总量的空间分布状况看,我国存在着明显的经济重心。

　　2014 年与 1952 年相比,我国经济总量的空间结构类型没有发生改变,按地区经济量从高到低的排序都是东部地区、中部地区、西部地区、东北地区,但各地区经济量占全国经济总量的比重发生了较大变化。东部地区经济量占比上升了 9.37 个百分点,其他三个地区的经济量占比都出现了不同程度的下降,其中东北地区在全国的经济份额下降最大,下降幅度达 5.26 个百分点,西部地区仅下降了 0.6 个百分点,下降幅度最小。我国经济总量的空间结构变得更加不均衡,经济重心没有发生转移,但是更加突出。

　　图 8-1 是各地区经济量占比变化情况,反映了我国经济总量空间结构的动态演变过程。

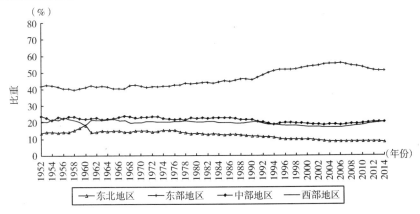

图 8-1　经济总量空间结构变动（1952～2014 年）

经济总量空间结构动态变化显示，从 1952～2014 年，我国经济重心非常明显，始终在东部地区、从未改变；中部地区和西部地区的经济规模始终相差不大；而东北地区经济规模自始至终在四个地区中都是最小的，并且其经济量在全国中的比重几乎一直在下降。我国经济总量空间结构在各时期的变化态势明显不同，大致可以以 1976 年将整个时期划分成前后两个阶段，1976年以前，经济总量空间结构变动相对较小，各地区经济量在全国经济总量中的占比虽有起伏变化，但变动幅度都很小，这表明各地区经济增长速度差异不大。1976 年以后，经济总量空间结构的变化越来越大，从各地区经济量占全国比重总体趋势看，东部地区呈现有波动的大幅度上升态势，中部和西部地区变动极为相似、都呈现小幅波动的下降态势，东北地区则呈现出持续下降态势。2006 年以后我国经济总量空间结构变化趋势有所改变，东部地区经济量占比出现明显下降趋势，中部和西部地区同步呈现小幅上升趋势，东北地区仍然未改下降趋势。

## 二、第一产业的空间结构及演变

用各地区第一产业增加值比重来反映全国第一产业的空间结构状况和变动过程。由于第一产业以种植业为主，而土地是不可移动的，因此第一产业的空间结构变动远不如经济总量空间结构的变动剧烈，但各地区农业生产方式和技术的变化仍然使第一产业空间结构发生了明显变化。表 8－2 反映了部分年份我国第一产业空间结构状况。

表 8－2 　　　　　　　　第一产业增加值分地区比重 　　　　　　单位:%

| 地　区 | 1952 年 | 1960 年 | 1970 年 | 1980 年 | 1990 年 | 2000 年 | 2010 年 | 2014 年 |
|---|---|---|---|---|---|---|---|---|
| 东北地区 | 9.87 | 9.13 | 9.97 | 9.64 | 8.92 | 8.63 | 9.83 | 11.01 |
| 东部地区 | 37.33 | 34.54 | 35.47 | 36.10 | 37.65 | 39.07 | 36.09 | 34.51 |
| 中部地区 | 28.07 | 29.89 | 29.96 | 28.42 | 27.45 | 26.95 | 27.68 | 26.31 |
| 西部地区 | 24.73 | 26.44 | 24.60 | 25.84 | 25.99 | 25.35 | 26.40 | 28.17 |

从 2014 年第一产业增加值分地区比重看，我国第一产业在四大地区的分布相对经济总量要均衡的多，东部地区占全国 1/3 以上份额，西部和中部地

区相差不大，东北地区占比最小。2014 年与 1952 年相比，第一产业空间结构类型有一定改变，1952 年按地区第一产业增加值从高到低排序是东部、中部、西部、东北，2014 年改变为东部、西部、中部、东北，西部地区超过了中部地区；从第一产业增加值地区占比变动看，东部和中部地区占比都有所下降，而西部和东北地区占比都有所上升，我国第一产业空间结构朝着均衡方向演进。

　　图 8 - 2 是各地区第一产业占比变化情况，反映了我国第一产业空间结构动态演变过程。

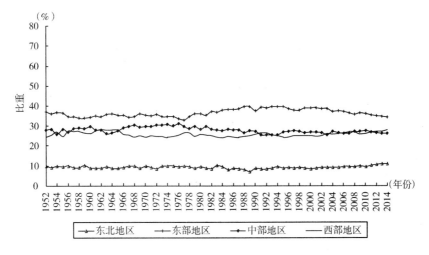

图 8 - 2　第一产业空间结构变动（1952～2014 年）

　　从 1952～2014 年，我国第一产业空间结构变动趋势总体较为平稳。相对而言，东部地区第一产业在全国的占比变动幅度较大，但第一产业规模始终在全国最大；东北地区占比变动极其平稳，始终在全国占比最小；中部和西部第一产业规模较为接近，除 1965～1990 年期间中部地区较长时间持续超过西部地区外，其他时间中部和西部地区第一产业规模互有超越。1976 年以后第一产业空间结构变动大于 1976 年以前，尤其是东部地区第一产业占比先上升、后下降的幅度较大。进入 21 世纪后我国第一产业空间结构变化趋势比较清晰，东部地区占比呈明显下降趋势，中、西部地区保持稳中有升趋势，东北地区呈持续小幅上升趋势。

## 三、第二产业的空间结构及演变

用各区域第二产业增加值比重来反映第二产业空间结构状况和变动过程。第二产业主要由工业和建筑业构成，受地域限制较小，其发展受到基础设施、人才、资金等社会环境的影响较大，特别是受产业政策调整的影响更大。表8-3是部分年份我国第二产业空间结构状况。

表8-3　　　　　　　　第二产业增加值分地区比重　　　　　单位:%

| 地　区 | 1952 年 | 1960 年 | 1970 年 | 1980 年 | 1990 年 | 2000 年 | 2010 年 | 2014 年 |
|---|---|---|---|---|---|---|---|---|
| 东北地区 | 23.01 | 23.92 | 19.40 | 16.97 | 13.96 | 10.92 | 8.95 | 8.49 |
| 东部地区 | 45.32 | 43.10 | 45.84 | 47.43 | 49.93 | 56.87 | 52.05 | 49.63 |
| 中部地区 | 16.32 | 17.91 | 17.96 | 18.87 | 19.16 | 17.23 | 20.51 | 21.46 |
| 西部地区 | 15.35 | 15.07 | 16.80 | 16.72 | 16.95 | 14.98 | 18.49 | 20.42 |

我国 2014 年第二产业空间结构表现为，东部地区占比接近全国的一半，中部和西部地区大约都占全国的 70%，东北地区占比不到全国的 10%。我国第二产业空间结构与经济总量空间结构极为接近，这也表明第二产业在经济总量中具有支配地位。2014 年与 1952 年相比，第二产业空间结构类型发生了很大变化，1952 年按地区第二产业增加值从高到低排序是东部、东北、中部、西部，2014 年改变为东部、中部、西部、东北；变化最显著的就是东北地区第二产业规模在全国的份额大幅度下降了 14.52 个百分点，其他三个地区的份额都有上升、并且大约都上升了 5 个百分点左右。1952 年第二产业空间结构中，第二产业规模最大和最小地区的占比相差 29.97 个百分点，2014 年这一差距达到了 41.14 个百分点，这表明我国第二产业空间结构 2014 年比 1952 年更加不均衡。图 8-3 是对第二产业空间结构动态演变的直观反映。

从动态来看，1952~2014 年，我国第二产业空间结构变动较为剧烈，各地区占比都发生了较大变化。东部地区第二产业规模始终在全国最大，虽然在发展中出现了巨大波动，但在全国中的主导地位从来没有发生变化；中部和西部地区第二产业规模较为接近，并且这两个地区占比变动也比较相似，都呈现波动性上升趋势。1978 年之前两个地区的第二产业规模互有超越，

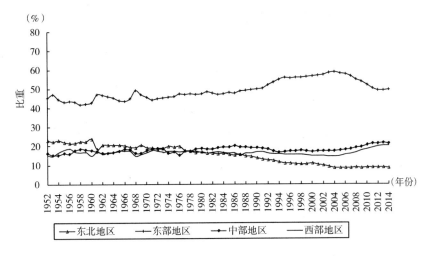

**图 8 – 3　第二产业空间结构变动（1952～2014 年）**

1978 年之后中部地区始终略高于西部地区；东北地区是我国传统老工业基地，但从 1960 年以后其第二产业在全国中的占比就一直处于下降态势，1978年之前东北地区第二产业规模尚能基本保持全国第二位置，1978 年之后迅速下滑到四大经济区的最后一位，并且其占比目前并未停止下降。

2004 年是我国第二产业空间结构最不均衡的时期，东部地区第二产业全国占比上升到最高点（接近全国第二产业总量的60%），中部和西部占比相差 2.74 个百分点，也基本接近两个地区之间最大差距。2004 年之后我国第二产业空间结构演变趋势较为明确，东部地区占比呈现较大幅度下降趋势，中部和西部地区占比呈现稳定上升趋势，东北地区占比仍呈持续下降趋势。从整个发展时期看，我国第二产业空间结构在 2004 年之前朝着更加不均衡方向变动，2004 年之后又朝着相对均衡方向演进。

## 四、第三产业的空间结构及演变

用四大经济区第三产业增加值比重来反映我国第三产业空间结构状况和变动过程。第三产业主要是服务型产业，其流动性更大，受到的限制更小。由于现代服务业发展需要更大的市场、更多的人才、更完善的基础设施支撑，因此从全世界现代服务业空间结构的发展趋势看，第三产业集中发展趋势更为明显，集中发展的优势更为突出。表8-4反映了我国部分年份第三产业空间结构状况。

表8-4 第三产业增加值分地区比重 单位:%

| 地 区 | 1952年 | 1960年 | 1970年 | 1980年 | 1990年 | 2000年 | 2010年 | 2014年 |
|---|---|---|---|---|---|---|---|---|
| 东北地区 | 13.28 | 14.54 | 14.48 | 11.24 | 11.75 | 9.24 | 7.83 | 7.80 |
| 东部地区 | 48.95 | 43.96 | 44.98 | 45.48 | 47.91 | 55.03 | 58.29 | 55.94 |
| 中部地区 | 21.01 | 22.54 | 22.11 | 21.48 | 20.04 | 18.37 | 16.87 | 17.86 |
| 西部地区 | 16.76 | 18.96 | 18.43 | 21.81 | 20.30 | 17.36 | 17.01 | 18.40 |

2014年我国第三产业空间结构呈现出各经济区发展极不均衡状况，东部地区第三产业增加值占全国第三产业增加值的55.94%，是我们所研究的各类经济空间结构中占比最高的产业，这也表明了我国第三产业空间结构变化趋势与全球变化一致，第三产业发展的更加集中；中部和西部地区第三产业占比大约都占全国的18%左右，东北地区占比仅为7.8%，最高和最低占比差距相差48.13个百分点，空间结构极端不平衡。

2014年与1952年相比，第三产业空间结构类型发生了较小的变化，1952年按地区第三产业规模从高到低排序是东部、中部、西部、东北，2014年改变为东部、西部、中部、东北。变化较为显著的是中部和西部地区位次的改变，1952年中部地区占比高于西部地区4.25个百分点，而到了2014年西部地区占比反而高于中部地区0.55个百分点。1952~2014年各经济区第三产业占比都发生了显著变化，东部地区和西部地区占比上升，中部地区和东北地区占比下降，其中东部地区占比上升最多，东北地区下降最多。1952年第三产业空间结构中，第三产业规模最大和最小地区的占比相差35.67个百分点，2014年差距达到了48.13个百分点，这表明我国第三产业空间结构2014年比1952年更加不均衡，第三产业集中发展趋势更加明显。图8-4直观的表现了第三产业空间结构动态演变过程。

图8-4中显示，我国第三产业空间结构变动趋势较为清晰，各经济区第三产业在全国的占比总体上波动性不大。1952~2014年空间结构变动表现出明显的两个阶段，1990年之前各经济区第三产业占比虽有小幅度波动，但占比总体变化并不大，空间结构较为稳定；1990年以后第三产业空间结构变动

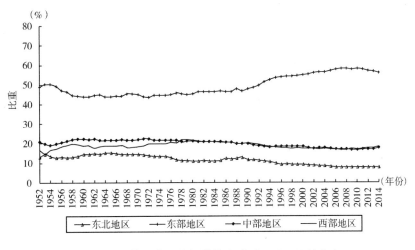

图 8 – 4　第三产业空间结构变动（1952～2014 年）

幅度较大，各经济区占比变动趋势明确、波动幅度很小。东部地区占比呈不断上升态势，上升过程虽有波动、但波动幅度不大，2010 年以后占比有轻微的下降；中部和西部地区占比呈不断小幅下降态势，两个地区占比在 1980 年以后几乎相同，并且下降过程较为平稳，2010 年以后两个地区占比有轻微的上升；东北地区占比呈持续下降态势，下降速度明显快于西部和中部地区。从整个时期变动趋势来看，我国第三产业空间结构朝着非均衡化方向不断演进，第三产业集中发展的趋势比较明显。

## 五、工业的空间结构及演变

　　处在工业化过程中的地区，工业是国民经济的主体产业，同时工业又是吸纳就业、创造税收、支持其他产业发展的最主要产业，因此工业在地域空间上的布局成为产业政策制定中的重要内容。工业发展受地域限制较少，投资的可选择性较大，工业集聚现象是工业化过程中表现出的一种普遍现象。虽然第二产业空间结构很大程度的反映了工业空间结构，但是工业和第二产业还是有很大区别，单独分析工业空间结构对于与之相联系的环境污染问题研究还是有其重要价值。用四大经济区工业增加值占全国比重来反映我国工业空间结构状况和变动过程，表 8 – 5 是我国部分年份工业空间结构状况。

表 8 – 5 工业增加值分地区比重 单位:%

| 地 区 | 1952 年 | 1960 年 | 1970 年 | 1980 年 | 1990 年 | 2000 年 | 2010 年 | 2014 年 |
|---|---|---|---|---|---|---|---|---|
| 东北地区 | 24.52 | 25.83 | 20.59 | 17.78 | 14.07 | 11.27 | 8.96 | 8.61 |
| 东部地区 | 49.23 | 46.71 | 48.53 | 48.27 | 50.18 | 57.80 | 52.92 | 50.72 |
| 中部地区 | 12.56 | 13.97 | 15.83 | 17.88 | 19.13 | 16.93 | 20.35 | 21.39 |
| 西部地区 | 13.69 | 13.49 | 15.06 | 16.06 | 16.62 | 14.00 | 17.77 | 19.28 |

　　数据显示,我国工业空间结构与第二产业空间结构非常相近,只是工业空间结构比第二产业空间结构更加不均衡。2014 年我国工业空间结构表现为,东部地区占比超过全国的 1/2,中部和西部地区占比都占全国的 1/5 左右,东北地区占比最低。由于我国第二产业空间结构与经济总量空间结构较为接近,因此我国经济总量中工业仍具有支配地位。2014 年与 1952 年相比,工业空间结构类型发生了很大变化,1952 年按地区工业增加值从高到低排序是东部、东北、西部、中部,2014 年改变为东部、中部、西部、东北;变化最显著的仍然是东北地区工业规模在全国的份额从 24.52% 大幅度下降到 8.61,其他三个地区的份额都有上升,中部地区上升了 8.83 个百分点,上升幅度最大。1952 年工业规模最大和最小地区的占比相差 36.66 个百分点,2014 年这一差距达到了 42.12 个百分点,这表明我国工业空间结构最初就极不均衡,而到 2014 年工业空间结构变动的更加不均衡。

　　图 8 – 5 直观地反映了我国工业空间结构动态演变过程。

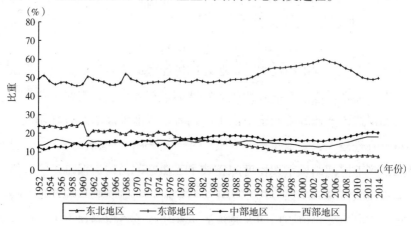

图 8 – 5 工业空间结构变动 (1952 ~ 2014 年)

　　由于工业是第二产业中的绝对主体，因而工业空间结构变动形态与第二产业空间变动形态基本相同，各经济区工业占比与第二产业占比相比，变动的幅度更大一些。1952～2014年，东部地区工业规模全国占比呈现大幅度波动态势，但占比并未上升多少，东部地区工业规模始终在全国最大，其在全国工业中的占比保持在45.87%～60.52%，是全国自始至终的工业重心；中部和西部地区工业规模较为接近，这两个地区占比变动也较为相似，都呈现波动性上升趋势。1978年以前两个地区的工业规模互有超越，1978年之后中部地区始终略高于西部地区；东北地区从1960年以后工业规模在全国中的占比就一直处于下降态势，1978年之后的下降速度加快，作为全国老工业基地的东北地区工业发展速度远远低于其他三个经济区。2004年是工业空间结构最不均衡的时期，东部地区工业在全国占比上升到最高点（占全国工业总量的60.52%），中部和西部占比相差3.08个百分点，也基本接近两个地区之间的最大差距。2004年之后我国工业空间结构演变趋势较之前有明显改变，东部地区占比呈现大幅度下降趋势，中部和西部地区占比呈现明显不断上升趋势，东北地区占比下降速度有所减缓但下降趋势未变。从整个发展时期看，我国工业空间结构在2004年之前朝着更加不均衡方向变动，2004年之后又朝着相对均衡方向演进。

## 六、人口的空间结构及演变

　　人口的空间分布与人口城市化有一定的相近之处，但还是存在着很大不同，因为各经济区的城市数量和城市规模不同，因此人口空间结构与人口城市化并不完全相同。另外，经济总量空间结构中占比较高地区，并不一定人均经济量就高，人口空间结构与经济总量空间结构的差异大致可以反映出地区经济水平。人口空间结构虽然不完全属于经济空间结构，但人口与经济存在着密切的关联，人口空间分布状态会影响经济空间分布状态；反过来，经济空间分布状态也会影响人口的空间分布状态。用四大经济区人口总数占全国人口数比重来反映我国人口空间结构状况和变动过程，表8-6是我国部分年份人口空间结构状况。

表 8-6 人口分地区比重 单位:%

| 地　区 | 1952 年 | 1960 年 | 1970 年 | 1980 年 | 1990 年 | 2000 年 | 2010 年 | 2014 年 |
|---|---|---|---|---|---|---|---|---|
| 东北地区 | 7.30 | 8.79 | 9.04 | 9.06 | 8.70 | 8.38 | 8.21 | 8.06 |
| 东部地区 | 35.55 | 35.87 | 35.00 | 33.92 | 34.20 | 34.98 | 37.98 | 38.29 |
| 中部地区 | 29.18 | 27.87 | 28.06 | 28.38 | 28.60 | 28.29 | 26.76 | 26.62 |
| 西部地区 | 27.96 | 27.47 | 27.90 | 28.65 | 28.50 | 28.35 | 27.04 | 27.04 |

　　我国人口空间结构显然比经济空间结构均衡的多，各经济区人口规模差异远远小于经济规模差异。2014 年人口空间结构表现为，东部地区仍然是全国人口规模最大的地区，占全国人口比重 38.29%；中部和西部地区经济规模相近，人口规模也相近，两个地区人口在全国的占比都在 27% 左右；东北地区人口规模在全国最低，仅占全国人口总量的 8.06%。2014 年与 1952 年相比，人口空间结构类型发生了很小的变化，1952 年按地区人口规模从高到低排序是东部、中部、西部、东北，2014 年改变为东部、西部、中部、东北，结构最显著的变化是西部地区人口规模超过了中部地区人口规模。1952~2014 年各经济区人口占比变化的不是很大，东部地区和东北地区占比上升，中部地区和西部地区占比下降，其中东部地区占比上升最多，中部地区下降最多。1952 年人口空间结构中，人口规模最大和最小地区的占比相差 28.25 个百分点，2014 年的差距为 30.23 个百分点，这表明我国人口空间结构朝着不均衡方向演变。图 8-6 直观的表现了我国人口空间结构动态演变过程。

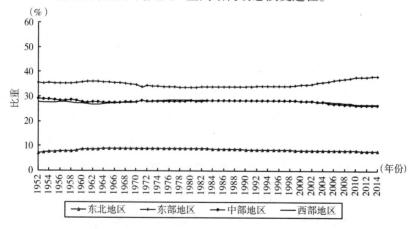

图 8-6　人口空间结构变动（1952~2014 年）

相对于经济空间结构，我国人口空间结构变动的极其平缓。在人口结构的变动过程中最显著的特征是中部地区和西部地区的人口规模始终都相差无几，两个地区人口占全国的比重同步变化。1952～2014 年人口空间结构变动表现出明显的两个不同阶段，2000 年之前人口空间结构变动很小，总体朝着均衡化趋势变动；2000 年之后人口空间结构变动非常明显，东部地区人口占比呈现持续上升趋势，中部和西部地区人口占比都呈现持续下降态势，东北地区人口占比保持相对稳定，2000 年之后的人口空间结构总体呈现出非均衡演变趋势。

人口空间结构和经济总量空间结构的差异可以反映出各经济区富裕程度的差异，人口占比低于经济总量占比越大，地区富裕程度越高；人口占比高于经济总量占比越大，地区富裕程度越低。2014 年，东部地区和东北地区人口占比均低于经济总量占比，东部地区相差 12.87 个百分点，东北地区相差 0.34 个百分点；而中部地区和西部地区人口占比均高于经济总量占比，中部地区相差 6.35 个百分点，西部地区相差 6.86 个百分点。由此可见，东部地区富裕程度最高，东北地区次之，西北地区富裕程度最低。东北地区虽然经济总量始终在全国最低，但其人口规模在全国也始终最低，因此其富裕程度一直以来并不低。1990 年之前东北地区一直都是全国最富裕地区，1990 年之后东部地区超过东北地区成为全国最富裕地区。

# 第二节　经济空间集聚度测算及集聚特征

经济空间集聚度是综合反映经济或产业空间结构变化的最常用指标，它表明经济或产业在地理空间上的集聚程度，集聚程度越高表明空间结构越不均衡，越低则表明越均衡。衡量经济或产业集聚程度的方法很多，有集中率、区位熵、Herfindahl 指数、区位 Gini 系数、E-G 指数、M-S 指数、L 函数、D 函数、M 函数等方法，各种方法各有优缺点。我们选择区位 Gini 系数来测算我国经济总量、各产业、人口在地理空间上的集聚程度，并分析空间集聚度的变动趋势。

## 一、空间集聚度测算方法及地理单元划分

区位 Gini 系数是衡量经济、人口或产业空间集聚度的重要方法之一。Gini 系数是意大利经济学家科拉多·基尼在 Lorenz 曲线的基础上提出的，最初用于度量国家或区域之间收入不平等的相对程度。1986 年，Keeble 等人将 Lorenz 曲线和 Gini 系数用于度量某行业地区间分布的集中程度，发展成区位 Gini 系数。对区位 Gini 系数的研究形成了多种测算方法，我们采用 Amiti 和 Wen（2001）所提供的区位 Gini 系数计算方法。

在测算某个地区某一产业的区位 Gini 系数时，假设该地区有 n 个地理单元（或称 n 个区域）组成，i 代表某个需要测算区位 Gini 系数的产业，$S_{ij}$、$S_{ik}$ 是地理单元 j 和地理单元 k 在产业 i 中所占的份额，$\bar{S_i}$ 是各地理单元在产业 i 中所占份额的均值。地区 i 产业区位 Gini 系数的具体测算公式为：

$$G_i = \frac{1}{2n^2 \bar{s_i}} \sum_{k=1}^{n} \sum_{j=1}^{n} \left| s_{ij} - s_{ik} \right|$$

对 i 产业，以 $S_{ij}$ 递降次序把 $S_{ij}$ 累积相加，以累积地理单元个数除以 n 作为横坐标，$S_{ij}$ 的相应累积值作为纵坐标，逐个描出 $S_{ij}$ 的累积值，所得到的曲线就是 Lorenz 曲线。产业的区位 Gini 系数等于 Lorenz 曲线与 45 度线之间面积的两倍。一个产业在各个地理单元间分布越均匀，该产业的区位 Gini 系数就越小，当所有地域单元在一个产业中所占的份额都相等时，该产业的区位 Gini 系数就为零。如果一个产业完全集中在一个地理单元上，该产业的区位 Gini 系数就接近于 1。

将 i 产业换成经济总量或人口，计算的就是经济总量或人口的区位 Gini 系数，反映一个地区经济总量或人口在地理空间上的集聚程度。

由于区位 Gini 系数所要反映的是一个地区的经济、人口或产业在地理单元上的集聚状况，因此地理单元划分的范围大小对集聚程度反映的精度是不同的。对同一个地区来说，划分的各个地理单元范围越大，构成地区的地理单元数量就越少，地理单元范围越小，地理单元数量就越多。划分的地理单元范围越大，经济或产业的空间集聚状况表现的就越模糊。在一个大的地理

单元范围内，经济、人口和产业是集聚于地理单元中的一点还是平均分布于整个地理单元中就无法判断。比如将我国分成南方和北方两个地理单元来分析全国的经济集聚程度，即便是集聚度很高，也只能说明我国经济是高度集聚于南方或是北方，但南方和北方都包含了广大的地域范围，其集聚度反映的我国经济集聚状况就十分模糊了。因此为了提高区位 Gini 系数对经济、人口和产业空间集聚状况的反映精度，就不能将构成地区的地理单元划分的过大。

　　受统计资料的限制，我们以全国行政区划的 31 个省、市、自治区为基本地理单元计算经济、人口和产业的区位 Gini 系数。具体的地理单元为：北京、天津、河北、山西、内蒙古、辽宁、吉林、黑龙江、上海、江苏、浙江、安徽、福建、江西、山东、河南、湖北、湖南、广东、广西、海南、重庆、四川、贵州、云南、西藏、陕西、甘肃、青海、宁夏、新疆。

## 二、经济总量、人口和各产业的区位 Gini 系数

　　考虑到我国经济总量、人口及各产业空间结构发生比较大变化的时期大都是在 1980 年以后，因此我们测算的区位 Gini 系数时间范围是 1980～2014年。以国内生产总值表示经济总量规模计算经济总量区位 Gini 系数；以年末人口数表示人口规模计算人口区位 Gini 系数；以三次产业增加值代表三次产业的经济规模计算各产业区位 Gini 系数；以工业增加值代表工业经济规模计算工业区位 Gini 系数。根据 1980～2014 年我国 31 个省、市、自治区的地区生产总值、年末人口数、三次产业增加值和工业增加值等资料，计算我国 35年的各种区位 Gini 系数，表 8－7 是主要年份各种区位 Gini 系数的计算结果。

表 8－7　　　　　经济总量、人口、三次产业和工业的区位 Gini 系数

| 项　目 | 1980 年 | 1985 年 | 1990 年 | 1995 年 | 2000 年 | 2005 年 | 2010 年 | 2014 年 |
|---|---|---|---|---|---|---|---|---|
| 经济总量 | 0.3605 | 0.3622 | 0.3711 | 0.4119 | 0.4162 | 0.4296 | 0.4116 | 0.3925 |
| 第一产业 | 0.4105 | 0.4124 | 0.3953 | 0.4047 | 0.4081 | 0.4069 | 0.4061 | 0.3856 |
| 第二产业 | 0.4184 | 0.4078 | 0.4110 | 0.4570 | 0.4631 | 0.4719 | 0.4317 | 0.4142 |
| 第三产业 | 0.3414 | 0.3498 | 0.3736 | 0.4056 | 0.4124 | 0.4285 | 0.4339 | 0.4160 |
| 工业 | 0.4376 | 0.4231 | 0.4174 | 0.4655 | 0.4773 | 0.4881 | 0.4448 | 0.4306 |
| 人口 | 0.3675 | 0.3659 | 0.3675 | 0.3658 | 0.3675 | 0.3588 | 0.3545 | 0.3507 |

以经济总量、人口、三次产业和工业在我国 31 个省、市、自治区的分布状况来看，2014 年的区位 Gini 系数表明，这几个方面的集聚程度都不高，我国经济和人口的空间分布没有出现极端不均衡现象；相对而言，工业的空间集聚度较高，而人口的空间集聚度较低，经济总量和三次产业空间集聚度介于工业和人口集聚度之间，各方面的空间集聚度相差不大。

2014 年和 1980 年相比，经济总量和第三产业的空间集聚度有所提高，而第一产业、第二产业、工业和人口集聚度都有所降低；第三产业集聚度提高了 21.83%，提高的相对较明显，这表明我国第三产业发展趋势符合第三产业自身发展特点，第三产业发展的区域空间更加集中；经济总量集聚度提高了 8.90%，表明我国区域经济发展的更加不平衡，而人口集聚度下降了 4.59%，表明人口空间分布更加均衡，经济总量的集聚和人口的分散同时发生，表明我国各区域经济发展水平的差距加大了；第一产业的空间集聚度下降了 6.06%，相对经济的其他方面下降的幅度最大，第一产业在空间分布上更加分散了，这表明我国以种植业为主的第一产业发生了变化，第一产业呈现出多元化发展特征，对土地的依赖度下降，各区域第一产业的差距相应缩小。

将经济总量、人口、三次产业和工业的区位 Gini 系数按时间顺序绘制在同一个坐标系中，可以直观表现空间集聚度的动态变化及演变趋势，见图 8-7。

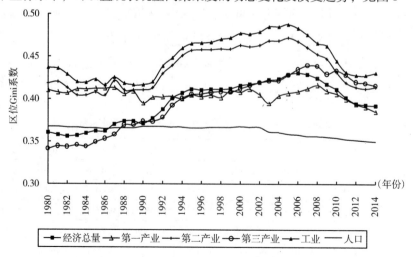

图 8-7 区位 Gini 系数变动（1980~2014 年）

图 8-7 中的曲线位置越高，表明空间集聚度越高、集聚现象越明显；曲线变动的越平缓，表明空间集聚发展方向（趋势）越明确、集聚演变的稳定性越高。图中显示，我国工业的空间集聚度显然大大高于经济总量、人口和其他产业的空间集聚度，这与工业生产的特点明显相关。大部分工业行业属于"落脚自由"部门，并且工业生产的规模效应比较突出，按市场对资源的配置，工业部门较为自由的向发展环境较好的区域集中是一种正常现象。此外，工业中的资源型行业不属于"落脚自由"部门，如果工业中的构成主体是资源型行业，工业在空间上的集聚难度较大。我国工业空间集聚度虽然相对高于其他产业，但从区位 Gini 系数的数值来看，集聚度仍然偏低，这表明我国工业对资源型行业的依赖度还是比较大。随着资源型行业在工业中的比重降低，我国工业的空间集聚度应该会进一步提高。工业构成了第二产业的主体，因此工业和第二产业的空间集聚度及变动形态都极为接近。人口的空间集聚度相对最低，表明我国人口空间分布较为均衡。按一般规律，人口向经济发展较好区域聚集相对最容易发生，然而人口空间集聚数据表明，我国人口并未随着经济在空间上的集聚而产生明显的集聚现象，这一方面与我国人口的户籍管理制度有关（人口流动并非易事），另一方面与我国人口统计方式有关（主要按户籍进行人口统计）。

从空间集聚度的动态变化来看，1980～2014 年除人口集聚度变动较为平稳外，其他经济方面的空间集聚变化都呈现出了大幅度的波动，这显然与我国的经济和产业政策频繁变动有关。2005 年以前，经济总量和各产业都呈现出快速集聚现象，这期间我国主要采用的是非平衡发展战略，东、中、西三大经济发展区梯次发展、优先发展东部；2005 年之后，经济总量和各产业集聚度又呈现出大幅度下降态势，这期间由于区域间发展的极度不平衡，政策又转向为均衡发展战略。由此可见，我国经济政策对经济空间布局的影响非常大。正因为政策变动导致经济和产业的空间集聚度大幅度变动，因此难以明确我国经济和产业空间集聚的发展趋势。从今后我国经济均衡发展的思路来看，经济总量和各产业的空间集聚度可能会进一步下降，区域间的经济发展会更加均衡。

## 三、经济总量、人口和各产业空间集聚区域的变动分析

经济总量、人口和各产业发生空间集聚现象一定有集聚的区域指向，即集聚在哪些地理单元上。我们将 1980 年和 2014 年我国 31 个省市自治区中经济总量、人口和各产业占全国比重前三位的省份挑选出来列于表 8－8。表中的比重是 31 个省市自治区中经济总量、人口和各产业规模前三位省份占全国的比重之和。

表 8－8　　　　经济总量、人口和各产业规模前三位省份及占全国的比重

| 年份 | 指标 | 经济总量 | 第一产业 | 第二产业 | 第三产业 | 工业 | 人口 |
|------|------|---------|---------|---------|---------|------|------|
| 1990 年 | 占比前三位省份 | 广东 | 山东 | 江苏 | 广东 | 江苏 | 河南 |
| | | 山东 | 广东 | 山东 | 山东 | 山东 | 山东 |
| | | 江苏 | 江苏 | 广东 | 江苏 | 广东 | 四川 |
| | 比重（%） | 24.23 | 22.89 | 25.00 | 24.39 | 25.01 | 21.99 |
| 2014 年 | 占比前三位省份 | 广东 | 山东 | 广东 | 广东 | 广东 | 广东 |
| | | 江苏 | 河南 | 江苏 | 江苏 | 江苏 | 山东 |
| | | 山东 | 江苏 | 山东 | 山东 | 山东 | 河南 |
| | 比重（%） | 28.10 | 21.59 | 28.41 | 29.35 | 29.37 | 21.98 |

2014 年和 1990 年相比，我国经济总量集聚的区域没有发生太大的变化，前三位区域没有变化，只是江苏和山东的排位次序发生了变化，江苏经济规模超过山东排在了第二位。前三位区域经济规模占全国经济总量的份额提高了 3.87 个百分点，2014 年占到了全国经济总量的 28.1%，经济总量的集聚程度有明显提高。这表明原先经济规模较大的区域经济增长速度也较快，经过 25 年发展经济规模仍然是最大的区域。

第一产业集聚的主要区域发生了一些变化，2014 年和 1990 年相比，第一产业规模前三位区域中，山东和江苏没有发生变化，河南替换广东进入前三位。前三位区域第一产业规模全国占比 2014 年比 2000 年下降了 1.3 个百分点，下降幅度很小。

第二产业、第三产业和工业集聚的主要区域都没有变化，广东、江苏、山东一直是全国第二产业、第三产业和工业集聚的主要区域。2014 年和 2000

年相比，前三位的位次都发生了一些变化，广东第三产业一直都保持全国第一，并且第二产业和工业增长速度较快，从全国的第三位都上升到第一位；江苏和山东的位次都发生了一些变化，到 2014 年江苏的第二产业、第三产业和工业规模都排在全国第二位，而山东都排在了第三位。前三位区域第二产业、第三产业和工业在全国的占比都有较明显的提高，其中工业占比上升的幅度最大，2014 年比 2000 年上升了 4.96 个百分点。

2014 年和 1990 年相比，我国人口集聚的主要区域有明显变化，河南和山东一直是我国人口规模前三位地区；2014 年广东人口规模排在了我国的第一位，传统人口大省四川的人口规模已经跌出了全国的前三位。前三位区域人口规模占全国比重较低、并且几乎没有变化。

从经济、人口、产业集聚的主要区域指向来看，我国经济、人口、产业的最主要区域集中在广东、江苏、山东和河南（河南主要是人口和第一产业大省），1990～2014 年这种格局没有太大的变化。并且这几个经济和人口集聚区，除了第一产业和人口在全国的占比有微小下降外，经济总量和各产业发展速度都比较快，在全国的占比都有明显的提高，这表明这几个区域的经济地位在全国更加重要了。

# 第三节　经济空间集聚变化对经济和环境污染的影响

现代经济的发展历程表明，经济和产业在空间布局上的分散并不是主流，集聚是绝大多数地区普遍发生的一种现象。通常经济和产业的空间集聚度越高对经济发展的促进作用越显著，人口常常是伴随着经济和产业集聚而出现的集聚现象。但在经济集聚度提高的同时，由经济集聚引发的环境污染问题也不容小视。经济集聚使经济规模扩大、经济结构变化，生产方式改变、对环境作用强度提高等等，这都会加重环境污染；而经济和产业在空间上的相对集中，使环境监督管理更便于进行，大规模集中处理污染物更为经济合算，同时集聚带来的经济实力增强可以支持更多的资源投入到环保事业中，这些方面都有利于环境污染的减轻。

以我国经济总量和各产业的区位 Gini 系数作为解释变量（自变量），利用回归方法，首先分析经济总量和各产业空间集聚度的变化对我国经济发展的影响，然后分析集聚度变化对环境污染的影响。由于人口集聚是通过经济和产业变化对环境污染产生影响，因此我们不再单独对人口集聚和环境污染进行相关分析。

对于回归分析中被解释变量（因变量）的选取，以国内生产总值作为我国经济发展的代表性指标；以二氧化硫排放量、烟粉尘排放量、废水排放量、化学需氧量排放量、固体废物产生量和固体废物排放量作为环境污染的代表性指标。之所以选取这几种污染物，是因为这些污染物都有较长期的排放和产生量统计数据，我国经济统计数据的质量较高，我们计算的经济空间集聚度有较高的可靠性、并且计算的时期较长，因此我们想尽可能的充分利用相关信息。因为有较长期的资料，进行回归分析就有了资料基础。虽然我们选取的环境污染物排放和产生量有相对较长期的统计数据，但是统计数据的质量依然不高，回归分析对数据质量的要求较高，因而回归的效果并不是很好，但是通过对同一口径、同一方法和同一系统下的回归结果比较，仍能大致掌握不同经济和产业空间集聚变化对环境污染影响的差异。

## 一、空间集聚对经济发展的影响

以国内生产总值作为因变量 Y，以经济总量、第一产业、第二产业和工业的区位 Gini 系数分别作为自变量 X，采用对数—线性形进行回归。回归系数的含义是：经济和产业的空间集聚度提高 1%，促使经济增长百分之几。国内生产总值和区位 Gini 系数均为全国 1990 ~ 2014 年的数值，用 EViews 7.0 进行对数—线性回归，回归结果见表 8 – 9。

表 8 – 9                     空间集聚对经济发展影响的回归分析

〔国内生产总值：LOG（Y）〕

| X | C | | | LOG（X） | | | 调整的 $R^2$ |
|---|---|---|---|---|---|---|---|
| | 系数 | 标准差 | 概率 | 系数 | 标准差 | 概率 | |
| 经济总量集聚度 | 20.6224 | 4.5946 | 0.0002 | 9.8954 | 5.1340 | 0.0664 | 0.1016 |
| 第一产业集聚度 | 6.6358 | 11.1512 | 0.5576 | −5.6592 | 12.2774 | 0.6492 | −0.0339 |

| X | C | | | LOG（X） | | | 调整的 R$^2$ |
|---|---|---|---|---|---|---|---|
| | 系数 | 标准差 | 概率 | 系数 | 标准差 | 概率 | |
| 第二产业集聚度 | 10.5215 | 3.6694 | 0.0087 | －1.5510 | 4.5330 | 0.7353 | －0.0382 |
| 第三产业集聚度 | 28.8764 | 2.1685 | 0.0000 | 19.3428 | 2.4495 | 0.0000 | 0.7188 |
| 工业集聚度 | 12.5576 | 3.4463 | 0.0014 | 1.0031 | 4.4087 | 0.8220 | －0.0411 |

计算结果显示，我国第一产业、第二产业和工业的空间集聚对经济增长没有表现出显著性影响；经济总量的空间集聚对经济增长有不显著的影响，并且经济总量的空间集聚与经济增长之间低度相关，可以基本判断经济总量的空间集聚不对经济增长产生实质性影响；第三产业的空间集聚对经济增长有显著性影响，并且第三产业空间集聚与经济增长表现出中度相关，表明我国第三产业在空间上集聚发展可以有力地促进经济增长。

总之，在我国目前发展阶段，第三产业集聚发展对经济增长有利，而其他产业的集聚发展对经济增长没有产生显著影响。

## 二、空间集聚对环境污染的影响

以经济总量、第一产业、第二产业、第三产业、工业和人口的区位 Gini 系数分别作为自变量 X，以二氧化硫排放量、烟粉尘排放量、废水排放量、化学需氧量排放量、固体废物产生量和固体废物排放量分别作为因变量 Y，对经济各方面空间集聚度与环境污染物排放量之间采用对数—线性形进行两两回归。回归方程表达式为：$LOG(Y) = C + \alpha LOG(X)$；方程解释为：某方面空间集聚度变动 1%，引起相关环境污染物排放量变动百分之几。

### （一）空间集聚对二氧化硫排放量的影响

二氧化硫排放量作为被解释变量，由经济空间集聚变化进行解释。经济各方面区位 Gini 系数和二氧化硫排放量均为全国 1990～2014 年数值，用 EViews 7.0 进行对数—线性回归，回归结果见表 8-10。

表 8 – 10　　　　　　空间集聚对二氧化硫排放量影响的回归分析

[二氧化硫排放量：LOG（Y）]

| X | C | | | LOG（X） | | | 调整的 $R^2$ |
|---|---|---|---|---|---|---|---|
| | 系数 | 标准差 | 概率 | 系数 | 标准差 | 概率 | |
| 经济总量集聚度 | 10.0785 | 0.3890 | 0.0000 | 2.7437 | 0.4346 | 0.0000 | 0.6181 |
| 第一产业集聚度 | 9.9874 | 1.3687 | 0.0000 | 2.6011 | 1.5069 | 0.0977 | 0.0762 |
| 第二产业集聚度 | 8.7855 | 0.4117 | 0.0000 | 1.4356 | 0.5085 | 0.0096 | 0.2251 |
| 第三产业集聚度 | 9.9211 | 0.2540 | 0.0000 | 2.5967 | 0.2869 | 0.0000 | 0.7713 |
| 工业集聚度 | 8.8475 | 0.3681 | 0.0000 | 1.5664 | 0.4709 | 0.0029 | 0.2954 |

　　经济总量、第二产业、第三产业和工业的空间集聚对二氧化硫排放量增加都有显著的影响，其中第三产业和经济总量的空间集聚与二氧化硫排放量之间表现出中度相关，第二产业和工业的空间集聚与二氧化硫排放量之间表现出低度相关。这说明第三产业和经济总量空间集聚的提高是二氧化硫排放量增加的主要因素，而第二产业和工业空间集聚的提高虽然对二氧化硫排放量增加有显著影响，但不是二氧化硫排放量增加的主要影响因素。

　　经济总量集聚度变化对二氧化硫排放量的影响系数为 2.74，其含义是，经济总量集聚度每提高 1%，二氧化硫排放量增加 2.74%。经济总量集聚度的影响系数略大于第三产业集聚度的影响系数，说明第三产业空间集聚对二氧化硫排放量的影响程度略低于经济总量空间集聚对二氧化硫排放量的影响程度。

　　第一产业空间集聚对二氧化硫排放量增加呈现不显著影响，并且第一产业与二氧化硫排放量之间表现出极低的相关性，这说明第一产业空间集聚的提高几乎不对二氧化硫排放量增加产生实质性影响。

　　根据回归结果综合判断，我国经济总量和第三产业在空间上的集聚发展对二氧化硫排放量增加的影响程度相对较大，经济总量的影响程度略大于第三产业的影响程度；第二产业和工业在空间上的集聚发展对二氧化硫排放量增加的影响相对较小；第一产业在空间上的集聚发展对二氧化硫排放几乎不产生影响。

### （二）空间集聚对烟粉尘排放量的影响

用经济各方面空间集聚度变化对烟粉尘排放量变动进行解释。以全国1990～2014年经济各方面区位 Gini 系数和烟粉尘排放量数据为基础，进行对数—线性回归，回归结果见表8－11。

表8－11　　　　空间集聚对烟粉尘排放量影响的回归分析

［烟粉尘排放量：LOG（Y）］

| X | C | | | LOG（X） | | | 调整的 $R^2$ |
|---|---|---|---|---|---|---|---|
| | 系数 | 标准差 | 概率 | 系数 | 标准差 | 概率 | |
| 经济总量集聚度 | 8.1971 | 1.1381 | 0.0000 | 0.7343 | 1.2718 | 0.5693 | -0.0286 |
| 第一产业集聚度 | 9.2814 | 2.5679 | 0.0015 | 1.9169 | 2.8273 | 0.5045 | -0.0230 |
| 第二产业集聚度 | 9.7185 | 0.7200 | 0.0000 | 2.6950 | 0.8894 | 0.0060 | 0.2542 |
| 第三产业集聚度 | 5.5945 | 0.8776 | 0.0000 | -2.2012 | 0.9913 | 0.0365 | 0.1407 |
| 工业集聚度 | 9.2618 | 0.7132 | 0.0000 | 2.2061 | 0.9124 | 0.0239 | 0.1680 |

第二产业、第三产业和工业空间集聚都对烟粉尘排放量产生显著影响（第二产业产生显著性影响的概率远大于第三产业和工业），其中第二产业和工业的空间集聚度提高显著增加烟粉尘排放量，而第三产业的空间集聚度提高显著减少烟粉尘排放量。但是第二产业、第三产业和工业空间集聚与烟粉尘排放量之间都表现出低度相关，因此影响烟粉尘排放量变化的主要因素并不是第二产业、第三产业和工业集聚度的变化。经济总量和第一产业的空间集聚对烟粉尘排放量的影响的显著性和相关性都很低，表明烟粉尘排放量变动与经济总量和第一产业空间集聚没有太大关系。综合看，我国经济和产业的集聚发展对烟粉尘排放影响不大。

### （三）空间集聚对废水排放量的影响

用经济各方面空间集聚度变化对废水排放量变动进行解释。以全国1990～2014年的区位 Gini 系数和废水排放量数据为基础，进行对数—线性回归，回归结果见表8－12。

表 8 – 12                       空间集聚对废水排放量影响的回归分析

[废水排放量：LOG（Y）]

| X | C | | | LOG（X） | | | 调整的 $R^2$ |
|---|---|---|---|---|---|---|---|
| | 系数 | 标准差 | 概率 | 系数 | 标准差 | 概率 | |
| 经济总量集聚度 | 7.2761 | 1.1208 | 0.0000 | 1.2527 | 1.2524 | 0.3276 | 0.0000 |
| 第一产业集聚度 | 3.6774 | 2.5382 | 0.1609 | – 2.7295 | 2.7945 | 0.3389 | – 0.0019 |
| 第二产业集聚度 | 5.1367 | 0.8235 | 0.0000 | – 1.2614 | 1.0173 | 0.2275 | – 0.0219 |
| 第三产业集聚度 | 9.6505 | 0.6330 | 0.0000 | 3.9524 | 0.7150 | 0.0000 | 0.5519 |
| 工业集聚度 | 5.6515 | 0.7908 | 0.0000 | – 0.6467 | 1.0116 | 0.5290 | – 0.0253 |

计算结果显示，第三产业空间集聚度变化对废水排放量增加产生显著性影响，并且影响程度较大，第三产业空间集聚度每提高1%，废水排放量增加3.95%。第三产业空间集聚度与废水排放量之间呈现中度相关，说明第三产业集聚发展是造成废水排放量增加的主要因素之一。经济总量、第一产业、第二产业和工业的空间集聚度变化与废水排放量之间基本没有相关关系。总体来看，除第三产业在空间上集聚发展会显著的增加废水排放量外，经济和其他产业的集聚发展并没有对废水排放量变化产生影响。

（四）空间集聚对化学需氧量排放量的影响

用经济各方面空间集聚度变化对化学需氧量排放量变动进行解释。以全国 1990 ~ 2014 年的区位 Gini 系数和化学需氧量排放量数据为基础，进行对数—线性回归，回归结果见表 8 – 13。

表 8 – 13                       空间集聚对化学需氧量排放量影响的回归分析

[化学需氧量排放量：LOG（Y）]

| X | C | | | LOG（X） | | | 调整的 $R^2$ |
|---|---|---|---|---|---|---|---|
| | 系数 | 标准差 | 概率 | 系数 | 标准差 | 概率 | |
| 经济总量集聚度 | 8.9313 | 0.3917 | 0.0000 | 1.9983 | 0.4377 | 0.0001 | 0.4526 |
| 第一产业集聚度 | 9.5938 | 1.1118 | 0.0000 | 2.6971 | 1.2241 | 0.0379 | 0.1384 |
| 第二产业集聚度 | 8.3055 | 0.3204 | 0.0000 | 1.4365 | 0.3958 | 0.0014 | 0.3366 |
| 第三产业集聚度 | 8.5491 | 0.3495 | 0.0000 | 1.5886 | 0.3948 | 0.0005 | 0.3876 |
| 工业集聚度 | 8.3285 | 0.2843 | 0.0000 | 1.5174 | 0.3637 | 0.0004 | 0.4061 |

经济总量、第二产业、第三产业和工业的空间集聚对化学需氧量排放量的增加都产生了显著性影响，并且这几个方面的空间集聚与化学需氧量排放量之间都表现出了中度相关，说明这几个方面在空间上集聚发展不但显著的增加了化学需氧量排放量，而且也是造成化学需氧量排放量变动的重要因素之一。经济总量、第二产业、第三产业和工业的空间集聚度变化对化学需氧量排放量的影响程度相差不大，相对而言经济总量集聚度变化对化学需氧量排放量的影响程度最大，第二产业集聚度变化对化学需氧量排放量的影响程度最小。

第一产业的空间集聚对化学需氧量排放量的增加也产生了显著性影响，但第一产业空间集聚与化学需氧量排放量之间呈现中度相关，说明第一产业集聚发展虽然对化学需氧量排放量变化有显著影响，但并不是化学需氧量排放量变化的主要影响因素。

根据回归结果综合来看，我国经济和各产业在空间上集聚发展都会明显的对化学需氧量排放量的增加产生不同程度的影响，除第一产业外，经济和产业的空间集聚发展是引起我国化学需氧量排放量变动的主要原因。

## （五）空间集聚对固体废物产生量的影响

用经济各方面空间集聚度变化对固体废物产生量的变动进行解释。以全国 1990 ~ 2014 年的区位 Gini 系数和固体废物产生量数据为基础，进行对数—线性回归，回归结果（见表 8 – 14）。

表 8 – 14　　　　空间集聚对固体废物产生量影响的回归分析
[固体废物产生量：LOG（Y）]

| X | C | | | LOG（X） | | | 调整的 R² |
|---|---|---|---|---|---|---|---|
| | 系数 | 标准差 | 概率 | 系数 | 标准差 | 概率 | |
| 经济总量集聚度 | 13.6310 | 2.7677 | 0.0001 | 2.0769 | 3.0926 | 0.5086 | -0.0234 |
| 第一产业集聚度 | 5.0697 | 6.1660 | 0.4194 | -7.3828 | 6.7887 | 0.2881 | 0.0076 |
| 第二产业集聚度 | 8.5658 | 1.9651 | 0.0002 | -3.9700 | 2.4276 | 0.1156 | 0.0652 |
| 第三产业集聚度 | 19.8290 | 1.6524 | 0.0000 | 9.1106 | 1.8665 | 0.0001 | 0.4875 |
| 工业集聚度 | 9.8588 | 1.9057 | 0.0000 | -2.4548 | 2.4378 | 0.3244 | 0.0006 |

第三产业的空间集聚度变化对固体废物产生量增加有显著性影响，并且第三产业空间集聚度与固体废物产生量之间呈现中度相关，说明第三产业在空间上的集聚发展是造成固体废物产生量增加的主要原因之一。从影响系数看，第三产业集聚发展对固体废物产生量增加的影响程度非常大，第三产业空间集聚度每提高1%，固体废物产生量就会增加9.11%。无论是显著性水平、还是相关度都显示，经济总量、第一产业、第二产业和工业的空间集聚度变化与固体废物产生量之间几乎没有相关关系。总体来看，除第三产业在空间上集聚发展会很大程度的增加固体废物产生量外，经济和其他产业的集聚发展未引起固体废物产生量变化。

## （六）空间集聚对固体废物排放量的影响

用经济各方面空间集聚度变化对固体废物排放量的变动进行解释。以全国1990～2014年的区位Gini系数和固体废物排放量数据为基础，进行对数—线性回归，回归结果（见表8－15）。

表8－15　　　　　　空间集聚对固体废物排放量影响的回归分析

[固体废物排放量：LOG（Y）]

| X | C | | | LOG（X） | | | 调整的 $R^2$ |
|---|---|---|---|---|---|---|---|
| | 系数 | 标准差 | 概率 | 系数 | 标准差 | 概率 | |
| 经济总量集聚度 | 11.4392 | 2.7627 | 0.0004 | 2.8304 | 3.0870 | 0.3687 | －0.0067 |
| 第一产业集聚度 | 24.1295 | 5.5150 | 0.0002 | 16.7612 | 6.0720 | 0.0111 | 0.2162 |
| 第二产业集聚度 | 14.7677 | 1.6937 | 0.0000 | 7.2504 | 2.0923 | 0.0021 | 0.3144 |
| 第三产业集聚度 | 4.0462 | 2.1448 | 0.0719 | －5.4996 | 2.4227 | 0.0329 | 0.1475 |
| 工业集聚度 | 13.4068 | 1.7198 | 0.0000 | 5.7655 | 2.2000 | 0.0153 | 0.1965 |

数据显示，第一产业、第二产业、第三产业和工业的空间集聚对固体废物排放都产生了显著的影响，各产业空间集聚度与固体废物排放量之间的相关度都相对较低，说明各产业在空间上的集聚发展只是影响固体废物排放量变化的次要因素。第三产业集聚发展会减少固体废物排放量，而第一产业、第二产业和工业的集聚发展会相应的增加固体废物排放量，其中第一产业集聚发展对固体废物排放量增加的影响程度最大，工业集聚发展对固体废物排

放量增加的影响程度相对最小。经济总量的空间集聚对固体废物排放量没有显著性影响,并且经济总量空间集聚度与固体废物排放量之间几乎没有相关性,说明经济总量集聚发展不对固体废物排放量产生影响。

综合来看,我国各产业在空间上集聚发展都会对固体废物排放量产生一定影响,第三产业集聚发展产生减少的作用,第一产业、第二产业和工业的集聚发展产生增加的作用;经济总量集聚发展对固体废物排放量没有影响。

# 第四节　主要结论及结构调整策略

经济空间结构是经济结构的重要内容之一,经济在空间的分布结构不同对经济发展的影响不同,对环境污染的影响也不同。经济在空间上的集聚现象是当今世界经济空间结构变动的一个主要特征,也是空间经济学研究的前沿。考察我国经济空间结构的变动特点,可以发现经济空间结构的演变规律,检讨我国经济空间布局政策的得失。对我国经济空间集聚状况测算,可以分析经济空间集聚变化对经济增长及环境污染的影响趋势,为合理的经济空间布局提供依据。

## 一、主要结论

（1）按研究角度不同,我国经济空间有多种划分方法,其中四大经济区划分方法（即将我国划分成东北地区、东部地区、中部地区和西部地区）使用的最为广泛,也是我国经济发展战略和经济空间布局政策制定和实施的基础。20世纪80年代至20世纪末,我国主要实施的是东中西梯度发展战略（优先发展东部地区的非均衡战略）,由此导致了经济空间结构（包括经济总量和各产业空间结构）演变的更加不均衡,东部地区经济和产业规模在全国的比重不断上升,地区间的发展差距快速扩大;进入21世纪后我国开始实施相对均衡的发展战略,2005年以后经济空间结构有了向均衡方向演变的趋势。

（2）从新中国成立初期直到60多年以后,我国经济空间结构一直表现为非均衡形态，东部地区始终是我国经济重心，其经济总量和各产业规模一直远远大于其他三个区域；中部和西部地区的经济总量和各产业规模始终相差不大，其变化形态也基本相同；东北地区的经济总量、第一产业和第三产业规模自始至终在四个区域中都占比最低，第二产业和工业规模在20世纪80年代以前大于中部和西部地区，80年代以后也排在了四大经济区的最后一位，并且东北地区的经济总量和各产业规模在全国的比重始终都呈现不断下降态势。

（3）我国经济总量、三次产业和工业的空间结构虽然都表现为非均衡形态，但非均衡程度还是有很大差别。第一产业空间结构的非均衡程度相对最低，四大经济区的第一产业规模差距相对最小；经济总量、第二产业、第三产业和工业空间结构的非均衡程度都比较大，其中第三产业在各经济区发展的最不均衡。2014年和1952年相比，第一产业空间结构的非均衡程度有所下降，其他方面空间结构的非均衡程度都有较大幅度的上升。2014年东部地区经济总量、第二产业、第三产业和工业的规模都占到了全国的一半以上。

（4）我国人口空间结构也表现出了非均衡特征，但非均衡程度小于经济空间结构。东部地区人口规模始终在全国占比最高，东北地区始终最低，而中部和西部地区的人口规模几乎始终相差无几。21世纪之前我国人口空间结构变动很小，总体朝着均衡趋势演变；进入21世纪之后人口空间结构变动非常明显，总体朝着非均衡趋势演变。东部地区人口占比持续上升，中部和西部地区持续下降，东北地区保持相对稳定。

（5）以31个省市自治区为基本地理单元测算我国经济、人口和产业的空间集聚度。测算结果表明，我国各方面的空间集聚度都不是很高，相对而言，工业的空间集聚度较高，而人口的空间集聚度较低，经济总量和三次产业空间集聚度介于工业和人口集聚度之间，各方面的空间集聚度相差不大。空间集聚度的动态变化显示，除人口集聚度变动较为平稳外，经济和各产业的空间集聚变化都呈现出大幅度波动。由于政策变动对空间集聚度影响巨大，因此仅从变动形态上难以明确我国经济和产业空间集聚的发展趋势。但从今后我国经济均衡发展思路来看，经济和各产业的空间集聚度会进一步下降，省际的经济发展会更加均衡。

（6）空间经济学研究表明，在大多数情况下，经济和产业的空间集聚与经济发展之间关系密切，经济和产业的空间集聚既是经济发展的一种自然结果，也是促进经济发展的重要手段。对我国的研究发现，第三产业在空间上集聚发展对经济增长有很大的促进作用，而经济总量、第一产业、第二产业和工业的集聚发展对经济增长并没有产生明显影响。

（7）我国经济和产业的空间集聚对环境污染产生了不同程度的影响。总体来看，经济和产业在空间上集聚发展对化学需氧量、二氧化硫和固体废物排放量的影响显著，对烟粉尘排放量的影响不大，对废水排放量和固体废物产生量的影响很小。

（8）我国各产业空间集聚发展对环境污染的影响有明显差异，第三产业集聚发展对环境污染的影响最为显著，其中对烟粉尘和固体废物排放量减少的作用明显，对其他污染物排放或产生量增加的作用明显；第二产业和工业空间集聚发展对环境污染的影响非常相似，对二氧化硫、烟粉尘、化学需氧量和固体废物排放量增加有显著影响，而对废水排放量和固体废物产生量没有明显影响；第一产业集聚发展对环境污染的影响相对最小，除了对固体废物排放量增加产生较明显的影响外，对其他污染物排放或产生量都没有产生明显影响。

## 二、结构调整策略

从总体看，我国经济和产业的空间布局虽然对环境污染有一定影响，但影响程度有限，因此在对经济和产业空间结构调整中，重点要看是否对经济和社会发展有利。

（1）促进第三产业在空间上的集聚发展。第三产业中除了部分行业（餐饮、自然风光旅游等）受地域限制难以集聚发展，大多数行业的生产服务方式更适合集聚发展。比如金融业发展，往往各类金融机构集聚在一起比分散发展更好，集聚地区因众多金融机构集聚而提升了金融地位，反过来更有利于金融机构的发展。除此之外，随着产业结构的升级，第三产业对经济增长的贡献越来越大。因此，第三产业在空间上的集聚发展不但有利于自身的快速发展，更是保持经济快速增长的重要支柱产业。第三产业发展往往对环境质量要求更高，对第三产业集中布局的地区应加强环境保护力度，促使第三产业更快地形成集聚。第三产业集聚发展会对二氧化硫、废水、化学需氧量排放量和固体废物产生量的增加产生一定的影响，因此在对第三产业集中布局的地区，应重点加大这几种污染物的治理力度。

（2）对其他产业在空间上进行均衡布局。研究显示，我国其他产业在空间上集聚发展对促进经济增长的作用并不显著，虽然集聚发展对环境污染的影响不大，但目前集聚发展对环境总的影响趋势仍是加重污染。此外，我国省域间经济长期发展不平衡，各省间的经济发展差距不断扩大，如果任由这种差距继续扩大，会引发很多社会矛盾，更不利于社会经济的长期发展。因此，调整现有产业空间布局，促使产业（除第三产业外）在我国省域间均衡发展不但对社会经济发展更有利，对减轻环境污染也是有利的。

# 参 考 文 献

[1] 包群, 彭水军. 经济增长与环境污染: 基于面板数据的联立方程估计 [J]. 世界经济, 2006 (11): 48-58.

[2] 包群, 彭水军, 阳小晓. 是否存在环境库兹涅茨倒 U 型曲线——基于六类污染指标的经验 [J]. 上海经济研究, 2005 (12): 3-13.

[3] 蔡继明, 熊柴, 高宏. 我国人口城市化与空间城市化非协调发展及成因 [J]. 经济学动态, 2013 (6): 15-22.

[4] 蔡圣华, 等. 二氧化碳强度减排目标下我国产业结构优化的驱动力研究 [J]. 中国管理科学, 2011, 19 (4): 167-173.

[5] 查尔斯·D·科尔斯塔德. 环境经济学 [M]. 北京: 中国人民大学出版社, 2011.

[6] 陈海波, 朱华丽, 等. 江苏居民消费结构变动对产业结构升级影响的协整分析 [J]. 工业技术经济, 2012 (2): 60-65.

[7] 陈华文, 刘康兵. 经济增长与环境质量: 关于环境库兹涅茨曲线的经验分析 [J]. 复旦学报 (社会科学版), 2004 (2): 87-94.

[8] 陈向阳. 环境库兹涅茨曲线的理论与实证研究 [J]. 中国经济问题, 2015 (3): 51-62.

[9] 豆建民, 张可. 空间依赖性、经济集聚与城市环境污染 [J]. 经济管理, 2015 (10): 12-21.

[10] 杜书云, 万宇艳. 中国工业结构调整的碳减排战略研究——基于12 个行业的面板协整分析 [J]. 经济学家, 2013 (12): 51-56.

[11] 范丹. 中国二氧化碳 EKC 曲线扩展模型的空间计量分析 [J]. 宏观经济研究, 2014 (5): 83-91.

[12] 范秋芳, 崔珊, 等. 基于 Granger 检验的能源消费与经济增长区域差异性研究 [J]. 工业技术经济, 2015 (3): 44 –48.

[13] 付保宗. 工业化中后期工业结构阶段性变化的特征与趋势 [J]. 经济纵横, 2014 (2): 29 –38.

[14] 付艳. 能源消费、能源结构与经济增长的灰色关联分析 [J]. 工业技术经济, 2014 (5): 153 –160.

[15] 高远东, 张卫国, 阳琴. 中国产业结构高级化的影响因素研究 [J]. 经济地理, 2015, 35 (6): 96 –101.

[16] 关雪凌, 周敏. 城镇化进程中经济增长与能源消费的脱钩分析 [J]. 经济问题探索, 2015 (4): 88 –93.

[17] 郭朝先. 产业结构变动对中国碳排放的影响 [J]. 中国人口·资源与环境, 2012, 22 (7): 15 –20.

[18] 国家环境保护局. 环境统计资料汇编 (1981 –1990) [M]. 北京: 中国环境科学出版社, 1994.

[19] 国家统计局. 国外资源、能源和环境统计资料汇编 (2013) [M]. 北京: 中国统计出版社, 2014.

[20] 国家统计局. 新中国 60 年统计资料汇编 [M]. 北京: 中国统计出版社, 2010.

[21] 国家统计局. 新中国五十五年统计资料汇编 (1949 –2004) [M]. 北京: 中国统计出版社, 2005.

[22] 国家统计局. 中国城市统计年鉴 [M]. 北京: 中国统计出版社, 1990 –2014.

[23] 国家统计局. 中国工业交通能源 50 年统计资料汇编 (1949 –1999) [M]. 北京: 中国统计出版社, 2000.

[24] 国家统计局. 中国工业经济统计资料 (1949 –1984) [M]. 北京: 中国统计出版社, 1985.

[25] 国家统计局. 中国工业统计年鉴 [M]. 北京: 中国统计出版社, 1999 –2015.

[26] 国家统计局. 中国能源统计年鉴 [M]. 北京: 中国统计出版社, 1990 –2015.

［27］国家统计局.中国区域经济统计年鉴［M］.北京:中国统计出版社,2000-2014.

［28］国家统计局.中国统计年鉴［M］.北京:中国统计出版社,1981-2015.

［29］国家统计局,国家科学技术委员会.中国科技统计年鉴［M］.北京:中国统计出版社,1991-2015.

［30］国家统计局,环境保护部.中国环境统计年鉴［M］.北京:中国统计出版社,1999-2015.

［31］韩玉军,等.经济增长与环境的关系——基于对 $CO_2$ 环境库兹涅茨曲线的实证研究［J］.经济理论与经济管理,2009(3):5-11.

［32］环境保护部.中国环境状况公报［R］.环境保护部,1991-2014.

［33］黄芳,江可申.我国居民生活消费碳排放的动态特征及影响因素分析［J］.系统工程,2013,31(1):52-60.

［34］黄菁.环境污染与工业结构:基于 Divisia 指数分解法的研究［J］.统计研究,2009,26(12):68-73.

［35］黄林秀,欧阳琳.经济增长过程中的产业结构变迁——美国经验与中国借鉴［J］.经济地理,2015,35(3):23-27.

［36］黄向梅,等.人口城市化与经济增长、产业结构间的动态关系——以江苏省为例［J］.城市问题,2012(5):59-64.

［37］BP 集团.BP 世界能源统计年鉴［R/OL］.http://www.bp.com/zh_cn/china/reports-and-publications.html.

［38］江洪,赵宝福.碳排放约束下能源效率与产业结构解构、空间分布及耦合分析［J］.资源科学,2015,37(1):152-162.

［39］柯善咨,赵曜.产业结构、城市规模与中国城市生产率［J］.经济研究,2014(4):76-115.

［40］李瑞,蔡军.河北工业结构、能源消耗与雾霾关系探讨［J］.宏观经济管理,2014(5):79-80.

［41］李树.经济集聚能否降低排污和能耗强度［J］.社会科学辑刊,2015(1):90-96.

［42］李爽,曹文敬,陆彬.低碳目标约束下我国能源消费结构优化研

究 [J]. 山西大学学报（哲学社会科学版），2015，38（4）：108 – 115.

[43] 李湘梅，叶慧君. 中国工业分行业碳排放影响因素分解研究 [J].
生态经济，2015，31（1）：55 – 59.

[44] 李晓萍，李平，吕大国，江飞涛. 经济集聚、选择效应与企业生
产率 [J]. 管理世界，2015（4）：25 – 37.

[45] 李玉文，等. 环境库兹涅茨曲线研究进展 [J]. 中国人口·资源
与环境，2005，15（5）：7 – 14.

[46] 李周，包晓斌. 中国环境库兹涅茨曲线的估计 [J]. 科技导报，
2002（4）：57 – 58.

[47] 林伯强，蒋竺均. 中国二氧化碳的环境库兹涅茨曲线预测及影响
因素分析 [J]. 管理世界，2009（4）：27 – 36.

[48] 凌亢，等. 城市经济发展与环境污染关系的统计研究——以南京
市为例 [J]. 统计研究，2001（10）：46 – 52.

[49] 刘驰，钟水映. 城市发展与城市环境污染关系的计量研究 [J].
经济问题，2012（9）：57 – 61.

[50] 刘慧. 居民消费结构升级：经济史呈现的一般规律及中国的轨迹
[J]. 经济问题探索，2013（6）：9 – 14.

[51] 刘满凤，谢晗进. 我国工业化、城镇化与环境经济集聚的时空演
化 [J]. 经济地理，2015，35（10）：21 – 28.

[52] 柳亚琴，赵国浩. 节能减排约束下中国能源消费结构演变分析
[J]. 经济问题，2015（1）：27 – 33.

[53] 陆虹. 中国环境问题与经济发展的关系分析——以大气污染为例
[J]. 财经研究，2000（10）：53 – 59.

[54] 罗会军，范如国，罗明. 中国能源效率的测度及演化分析 [J].
数量经济技术经济研究，2015（5）：54 – 71.

[55] 马丽，刘卫东，刘毅. 外商投资与国际贸易对中国沿海地区资源
环境的影响 [J]. 自然资源学，2003（5）：603 – 610.

[56] 马艳，等. 产业结构与低碳经济的理论与实证分析 [J]. 华南师
范大学学报（社会科学版），2010（5）：119 – 123.

[57] 梅国平，龚海林. 环境规制对产业结构变迁的影响机制研究 [J].

经济经纬, 2013 (2): 72-76.

[58] 牛鸿蕾. 中国工业结构调整对碳排放的关联效应测算分析 [J]. 工业技术经济, 2014 (2): 22-31.

[59] 牛鸿蕾, 江可申. 工业结构与碳排放的关联性——基于江苏省的实证分析 [J]. 技术经济, 2012, 31 (6): 76-83.

[60] 牛晓耕, 牛建高. 基于能源消费结构演进的区域节能减排对策探讨 [J]. 工业技术经济, 2015 (1): 155-160.

[61] 潘竟虎, 戴维丽. 1990-2010 年中国主要城市空间形态变化特征 [J]. 经济地理, 2015, 35 (1): 44-52.

[62] 彭水军, 包群. 经济增长与环境污染: 环境库兹涅茨曲线假说的中国检验 [J]. 财经问题研究, 2006 (8): 3-17.

[63] 齐亚伟. 空间集聚、经济增长与环境污染之间的门槛效应分析 [J]. 华东经济管理, 2015, 29 (10): 72-78.

[64] 任志安, 徐业明. 大气环境、工业能源消费与工业结构优化——来自淮河流域 38 个地级市的经验证据 [J]. 工业技术经济, 2014, 248 (6): 3-16.

[65] 沙文兵, 石涛. 外商直接投资的环境效应 [J]. 世界经济研究, 2006 (6): 76-81.

[66] 佘群芝. 环境兹涅茨曲线的理论批评综论 [J]. 中南财经政法大学学报, 2008 (1): 20-26.

[67] 沈镭, 刘立涛, 等. 2050 年中国能源消费的情景预测 [J]. 自然资源学报, 2015, 30 (3): 361-373.

[68] 沈满洪, 许云华. 一种新型的环境库兹涅茨曲线——浙江省工业化进程中经济增长与环境变迁的关系研究 [J]. 浙江社会科学, 2000 (7): 53-57.

[69] 1998~2012/2013 年《世界经济年鉴》, 世界经济年鉴编辑委员会.

[70] 孙皓, 胡鞍钢. 城乡居民消费结构升级的消费增长效应分析 [J]. 财政研究, 2013 (7): 57-62.

[71] 孙作人, 周德群, 周鹏, 白俊红. 结构变动与二氧化碳排放库兹涅茨曲线特征研究——基于分位数回归与指数分解相结合的方法 [J]. 数理

统计与管理, 2015, 34 (1): 59 - 74.

[72] 万宇艳. 中国工业结构低碳化问题研究 [J]. 当代经济研究, 2014 (8): 50 - 54.

[73] 王菲, 董锁成, 毛琦梁. 中国工业结构演变及其环境效应时空分异 [J]. 地理研究, 2014, 33 (10): 1793 - 1806.

[74] 王慧炯, 甘师俊, 等. 可持续发展与经济结构 [M]. 北京: 科学出版社, 1999.

[75] 王可侠. 产业结构调整、工业水平升级与城市化进程 [J]. 经济学家, 2012 (9): 43 - 47.

[76] 王文举, 向其凤. 中国产业结构调整及其节能减排潜力评估 [J]. 中国工业经济, 2014 (1): 44 - 56.

[77] 王晓, 齐晔. 经济结构变化对中国能源消费的影响分析 [J]. 中国人口·资源与环境, 2013, 23 (1): 49 - 54.

[78] 王洋, 王少剑, 秦静. 中国城市土地城市化水平与进程的空间评价 [J]. 地理研究, 2014, 33 (12): 2228 - 2238.

[79] 王永哲, 马立平, 徐宪红. 中国能源消费的碳排放因素分解分析 [J]. 价格理论与实践, 2015 (12): 59 - 61.

[80] 魏楚. 中国城市 $CO_2$ 边际减排成本及其影响因素 [J]. 世界经济, 2014 (7): 115 - 141.

[81] 吴开亚, 王文秀, 等. 上海市居民消费的间接碳排放及影响因素分析 [J]. 华东经济管理, 2013, 27 (1): 1 - 7.

[82] 吴一丁, 毛克贞. 经济结构变动的环境影响——来自新疆的数据分析 [M]. 北京: 经济科学出版社, 2010.

[83] 吴玉萍, 董锁成, 宋键峰. 北京市经济增长与环境污染水平计量模型研究 [J]. 地理研究, 2002, 21 (2): 239 - 246.

[84] 吴振信, 谢晓晶, 王书平. 经济增长、产业结构对碳排放的影响分析——基于中国的省际面板数据 [J]. 中国管理科学, 2012, 20 (3): 161 - 166.

[85] 肖挺, 刘华. 产业结构调整与节能减排问题的实证研究 [J]. 经济学家, 2014 (9): 58 - 68.

[86] 肖周燕. 我国城乡居民消费差异对 $CO_2$ 的影响分析 [J]. 地域研究与开发, 2012, 31 (4): 138 – 141.

[87] 徐成龙, 任建兰, 巩灿娟. 产业结构调整对山东省碳排放的影响 [J]. 自然资源学报, 2014, 29 (2): 201 – 210.

[88] 徐丽娜, 赵涛, 等. 中国能源强度变动与能源结构、产业结构的动态效应分析 [J]. 经济问题探索, 2013 (7): 40 – 44.

[89] 杨东平. 中国环境发展报告 [M]. 北京: 北京社会科学文献出版社, 2009.

[90] 杨仁发. 产业集聚能否改善中国环境污染 [J]. 中国人口·资源与环境, 2015, 25 (2): 23 – 29.

[91] 姚君. 我国能源消费、二氧化碳排放与经济增长关系研究 [J]. 生态经济, 2015, 31 (5): 53 – 56.

[92] 易艳春, 宋德勇. 经济增长与我国碳排放: 基于环境库兹涅茨曲线的分析 [J]. 经济体制改革, 2011 (3): 35 – 38.

[93] 尹希果, 刘培森. 城市化、交通基础设施对制造业集聚的空间效应 [J]. 城市问题, 2014 (11): 13 – 20.

[94] 于卫国. 中国经济发展与环境污染关系的实证分析 [J]. 经济问题, 2011 (1): 23 – 26.

[95] 于左, 孔宪丽. 产业结构、经济增长与中国煤炭资源可持续利用问题 [J]. 财贸经济, 2011 (6): 129 – 135.

[96] 原毅军, 谢荣辉. 工业结构调整、技术进步与污染减排 [J]. 中国人口·资源与环境, 2012, 22 (11): 144 – 147.

[97] 袁程炜, 张得. 能源消费、环境污染与经济增长效应——基于四川省1991 – 2010年样本数据 [J]. 财经科学, 2015 (7): 132 – 140.

[98] 曾德珩, 王霞. 不同国家城市化中期阶段与碳排放关系研究 [J]. 重庆大学学报 (社会科学版) 2015, 21 (1): 46 – 50.

[99] 张江雪, 蔡宁, 杨陈. 环境规制对中国工业绿色增长指数的影响 [J]. 中国人口·资源与环境, 2015, 25 (1): 24 – 31.

[100] 张可, 汪东芳. 经济集聚与环境污染的交互影响及空间溢出 [J]. 中国工业经济, 2014 (6): 70 – 82.

[101] 张丽峰. 我国产业结构、能源结构和碳排放关系研究 [J]. 干旱区资源与环境, 2011, 25 (5): 1 – 7.

[102] 张瑞, 丁日佳. 工业化、城市化对能源强度的影响——基于我国省际动态面板数据的实证研究 [J]. 经济问题探索, 2015 (1): 11 – 15.

[103] 张晓. 中国环境政策的总体评价 [J]. 中国社会科学, 1999 (3): 88 – 99.

[104] 张有生, 苏铭, 杨光, 田磊. 世界能源转型发展及对我国的启示 [J]. 宏观经济管理, 2015 (12): 37 – 39.

[105] 张自然, 张平, 刘霞辉. 中国城市化模式、演进机制和可持续发展研究 [J]. 经济学动态, 2014 (2): 58 – 73.

[106] 赵爱文, 何颖, 王双英, 李东. 中国能源消费的 EKC 检验及影响因素 [J]. 系统管理学报, 2014, 23 (3): 416 – 422.

[107] 赵卫亚, 谷圆. 面板 ELES 模型与消费结构动态特征分析 [J]. 消费经济, 2015, 31 (5): 3 – 9.

[108] 赵细康. 环境保护与产业国际竞争力——理论与实证分析 [M]. 北京: 中国社会科学出版社, 2003.

[109] 赵细康, 李建民, 王金营, 周春旗. 环境库兹涅茨曲线及在中国的检验 [J]. 南开经济研究, 2005 (3): 48 – 54.

[110] 郑欢, 李放放, 方行明. 规模效应、结构效应与碳排放强度——基于省级面板数据的经验研究 [J]. 管理现代化, 2014 (1): 54 – 56.

[111] 1995 ~ 2014 年《中国环境年鉴》, 中国环境年鉴编辑委员会.

[112] 钟茂初, 张学刚. 环境库兹涅茨曲线理论及研究的批评综论 [J]. 中国人口·资源与环境, 2010, 20 (2): 62 – 67.

[113] 朱平辉, 袁加军, 曾五一. 中国工业环境库兹涅茨曲线分析——基于空间面板模型的经验研究 [J]. 中国工业经济, 2010 (6): 65 – 74.

[114] 朱青, 罗志红. 基于灰色关联模型的中国能源结构研究 [J]. 生态经济, 2015, 31 (4): 34 – 38.

[115] 朱述斌, 高岚. 贸易自由化条件下发展中国家经济与环境关系的一般分析 [J]. 生态经济, 2009 (7): 91 – 93.

[116] 朱希伟, 陶永亮. 经济集聚与区域协调 [J]. 世界经济文汇,

2011 (3): 1 – 25.

[117] 邹洋, 周江, 吴振明. 我国合理控制能源消费总量实现途径研究——基于多目标优化视角 [J]. 经济问题, 2015 (6): 24 – 28.

[118] Ankarhem M. A Dual Assessment of the Environmental Kuznets Curve: The Case of Sweden [R]. Umea Economic Studies 660, Umea University, 2005.

[119] Arrow K., Bolin B., et al. Economic Growth, Carrying Capacity, and the Environment [J]. Science, 1995 (268): 520 – 521.

[120] Barrett Scott, Kathryn Graddy. Freedom, growth, and the environment [J]. Environment and Development Economics, 2000, 5 (4): 433 – 456.

[121] Barro Robert J. Government Spending in a Simple Model of Endogenous Growth [J]. Journal of Political Economy, 1990, 98 (5): 103 – 126.

[122] Bruvoll A., Medin H. Factors Behind the Environmental Kuznets Curve [J]. Environmental and Resource Economics, 2003, 24: 27 – 48.

[123] Buehn A., Farzanegan M. R. Hold Your Breath: A New Index of Air Pollution [J]. Energy Economics, 2013, 37: 104 – 113.

[124] Carson R. T., Jeon Y., McCubbin D. R. The Relationship Between Air Pollution Emission and Income: US Data [J]. Environment and Development Economics, 1997 (2): 433 – 450.

[125] Caviglia-Harris J. L., Chambers D., Kahn J. R. Taking the "U" out of Kuznets: A Comprehensive Analysis of the EKC and Environmental Degradation [J]. Ecological Economics, 2009, 68 (4): 1149 – 1159.

[126] Cole M. A. Limits to Growth, Sustainable Development and Environmental Kuznets Curve: an Examination of Environmental Impact of Economic Development [J]. Sustainable Development, 1999 (7): 87 – 97.

[127] Cole M. A., A. J. Rayner, J. M. Bate. The Environmental Kuznets Curves [J]. Environment and Development Economics, 1997, 2 (4): 401 – 416.

[128] Copeland B. R., Taylor M. S. Trade and Environment: A Partial Synthesis [J]. American Journal of Agricultural Economics, 1995, 77: 765 – 771.

［129］ Cropper M. , Griffiths C. The Interaction of Population Growth and Environmental Quality ［J］. Population Economics, 1994, 84 (2): 250 - 254.

［130］Dasgupta P. , Heal G. M. The Optimal Depletion of Exhaustible Resources ［J］. Review of Economic Studies. Symposium on the Economics of Exhaustible Resources, 1974, 41: 3 - 28.

［131］ Dasgupta S. , Laplante B, Wheeler D. Confronting the Environmental Kuznets Curve ［J］. Journal of Economic Perspectives, 2002, 16 (1): 147 - 168.

［132］ de Bruyn S. M. Explaining the Environmental Kuznets Curve: Structural Change and International Agreements in Reducing Sulphur Emissions ［J］. Environment and Development Economics, 1997 (2): 485 - 503.

［133］ Dinda S. Environmental Kuznets Curve Hypothesis: A Survey ［J］. Ecological Economics, 2004, 49 (4): 431 - 455.

［134］ Egli H. , Steger T. M. A Dynamic Model of the Environmental Kuznets Curve: Turning Point & the Public Policy ［J］. Environmental & Resource Economics, 2007 (36): 15 - 34.

［135］ Forster B. A. A Note on Economic Growth and Environmental Quality ［J］. The Swedish Journal of Economics, 1972, 74: 281 - 285.

［136］ Forster B. A. Optimal Capital Accumulation in A Polluted Environment ［J］. Southern Economic Journal, 1973, 39: 544 - 547.

［137］ Friedl B. , Michael Getzner. Determinants of $CO_2$ Emissions in a Small Open Economy ［J］. Ecological Economics, 2003, 45 (1): 133 - 148.

［138］ Galeotti M. , Lanza A. Richer and cleaner? A study on carbon dioxide emissions in developing countries ［J］. Energy Policy, 1999, 27 (10): 565 - 573.

［139］ Giles D. E. A. , Mosk C. A. Ruminant Eructation and a Long-run Environmental Kuznets' Curve for Enteric Methane in New Zealand: Conventional and Fuzzy Regression Analysis ［R］. University of Victoria Department of Economics, Econometrics Working Paper EWP0306, 2003.

［140］ Grossman G. , Krueger A. Economic Growth and the Environment

[J]. Quarterly Journal of Economics, 1995, 110 (2): 353 –377.

[141] Grossman G. , Krueger A. Environmental Impacts of a North American Free Trade Agreement [R]. NBER Working Paper Series 3914, 1991.

[142] Hannes Egli. Are Cross-county Studies of the Environmental kuznets Curve Missleading? New Evidence from Time Series Data for Germany [R]. Discussion Paper, Ernst-moritz-Arndt University of Greifswald, 2001.

[143] Harbaugh W. T. , Levinson A. , Wilson D. W. Reexaming the Empirical Evidence for an Environmental Kuznets curve [J]. The Review of Economics and Statistics, 2002, 84 (3): 541 –551.

[144] Jie He, Patrick Richard. Environmental Kuznets Curve for $CO_2$ in Canada [R]. Cahier de recherche/Qorking Paper, 2009.

[145] Janicke M. , Patrick Binder M. , Monch H. Dirty Industries: Patterns of Change in Industrial Countries [J]. Environmental and Resource Economics, 1997, 9: 467 –491.

[146] Johansson P. , Kristrm B. On a Clean Day You Might See an Environmental Kuznets Curve [J]. Environmental & Resource Economics, 2007, 37 (1): 77 –90.

[147] John A. , Pecchenino R. , Schimmelpfennig D. , et al. Short-lived Agents and the Long-lived Environment [J]. Journal of Public Economics, 1995, 58: 127 –141.

[148] John A. , Pecchenino R. An Overlapping Generations Model of Growth and The Environment [J]. The Economic Journal, 1994, 104: 1393 – 1410.

[149] Kauffman R. K. , Davidsdottir B. , Garnham S. , et al. The Determinants of Atmospheric $SO_2$ Concentraions: Reconsidering the Environmental Kuznets Curve [J]. Ecological Economics, 1998, 25: 209 –220.

[150] Khanna N. , Plassmann F. The Demand for Environmental Quality and the Environmental Kuznets Curve Hypothesis [J]. Ecological Economics, 2004 (51): 225 –235.

[151] Lopez R. The environment as a factor of production: the effects of eco-

nomic growth and trade liberalization [J]. Journal of Environmental Economics & Management, 1994, 27: 163 – 184.

[152] Maddison D. Environmental Kuznets Curve: A Spatial Econometric Approach [J]. Journal of Environmental Economics & Management, 2006, 51 (2): 218 – 230.

[153] Meyer A. L., van Kooten G. C., Wang S. Institutional, Social and Economics Roots of Deforestation: a Cross Country Comparison [J]. International Forestry Review, 2003, 5 (1): 29 – 37.

[154] Panayotou T. Demystifying the Environmental Kuznets Curve: Turning a Black Box into a Policy Tool [J]. Environment and Development Economics, 1997, 2: 465 – 484.

[155] Panayotou T. Empirical Tests and Policy Analysis of Environmental Degradation at Different Stages of Economic Development [R]. Working Paper, WP238, Technology and Employment Programme, Geneva: International Labor Office, 1993.

[156] Panayotou T. The Economics of Environments in Transition [J]. Environment and Development Economics, 1999, 4 (4): 401 – 412.

[157] Perman R., Stern D. I. Evidence from Panel Unit Root and Cointegration Tests that the Environmental Kuznets Curve does not Exist [J]. The Australian Journal of Agricultural and Resource Economics, 2003, 47 (3): 325 – 347.

[158] Pezzey J. C. V. Economic Analysis of Sustainable Growth and Sustainable Development [Z]. Environment Department Working Paper 15, World Bank, 1989.

[159] Roca J., Padilla E., Farre M., et al. Economic Growth and Atmospheric Pollution in Spain: Discussing the Environmental Kuznets Curve Hypothesis [J]. Ecological Economics, 2001, 39 (1): 85 – 99.

[160] Roca J. Do individual preferences explain the Environmental Kuznets curve? [J]. Ecological Economics, 2003, 45 (1): 3 – 10.

[161] Schmalensee R., Stoker T. M., Judson R. A. World Carbon Dioxide

Emissions: 1950 – 2050 [J]. The Review of Economics and Statistics, 1998, 80 (1): 15 – 27.

[162] Selden T. M., Forrest A. S., Lockhart J. E. Analyzing Reductions in US Air Pollution Emissions: 1970 to 1990 [J]. Land Economics, 1999, 75 (1): 1 – 21.

[163] Seldon Thoma M., Daqing Song. Environmental Quality and Development: Is There a Kuznets Curve for Air Pollution Emissions? [J]. Journal of Environmental Economics and Management, 1994, 27 (2): 147 – 162.

[164] Shafik N., Bandyopadhyay S. Economic Growth and Environmental Quality: Time Series and Cross-Country Evidence [R]. World Bank Policy Research Working Paper, WPS 904, Washington DC: World Bank, 1992.

[165] Stern D. I., Common M. S., Barbier E. B. Economic growth and environmental degradation: a critique of the environmental Kuznets curve [R]. World Development, 1996, 24: 1151 – 1160.

[166] Stern D. I. Explaining Changes in Global Sulfur Emissions: an Econometric Decomposition Approach [J]. Ecological Economics, 2002, 42: 201 – 220.

[167] Suri V., Chapman D. Economic Growth, Trade and Energy: Implications for the Environmental Kuznets Curve [J]. Ecological Economics, 1998, 25: 195 – 208.

[168] Tahvonen O., Kuuluvainen J. Economic Growth, Pollution and Renewable Resources [J]. Journal of Environmental Economics and Management, 1993, 24: 101 – 118.

[169] The World Bank. World Development Indicators (2005 – 2015) [EB/OL]. http: //data. worldbank. org. cn/.

[170] U. S. Bureau of Labor Statistics, Consumer Expenditure Survey [EB/OL]. http: //fyi. uwex. edu/community-data-tools/2011/11/29/consumer-expenditure-survey-u-s-bureau-of-labor-statistics/.

[171] Unruh G. C., Moomaw W. R. An Alternative Analysis of Apparent EKC—type Transitions [J]. Ecological Economics, 1998 (25): 221 – 229.

［172］ Vincent J. R. Testing for Environmental kuznets Curves Within a Developing County, Special Issue on Environmental kuznets Curves ［J］. Environment Development Economics, 1997, 2 (4): 417 – 431.

［173］ WCED. Our Common Future. Bruntland Report ［M］. World Commission on Environment and Development, Oxford: Oxford University Press, 1987.